普通高等教育智能制造系列教材

机器视觉与图像识别

王 宸 王生怀 编 著

北京理工大学出版社
BEIJING INSTITUTE OF TECHNOLOGY PRESS

内容简介

本书共6章，前5章分别为绪论，数字图像处理基础，立体视觉基础，基于深度学习的机器视觉工业检测，机器视觉其他技术应用与展望；最后一章为相关实验。

本书可作为普通高等院校机械电子工程、机械设计制造及其自动化、智能感知工程、测控技术与仪器、智能制造工程及相关专业的教材，也可作为相关专业教师和从事机器视觉与图像识别技术研究、开发的工程技术人员的参考书。

版权专有　侵权必究

图书在版编目（CIP）数据

机器视觉与图像识别 / 王宸，王生怀编著. --北京：北京理工大学出版社，2022.7（2022.8 重印）
ISBN 978-7-5763-1472-4

Ⅰ. ①机… Ⅱ. ①王… ②王… Ⅲ. ①计算机视觉-高等学校-教材 ②图像识别-高等学校-教材 Ⅳ. ①TP302.7 ②TP391.41

中国版本图书馆 CIP 数据核字（2022）第 118397 号

出版发行 / 北京理工大学出版社有限责任公司

社　　址 / 北京市海淀区中关村南大街 5 号

邮　　编 / 100081

电　　话 /（010）68914775（总编室）
　　　　　（010）82562903（教材售后服务热线）
　　　　　（010）68944723（其他图书服务热线）

网　　址 / http://www.bitpress.com.cn

经　　销 / 全国各地新华书店

印　　刷 / 北京广达印刷有限公司

开　　本 / 787 毫米×1092 毫米　1/16

印　　张 / 13.25　　　　　　　　　　　　　　责任编辑 / 陆世立

字　　数 / 311 千字　　　　　　　　　　　　　文案编辑 / 李　硕

版　　次 / 2022 年 7 月第 1 版　2022 年 8 月第 2 次印刷　　责任校对 / 刘亚男

定　　价 / 40.00 元　　　　　　　　　　　　　责任印制 / 李志强

图书出现印装质量问题，请拨打售后服务热线，本社负责调换

前言

随着机械技术、电子技术和控制理论的快速发展，机器视觉与图像识别已成为智能制造领域中不可或缺的研究领域。机器视觉与图像识别技术对"中国制造2025""工业4.0"等起到了重要支撑作用。

本书系统介绍了机器视觉与图像识别的基础理论、基本方法及其在工业检测领域中的应用实例和最新进展，主要内容包括机器视觉与图像处理概述、数字图像处理基础、立体视觉基础、基于深度学习的机器视觉工业检测、智能移动机器人与视觉导航的自动驾驶等。

本书由王宸、王生怀编著，编写了全书大部分内容。鲁旭祥、周志霄、唐禹、张秀峰、刘超、向长峰、李宇参与了本书的编写。

王生怀审阅了全书，并提出了很多宝贵的意见，在此表示感谢。

由于编者水平有限，加上机器视觉技术发展迅速，书中难免存在不当之处，恳请读者批评指正。

编　者
2022 年 3 月

目 录

第 1 章 绪论 (1)
1.1 机器视觉的基本概念 (1)
1.2 机器视觉的研究内容 (4)
1.3 机器视觉与其他科学领域的关系 (8)
1.4 机器视觉在工业检测领域的最新发展 (10)
习题与思考题 (13)

第 2 章 数字图像处理基础 (14)
2.1 图像信号的数学表示 (14)
2.2 图像像素的基本概念 (15)
2.3 图像形态学 (23)
2.4 图像分割 (27)
2.5 Hough 变换的直线检测与椭圆检测 (33)
2.6 形状表示与描述 (36)
2.7 小波和多分辨率处理 (45)
2.8 物体识别 (50)
习题与思考题 (56)

第 3 章 立体视觉基础 (57)
3.1 摄像几何学 (57)
3.2 镜头与 CCD 的选择 (64)
3.3 单目 2D 视觉的摄像机标定 (73)
3.4 双目立体视觉 (80)
习题与思考题 (83)

第 4 章 基于深度学习的机器视觉工业检测 (84)
4.1 基于深度学习的机器视觉 (84)
4.2 深度学习与工业目标检测 (105)
4.3 基于深度学习的机器视觉工业检测应用 (110)
习题与思考题 (155)

第 5 章　机器视觉其他技术应用与展望 (157)
5.1　智能移动机器人组成、视觉导航工作原理 (157)
5.2　视觉导航智能移动机器人 (159)
5.3　机器视觉与深度学习技术在智能移动机器人中的应用 (167)
5.4　基于机器视觉的自动驾驶技术展望 (183)
习题与思考题 (189)

第 6 章　实验 (190)
实验 1　多距离测量 (190)
实验 2　实时多圆检测 (193)
实验 3　划痕缺陷检测 (197)
实验 4　人民币字符识别 (200)
实验 5　基于百度飞桨深度学习平台的检测实验 (203)

参考文献 (206)

第1章
绪 论

随着科技的飞速发展,生产工艺复杂程度急剧增加。为满足人们对制造业和加工业产品越来越高的质量要求,制造商在不断提高生产效率的同时加强了对产品质量的控制。在许多行业中,更高的质量标准使得仅凭人眼测量难以保证产品质量和生产效率。伴随着成像器件、计算机、图像处理等技术的快速发展,机器视觉系统正越来越多地应用于各个领域,代替人工进行全自动化的产品检测、工艺验证,甚至整个生产工艺的自动控制。机器视觉系统在工业上的典型应用如图1.1所示。

自从信号处理理论和计算机技术结合后,人们用摄像机获得图像并将其转换成数字信号,用计算机实现对视觉信息处理全过程的管理,从而形成了机器视觉这门新兴学科。机器视觉是与工业应用结合最为紧密的人工智能(Artificial Intelligence,AI)技术,通过对图像的智能分析,使工业装备具有了基本的识别和分析能力。随着工业数字化、智能化转型逐渐深入,智能制造的逐步推进,工业机器视觉逐渐形成规模化的产业,并随着AI技术在工业领域落地而逐渐深入工业生产的各种场景之中。

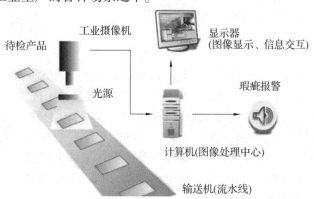

图1.1 机器视觉系统在工业上的典型应用

1.1 机器视觉的基本概念

视觉是人类观察和认识世界的重要手段,人类对外界信息的获取大部分是通过眼睛进行的。人的眼睛看到周围环境中的物体,在视网膜上形成图像,由感光细胞将其转化成神经信号,经神经纤维传入大脑皮层进行处理和理解。机器视觉即采用机器代替人眼来做测量和判断,其目的是通过电子化感知和理解图像,从而复制人类视觉效果。机器视觉系统可提高生产线的柔性和自动化程度,在一些不适合人工作业的危险工作环境或人工视觉难以满足要求的场合中,常用机器视觉来替代人工视觉。同时,在大批量工业生产过程中,人的主观作用造成人工视觉检查产品质量效率低且精度不高,用机器视觉方法检测则可以大大提高生产效率和生产的自动化程度。而且,机器视觉易于实现信息集成,是实现智能制造的基础技术。机器视觉系统是指通过机器视觉产品(即图像摄取装置,分 CMOS(Complementary Metal-Oxide Semiconductor,互补性氧化金属半导体)和 CCD(Charge Coupled Device,电荷耦合器件)两种)抓取图像,然后将图像传送至处理单元,通过数字化处理,根据像素分布和亮度、颜色等信息,来进行尺寸、形状、颜色等判别,进而根据判别的结果来控制现场的设备动作。图 1.2 所示为大恒图像首款金星单板板级摄像机 VEN-161-61U3M。

图 1.2 大恒图像首款金星单板板级摄像机 VEN-161-61U3M

上图摄像机主要特点:对空间尺寸要求极高,功耗低、质量轻、散热量低,主要应用于手持 3D 扫描仪、无人机、AGV 小车及嵌入式医疗设备等领域。

机器视觉是一项综合性的技术,主要应用有检测和机器人视觉两方面,广泛应用于工业、农业、医药、军事、航天等;此外,还有机器视觉图像识别等应用,如人脸识别、自动驾驶、产品分类、追踪定位及自动化光学检测等。

1.1.1 机器视觉发展历程

国外机器视觉大致的发展历程:20 世纪 50 年代提出机器视觉概念,20 世纪 70 年代真正开始发展,20 世纪 80 年代进入正轨,20 世纪 90 年代发展趋于成熟,20 世纪 90 年代后高速发展,如图 1.3 所示。国外机器视觉发展的历程中,有 3 个明显的标志点:一是机器视觉最先的应用来自"机器人"的研制,也就是说,机器视觉首先是在机器人的研究中发展起来的;二是 20 世纪 70 年代 CCD 图像传感器的出现,CCD 摄像机替代硅靶摄像机是机器视觉发展历程中的一个重要转折点;三是 20 世纪 80 年代 CPU、DSP 等图像处理硬件技术的飞速进步,为机器视觉飞速发展提供了基础条件。

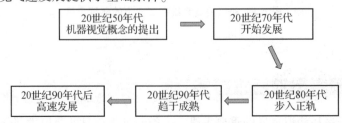

图 1.3 国外机器视觉大致的发展历程

国内机器视觉发展的大致历程：真正起步是20世纪80年代，20世纪90年代进入初级阶段，20世纪90年代末至21世纪初为概念引入期，2002年以后进入快速发展期，如图1.4所示。中国正在成为世界机器视觉发展最活跃的地区之一，其中最主要的原因是中国已经成为全球的加工中心，许多具有国际先进水平的机器视觉系统进入中国。对这些机器视觉系统的维护和提升而产生的市场需求，也将国际机器视觉企业吸引而至，国内的机器视觉企业在与国际机器视觉企业的学习与竞争中不断成长。

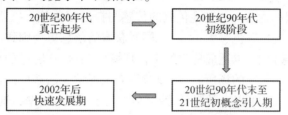

图 1.4　国内机器视觉发展的大致历程

1990—1998年为初级阶段。期间真正的机器视觉系统市场销售额微乎其微，主要的国际机器视觉厂商还没有进入中国市场。1998年以后，越来越多的电子和半导体工厂，包括香港和台湾投资的工厂，落户广东和上海，带有机器视觉整套的生产线和高级设备被引入中国。

1998—2002年为机器视觉概念引入期。在此阶段，许多著名的国内视觉设备供应商开始发展，例如，北京和利时电机技术有限公司曾经被5家外国公司选作主要代理商或解决方案提供商。

2002年至今为机器视觉快速发展期，中国机器视觉行业呈快速增长趋势。

发达国家针对工业现场的应用，开发出了相应的机器视觉软硬件产品。中国目前正处于由劳动密集型向技术密集型转型的时期，对提高生产效率、降低人工成本的机器视觉方案有着旺盛的需求，中国正在成为机器视觉技术发展最为活跃的地区之一。长三角和珠三角成为国际电子和半导体技术的转移地，同时也成为机器视觉技术的聚集地。许多具有国际先进水平的机器视觉系统进入了中国，国内的机器视觉企业也在与国际机器视觉企业的竞争中不断茁壮成长。国内许多大学和研究所也都致力于机器视觉技术的研究。2010年和2011年，中国机器视觉市场迎来了爆发式增长，市场规模分别达到8.3亿元和10.8亿元，其中智能摄像机、软件、板卡、工业摄像机的增长速度都远超中国整体自动化市场的增长速度。机器视觉市场70%的份额由电子、汽车、制药和包装业占据。

1.1.2　机器视觉的发展动力

2019年，全球工业机器视觉市场规模约为80亿美元，相较2018年增长约3%，但增长速度延续2017年开始的下降趋势。中国工业机器视觉市场规模约为139亿元，增速约为4.8%，同样为过去三年增速最低的一年，但是总量上持续保持增长，并且在全球市场的占比有所提升。

机器视觉为什么能够蓬勃发展呢？有以下几方面的原因。

(1) 市场需求的牵引。随着科学技术的发展，生产自动化程度不断提高，市场对产品的质量和设备的性能提出了越来越高的要求。产品或设备需要获取与处理的信息量不断增加，提取信息的速度和精度不断提高。例如，从原来的压力、温度、湿度等物理量，变化为需要增加位置、颜色、大小等更多的信息。而且，对这些信息的处理也要求具有更多的智能化功能，以便尽量减少人工干预，提高生产的自动化程度，进而提高生产效率。一般情况下，人眼视觉已经跟不上生产对速度和精度的要求，工业检测速度已经远远超过人工检测所能达到的速度，这时必须使用机器视觉。此外，精度更高、速度更快、分辨率更大，对被测目标干扰更小，这样的需求在越来越多的行业都存在。机器视觉就是因为符合市场的这种需求，因而在市场需求的牵引下蓬勃发展起来的。

(2)技术特点形成的优势。与其他传统的传感与控制相比较，机器视觉同时获取的信息量大(如可同时获取位置、颜色、大小等)，同时获取的信息更为细致(如在颜色方面，可以同时获取多级图像信息)，可以适应危险的工作环境(如有爆炸隐患的环境)，可以达到人工视觉无法涉及的场所(如狭窄的场所)，可以获得人工视觉无法获取的信息(如红外图像、紫外图像、X射线图像等)，可以有效降低劳动强度，提高生产效率，这些优点为广大用户所青睐，对机器视觉的发展起到了促进作用。

(3)智能摄像机占据市场主要地位。智能摄像机具有体积小、价格低、使用安装方便、用户二次开发周期短的优点，非常适合生产线安装使用，越来越受到用户的青睐。智能摄像机所采用的许多部件与技术都来自IT行业(信息技术产业)，其价格会不断降低，逐渐会为用户所接受。因此，在众多的机器视觉产品中，智能摄像机会占据主要的地位。

(4)市场份额迅速扩大。一方面，已经采用机器视觉产品的应用领域，对机器视觉产品的依赖性将更强；另一方面，机器视觉产品将应用到其他更广的领域。各行各业逐渐离不开机器视觉技术或视觉产品，机器视觉市场将不断扩大。

(5)行业发展更为迅速。工业机器视觉技术价值链主要集中于镜头、摄像机、图像传感器等核心零部件。从投资收益角度看，拥有向上游核心零部件领域拓展能力的机器视觉企业更容易实现较高的资本回报率。机器视觉行业专业性公司必然会增多，投资和从业人员增加，竞争的加剧也是机器视觉行业发展的趋势。随着行业的发展逐步成熟，将会有越来越多的人投入机器视觉行业中，推动机器视觉行业的进步，人们也将更加重视机器视觉行业。

1.2 机器视觉的研究内容

1.2.1 目标分割与图像处理

图像处理的重要任务就是对图像中的对象进行分析和理解。在图像分析中，输出的结果是对图像的描述、分类或者是其他的某种结论、结果。图像分析主要包括以下内容：

(1)把图像分割成不同的区域，或者把不同的目标分开(分割)，即把图像分成互不重叠的区域并提取出感兴趣的目标。

(2)找出各个区域的特征(特征提取)。

(3)识别图像中的内容，或对图像进行分类(识别与分类)。

(4)给出结论(描述、分类或其他的结论)。

计算机尝试把物体从背景中分离出来，并且使它们也相互区分开。还可以进一步分为整体分割或部分分割，整体分割只是对于非常简单的任务才有可能。例如，即便是在印刷文本的图像分析这样浅显简单的问题里，整体分割也很难做到没有错误。在更为复杂的问题里，低层图像处理技术的任务是部分分割，只有那些有助于高层处理的特征才被提取出来。低层部分分割的一个普通例子是寻找物体边界的组成部分。在一个完全分割好的图像中，物体的描述与分类也被作为低层图像处理的一部分。其他低层操作包括图像压缩和从运动的场景中提取（而不是理解）信息的技术。

低层图像处理与高层机器视觉的区别在于所使用的数据。低层数据由原始图像构成，表现为亮度数值组成的矩阵，而高层数据虽然也来源于图像，但只有那些与高层目标有关的数据被提取出来，很大程度地减少了数据量。高层数据表达了有关图像内容的知识，通常表达为符号形式。例如，物体的大小、形状以及图像中物体的相互关系。目前，大多数的低层图像处理方法是在20世纪70年代或更早提出来的。近年来的研究包括尝试寻找效率更高和更通用的算法，并将其在技术上更为复杂的仪器上实现。特别地，为了减轻在图像数据集合上进行操作的巨大计算负担，使用了并行机。产生更大图像（更好的空间分辨率）和更多色彩的技术推动着对寻求更好更快算法的需求。在完成特定任务时如何安排低层步骤，使这一问题自动完成的目标仍然没有达到。目前通常还要依赖人来安排一系列的相关操作，由于领域相关性知识及不确定性，这一过程基本上取决于人的直觉和以往的经验。

高层机器视觉试图模仿人类的认知和根据包含在图像中的信息进行决策的能力。高层机器视觉从某种形式的形式化世界模型开始，然后将通过数字化图像感知的"真实"与该模型进行比较，试图找到匹配，当差别显现出来时就寻找部分匹配（或子目标）来克服错配。计算机转向低层图像处理，寻找用来更新模型的信息。这个过程反复进行，因此"理解"图像变为一个自顶向下和自底向上的两个过程的反复协作。引入一个反馈回路，从高层的部分结果为低层图像处理提出任务，而反复的图像理解过程应该最终收敛于全局的目标。

高层机器视觉试图利用所有可得到的知识提取和安排图像处理步骤，图像理解是这种方法的核心，其中使用了从高层到低层的反馈。David Marr 的书 *Vision*，在第 1.1 节中，阐述了受生物视觉系统启发而提出来的新的方法论和计算理论。目前的情况仍然是：我们自己的大脑是对"视觉问题"的唯一解答。

1.2.2 视觉测量与视觉控制

视觉测量是根据摄像机获得的视觉信息对目标的位置和姿态进行的测量。

视觉测量系统是以机器视觉为基础，融光电子学、计算机技术、激光技术、图像处理技术等现代科学技术为一体，组成的光、机、电、算综合的测量系统。其具有非接触、全视场测量、高精度和自动化程度高等特点。基于视觉测量技术的仪器设备能够实现智能化、数字化、小型化、网络化和多功能化，具备在线检测、动态检测、实时分析、实时控制的能力，具有高效、高精度、无损伤的检测特点，可以满足现代精密测量技术的发展需要，目前已广泛应用于工业、军事、医学等领域，并得到了极大的关注。

视觉测量主要研究从二维图像信息到二维或三维笛卡儿空间信息的映射以及视觉测量系统的构成与测量原理等。其中，二维图像信息到二维笛卡儿空间信息的映射比较容易实现，已经是比较成熟的技术；而二维图像信息到三维笛卡儿空间信息的映射以及相关视觉测量系统的构成与测量原理等，仍然是目前的研究热点。这一问题又称为三维重建或三维重构问题。

视觉控制，即根据视觉测量获得目标的位置和姿态，将其作为给定信息或者反馈信息对机器人的位置和姿态进行的控制。简而言之，视觉控制就是根据摄像机获得的视觉信息对机器人进行的控制。视觉信息除通常的位置和姿态之外，还包括对象的颜色、形状和尺寸等。

机器人视觉控制是指机器人通过视觉系统接收和处理图像，并通过视觉系统的反馈信息进行相应的操作。机器人按构型一般分为直角平面构型、SCARA（即选择顺应性装配机器人）平面关节构型、球坐标构型、圆柱坐标构型和链式构型等几种。其中，SCARA 于 1978 年由日本山梨大学牧野洋发明，目前已成为世界上应用数量最多的装配机器人，广泛应用于精密产品的装配和搬运。美国 Adept Technology 研制的 Python 直角坐标构型装配机器人由 3 个线性关节构成，具有结构简单、操作简便、编程简易等特点，应用于零部件的移送、插入和旋拧操作。德国 Kuka 和美国 FANUC Robotics 公司研制的链式坐标构型重型负载视觉机器人，能举起上千千克的质量，已在大型装配制造业得到应用。随着技术的不断进步，各种新型装配机器人层出不穷，并且随着电子显微技术的发展，微装配机器人将工作领域扩展到微米甚至纳米空间。例如，John 等研制的微装配机器人，通过遥控操作可以实现 $50\sim100~\mu m$ 大小的零件的抓取、移动和释放操作。丁汉等研制的多传感信息协调的微装配机器人，结合多传感信息进行多任务操作，具有速度快和精度高的特点。除此之外，适用于大型装配任务多机协调、双臂协调以及人机协调技术亦是装配机器人未来的研究方向之一，而随着新材料的不断出现，装配机器人也向着高强度和轻量化的趋势发展。

视觉控制可分为基于位置的视觉控制、基于图像的视觉控制和混合视觉控制 3 类。

基于位置的视觉控制利用标定得到的摄像机内外参数对目标位姿进行三维重建，进而可以通过轨迹规划求得机器人末端执行器下一周期的期望位姿，再根据机器人逆运动学求出的各关节量值，通过控制器对关节进行控制，按重建坐标的作用进一步可分为位置给定型和反馈型两类。在立体视觉系统中，可以通过多条光路对目标位姿进行三维重建，Bradley 等研制的插孔装配机器人采用全局与局部观测，共 4 条光路，其中一条光路用于粗定位，其余几条光路用于精定位。光纤对接机器人采用两条正交光路分别获取垂直和水平平面的图像，其中一条光路专门获取深度信息，但这些方法均使用多台摄像机，故需要对图像进行特征匹配，另外也增加了系统成本。而在单目视觉系统中深度估计是最为重要的问题，许多学者提出了不同的深度估计方法，Grossmana 等提出经典的变焦深度法，利用目标清晰时的相对深度作为其深度信息。Guiseppe 等提出以投影的像素数量作为依据求取深度，因此该方法需要较高分辨率的摄像机。冯精武等使用梯度能量法作为图像清晰度函数，利用函数极大值估计深度。但这些方法都只能确定是否在同一水平面而无法获得具体的深度。随着多信息融合技术的发展，借助其他类型传感器，如超声波、激光和红外等传感器获取深度信息。王敏等在智能抓取机器人中结合使用摄像机和超声波两种传感器，利用超声波的发射和接收来探测深度信息。另外，还有激光和红外测距等，但需要对多传感信息进行融合，而最新的 ToF（Time-of-Flight）深度摄像机的出现，提供了一种新的解决方法。向目标连续发送光脉冲后用接收器接收从目标反射回的光脉冲，通过计算光脉冲的往返时间获得离目标的距离，该方法能对整幅图像进行测距，但精度还需进一步提高。

基于图像的视觉控制则直接利用目标和末端执行器在图像上的期望投影与实际投影进行操作，利用反映机器人运动与图像对应信息变换之间关系的图像雅克比矩阵计算关节量，无须计算其在世界坐标系中的坐标。因此无须事先标定摄像机，但图像雅克比矩阵的计算量较大,Kim 等提出使用无须估计深度的反馈方法求解图像雅克比矩阵。Piepmeier 等针对图像雅克比矩阵展开了一系列研究,提出在图像雅克比矩阵中引入摄像机参数再进行基于图像的视觉控制方法,从而极大地减少了计算量。

为了克服基于位置和基于图像的视觉控制的缺点,混合视觉控制结合了两者的优点,如 Chaumette 等提出的 2D1/2 视觉伺服,分别使用基于图像和基于位置的视觉伺服控制位置和姿态,但由于结合了两种伺服方式,因此计算过程极其复杂。

1.2.3 视觉系统标定

三维重建是人类视觉的主要目的,也是机器视觉最主要的研究方向。所谓三维重建就是指从图像出发恢复空间点三维坐标的过程。三维重建的 3 个关键步骤如下:

(1) 图像对应点的确定。
(2) 摄像机标定。
(3) 两图像间摄像机运动参数的确定。

摄像机标定方法有以下 3 类:

(1) 传统摄像机标定方法。
(2) 主动视觉摄像机标定方法。
(3) 摄像机自标定方法。

传统的摄像机标定方法特点:利用已知的景物结构信息,常用到标定块;可以使用任意的摄像机模型,标定精度高;标定过程复杂,需要很高精度的已知结构信息;在实际应用过程中,有很多的情况无法使用标定块。

主动视觉摄像机标定方法的特点:已知摄像机的某些运动信息,通常可以线性求解,鲁棒性较高;不适用于摄像机运动未知和无法控制的场合。

摄像机自标定方法的特点:仅依靠多幅图像之间的对应关系进行标定;仅仅需要建立图像之间的对应,灵活性强,潜在应用范围广泛;非线性标定,鲁棒性也不高。

几种传统摄像机标定方法如下:

(1) 直接线性变换法(Direct Linear Transform,DLT)。
(2) 径向校正约束标定法(Radial Alignment Constraint,RAC)。
(3) 张正友的平面标定方法。
(4) 孟胡的平面圆标定方法。
(5) 吴毅红等的平行圆标定方法。

几种主动视觉摄像机标定方法如下:

(1) 基于平面单位矩阵的正交运动方法。
(2) 基于外极点的正交运动方法。

摄像机的自标定是指不需要标定块,仅通过图像点之间的对应关系对摄像机进行标定的过程。

几种摄像机自标定方法如下:

(1) 基于 Kruppa 方程的自标定方法。
(2) 基于绝对二次曲面、无穷远平面的自标定方法。
(3) 基于环境信息的自标定方法。

（4）基于相对运动的自标定方法。

下面简单介绍自标定方法中基于环境信息的自标定方法和基于相对运动的自标定方法。

基于环境信息的自标定方法：空间平行线在摄像机图像平面上的交点被称为消失点，它是射影几何中一个非常重要的特征，很多学者研究了基于消失点的摄像机自标定方法。利用环境中的正交平行线获得消失点，标定摄像机的内参数。利用环境中的正交平行线确定摄像机的姿态，提出了利用正交平行线可靠标定摄像机内参数的必要条件。目前出现的自标定方法中主要是利用摄像机运动的约束。摄像机的运动约束条件太强，因此在实际中并不实用。自标定方法灵活性强，可对摄像机进行在线标定。

基于相对运动的自标定方法：利用机器人末端的至少两次平移运动，标定出立体视觉系统的参数。一种基于机器人运动的摄像机自标定方法，采用单特征点，基于机器人的运动对摄像机进行自标定。摄像机装在工业机器人的末端，选择摄像机视野中的一点作为特征原点，在不改变末端姿态的情况下任意移动机器人末端。末端多次运动后，相当于机器人不动但有了多个特征点。利用最小二乘法获得摄像机的内参数和相对特征原点的外参数。然后，改变机器人的末端姿态，由摄像机光轴中心和成像平面上的成像点，得到一条空间直线。在机器人处在不同位姿时，可以获得多条空间直线，利用这些空间直线的交点标定出特征原点在机器人基坐标系中的位置，从而计算出摄像机相对于机器人末端的外参数。

1.3 机器视觉与其他科学领域的关系

工业机器视觉在生产环境中的应用属于企业的技术改造投资行为，盈利能力越强的企业，越有动力进行前沿技术的探索，即使用机器视觉技术提高生产线的智能化水平。而随着技术改造投资覆盖范围逐渐扩大，基于工业机器视觉的技术改造项目逐渐成为企业技术改造投资的重点项目，为工业机器视觉发展提供了资金保障。

根据《中国工业机器视觉产业发展白皮书》，与上年同期累计值相比，3C、电力、汽车等行业的企业在 2020 年仍保持了较高的利润。其中，计算机、通信和 3C 企业利润累计值相较于上年同期增长约 30%。采矿业、化学原料和化学品制造业、煤炭开采和洗选业、黑色金属冶炼和压延加工业企业利润累计值相较于去年同期有较为明显的下降。图 1.5 是部分企业 2020 年上半年的营业利润累计值，数据来源为国家统计局 2020 年 11 月数据。

工业机器视觉的核心零部件主要包括光源、镜头、工业摄像机和图像采集卡。供应商龙头企业大多分散在欧洲、日本和美国。产品研发也相对自成体系，最近，逐渐呈现强强联合开发新方案的趋势，如 CCS 和 Basler 在光源与摄像机的方案中通力合作，共同向终端客户需求倾斜。工业机器视觉核心零部件龙头企业主要如下。

光源：CCS、奥普特。

镜头：MYUTRON、KOWA、Moritex、腾龙、施耐德。

工业摄像机：Basler、Baumer、AVT、JAI、DALSA、Imaginesource。

图像采集卡：DALSA、Euresys、SiliconSoftware、Cognex、研华。

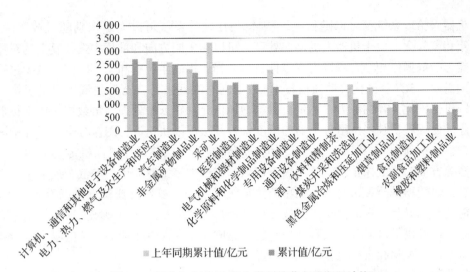

图 1.5 部分企业 2020 年上半年的营业利润累计值

由上图也可以看出机器视觉与其他行业的关系，绝大部分是与制造行业及相关领域有关。

在汽车制造领域，机器视觉主要用于车身装配检测、面板印刷质量检测、字符检测、零件尺寸的精密测量、工件表面缺陷检测、自由曲面检测、间隙检测等几乎所有系统和部件的制造流程。目前，一条生产线大概配备十几个机器视觉系统，未来随着汽车质量管控、汽车智能化、轻量化趋势对检测提出更高要求，汽车生产线对机器视觉技术的需求还会逐步提高。例如，3D 视觉系统能够以高精度间隙对准每一辆车的拼接缝，并对装配的所有车门和车身进行全面检测。3D 视觉系统还能帮助底盘制造商使货架中车身板件的上架、下架和检测实现自动化，在自动化设备拾取缺陷元件之前，检测货架上是否存在缺陷元件，从而将缺陷元件焊接到一起，提高检验合格率。

半导体行业具有集成度高、精细度高等特点，是机器视觉技术最早大规模应用的领域。机器视觉在半导体行业中的应用涉及半导体外观缺陷、尺寸、数量、平整度、距离、定位、校准、焊点质量、弯曲度等检测，尤其是晶圆制作中的检测、定位、切割和封装等全程都需要机器视觉技术的辅助。在硅片制造阶段，机器视觉主要用于对硅片的检测和分选；在晶圆制造阶段，机器视觉主要用于精密定位和最小刻度检测；在封装测试阶段，机器视觉技术的重要性更加凸显，晶圆在切割过程中需要利用机器视觉系统进行精确快速定位，如果定位出错，则整个晶圆将会报废，在整个切割过程中也需要机器视觉系统的全程定位引导，目前的机器视觉产品在引导过程中兼具了焊线掉线检测功能；晶圆切割完成后将继续利用机器视觉产品识别出非缺陷品进入贴片流程；在贴片过程中，核心架构为视觉加运动——需要通过机器视觉产品识别镜片位置及角度，并引导电机对晶片角度进行校正后，拾取到印制电路板（Printed Circuit Board，PCB）上的指定位置贴放。

目前，数以万计的人工检测员专门负责执行棘手、烦琐且容易出错的目视检测，以识别出电子元器件和子系统中的瑕疵和缺陷。未来，基于深度学习的机器视觉技术将能够以更低的成本，更可靠地完成这些检测。工业自动化正在推动工厂生产线变得更加智能，并可以让机器取代人工，减少劳动力。机器视觉在质量控制检查方面得到了广泛的应用，但是随着 3D 传感器和机械手拾取集成解决方案的出现，新的市场正在开拓。不管零件的位置和方向如何，机器人拾取系统都可以随机抓取物体。3D 视觉系统可以大量识别随机放置的部件，如手提箱和零件盒。由于机器人的动态处理，可以在不同方向和堆栈中选择复杂的对象。将人工智能与拾取操作相结合可以实现零件自主选择，提高生产率和循环时间，减少过程中人机交互的需要。5G(第五代移动通信技术)数据网络的到来为自动驾驶汽车提供了执行基于云计算的机器视觉计算的能力。海量机器类型通信允许在云中处理大量数据，用于机器视觉应用程序。使用卷积神经网络分类器的深度学习算法可以快速进行图像分类、目标检测和分割。未来，这些新的 AI 和深度学习系统的开发将会增加。热成像摄像机传统上用于国防和公共安全等方面，热成像技术广泛应用于探测。对于许多工业应用，如汽车或电子工业的零部件生产，热数据是至关重要的。在特斯拉超级工厂中，虽然机器视觉可以看到生产问题，但它不能检测热异常。热成像与机器视觉相结合是一个不断发展的领域，这使得制造商能够发现肉眼或标准摄像机系统无法看到的问题。热成像技术提供非接触式精密温度测量和无损检测，这是机器视觉和自动化控制领域的发展方向。

与机器视觉相关的工业自动化技术正在推动制造业发生更多的变化。机器视觉适用于所有行业，在食品饮料、制药和医疗器械制造等高规格、高监管行业尤为重要。企业转向工厂自动化技术有多方面原因，企业招工难倒逼企业生产线自动化，实现机器代替人工，提高生产线效率，更有效地利用资源和提高生产率。

1.4　机器视觉在工业检测领域的最新发展

人工神经网络领域最重要的进展之一出自 ImageNet，ImageNet 收集了约 1 400 万张标签图像并于 2009 年发布。ImageNet 挑战赛要求参赛者设计一个能够跟人类一样对照片进行分类的算法，但一直没有出现获胜者。直到 2012 年，一个使用深度学习算法的参赛队伍取得了显著优于以往尝试的结果。今天，人们与机器视觉产生交互的最常见的几种方式包括图像自动标记和拍照面部识别等，都是基于 ImageNet 获胜的技术。这些技术有助于进行网上购物可视化搜索、自动标注社交媒体照片等特定任务。图像分割算法是机器视觉的组成部分，可以帮助机器将一张图片分成不同的部分，例如识别背景和前景中的人物。用户可迅速编辑照片，达到专业修图的效果。视觉识别目前也应用于视频。机器视觉算法可以查看摄像机的视频流，并且标记重要部分，这样人们就无须反复回看长达数小时的视频。了解视频中人物的情绪是一项研究人员正在开展的工作。

1. 让机器人拥有正常视力

机器人在 20 世纪 60 年代开始投入制造业使用，可以提升重物，执行重复性任务，并且可以一次进行数小时的精确测量。

斯德哥尔摩 KTH 皇家理工学院的机器人学教授 Danica Kragic 说："这一领域始终关注的是建造出那些可以完成人类无法完成的任务的机器人。"他表示，因为人类有 40% 的大脑致力于处理视觉信息，如果要创造能够模仿并参与人类世界的机器，了解它们在多大程度上需要视觉信息是非常重要的。人类在做任何事情时都会自然而然地使用视觉反馈。

能够处理视觉信息的机器可以在工厂中完成更复杂的工作，甚至进入人类的家庭。某些技能(如拾取会因压力而改变形状的柔软物品)对机器人来说仍然是遥不可及的。这是因为人类在观察时，获得的不仅仅是视觉信息，还会获得有关物体物理属性的线索，以及与之交互所需要的物理知识。机器需要能够收集这类信息，才能像人类一样毫不费力地穿行在物理世界中。

在五官感觉当中，视觉是最重要的，因为它赋予了人类理解这个复杂世界的能力。同样地，机器视觉就是为了让机器能够像人类一样观察环境并能跟环境互动。赋予机器人能够更好地了解世界的传感器是该技术的下一个迭代，它可能让机器人完成在今天尚无法实现的任务。

2. 自动驾驶汽车

自动驾驶汽车是 AI 开发领域中获得资金最充裕、最受关注的领域之一，全面了解世界对于自动驾驶汽车是至关重要的。引用 Raquel Urtasun 的话："我们使用的许多算法都来自计算机视觉，但现在它不仅仅是关于摄像头数据，除了摄像头，大多数无人驾驶汽车使用激光雷达、GPS 和感知算法进行导航。我们想给汽车装上的，不仅仅是我们的眼睛"。目前，百度地图的无人驾驶出租车 ApolloGo 服务已经开放，可以在北京、长沙等城市预约体验。在手机中打开百度地图 app，定位当前位置，选择路线，切换至打车功能，点击自动驾驶即可。

这项技术最终的目标是实现汽车驾驶真正自主，使得乘坐者除了注意路况外，还可以进行其他活动。为了实现这一目标，需要在硬件和软件两方面都取得进步。在硬件方面，激光雷达可能花费数万美元，这使得大规模部署成本太高；在软件方面，工程师需要找到一种方法来使 AI 具备归纳、区分不同物体的能力。如果一个人类驾驶员在道路上看到一些出乎意料的东西（如一条坠落的电源线），他们会知道应该绕过电源线。如果一辆自动驾驶汽车遇到训练中没有经历过的事情，它可能无法安全地作出反应。虽然自动驾驶汽车现在尚未迎来发展的黄金期，但它对自己在改进传感器和训练算法上的努力能够有效应用仍然充满希望。改进的激光雷达可以使地图测绘和土地调查更加准确，配备传感器的非自动驾驶汽车也可以帮助改善交通状况。

3. 无人机

汽车不是研究人员唯一希望能够自动驾驶的东西，无人驾驶飞机（无人机）也正在接受自动飞行的训练。无人机研究与自动驾驶汽车研究面临着同样的难题。高质量的训练数据既困难又昂贵，不同的飞行方式意味着无人机需要接受不同的新场景训练，而且法规使得在某些领域难以进行测试。即使无人机曾经受过训练，飞行过程仍然会非常困难。任何尝试过控制无人机的人都知道这不是一件容易的事情，不过，与自动驾驶汽车不同，无人机犯错的成本更低。无人机已经可以投入诸如协助救灾和管道检查等应用。有朝一日，它将会进行送货并提供载客服务。像亚马逊和波音这样的公司已经在测试无人机的这些应用，未来它可能会像现在的邮递员那样投递包裹。在某些情况下，多架无人机可能出现在同一个空域内，并且可以比人类飞行员更好地实现彼此间飞行的协调。使它们自动飞行意味着可以降低成本，将技术带到全世界更多人和公司的手中。

4. 机器人医生

除了交通工具，机器视觉给医疗领域带来的变化是最显著的。AI 算法已经可以比放射科医生更好地从医学影像中识别出病症，如骨折和肺炎。大数据的爆发，尤其在医疗领域的爆发，意味着我们能获得更多的数据来进行研究。我们正在利用数据去解决比以往更复杂的难题。

谷歌宣布开发出新的图像识别算法，可用于检测糖尿病患者视网膜病变的迹象，这种病变如果不及时治疗会导致失明。这种算法能媲美人类专家，可以在患者视网膜的照片中发现小动脉瘤，这种动脉瘤是病变的早期迹象。2017年，腾讯也发布了一款用于医学领域的AI产品——腾讯觅影，能够通过扫描上消化道内镜图片筛查食管癌，对早期食管癌的识别准确率高达90%。目前，腾讯觅影已经应用于中国100多家医院，未来也将辅助诊断糖尿病视网膜病变、肺结节、宫颈癌以及乳腺癌等疾病。其他运用AI技术的工具也被用来更早地发现中风，为患者提供更多的生存机会。美国食品和药物管理局宣布简化流程，以便帮助AI产品更快地获得批准。当然，这些工具并不会很快就替代医生，它们更多是起到顾问的作用，而非取代从业医生。机器视觉可以提高工作效率，并使医生短缺地区的人们能得到更多医疗服务。这些创新技术也正在被用来最大限度地减少对人体的侵入性危害，例如：CT扫描比X射线能获取更多信息，但会使患者暴露在更大的辐射中；AI则可以对X光片进行分析后，给医生提供相当于CT扫描的信息。医学史已经证明，如果医生可以获得更多的数据，这可能意味着能更好地帮助到患者。

5. 边缘设备和航天器

机器视觉的未来会更加光明，影响该行业的最大变化之一，就是边缘设备——在两个网络的边界控制数据流转的硬件。大多数AI处理需要在大型远程云服务器上完成，因为运行这些算法的计算密集程度很高。但是，人们制造了边缘设备，从而具有足够的处理能力，能在本地完成工作。随着像NVIDIA和Meta这样的公司开始制造专门用于运行AI的芯片，边缘设备变得越来越普遍。这将可以实现更快、更安全的数据处理，并且能让用户通过自己的数据进行更多AI自定义训练，增加个人结果的定制程度。从智能家居设备和监控摄像头到自动驾驶汽车，数十亿台设备都可以运用AI技术并在边缘设备上工作。在边缘设备的微世界之外，天文学家们也对机器视觉特别感兴趣，他们从无尽太空中收集到大量数据集并进行研究。

6. 半导体行业应用场景

数字投影式曝光解决方案：采用高分辨率成像物镜配合自研高压缩比算法、灰度补偿算法实现双工位运动时序控制；取消mask，制程时间缩短至5 min，良品率提升5%。

薄玻璃基板缺陷检测：采用FRM-Inspect表面检测系统；配合专用划痕检测照明系统和高分辨率摄像机，实现亚微米颗粒计数；保证了可靠的质量分类和无缺陷的出货质量。

半导体工艺检测：使用机器视觉实现制造工艺外观缺陷3D、2D检测，晶圆表面缺陷、杂物、裂纹、切割崩裂等检测；实现封装工艺、晶片不良、胶水不良、焊线不良、焊球不良以及杂物检测。

AOI(自动光学检测)；3DSPI(3D投影测量技术)。

7. 电子行业应用场景

CIS高精密点胶与自动检测：高精密点胶与自动检测功能合二为一；图像识别集成传统算法与深度学习算法结合；系统设计模块化，兼容多种摄像机、光源及阀体，满足多种应用场景。

电子产品表面缺陷检测：针对 MIM 工艺的表面缺陷在线检测设备；360°外观检测，通过 18 种缺陷识别模型，在 500 ms 内实现多模型并发处理，减少质检人员数量，减少占地面积。

电子零件设备检测：辨别载带内有无 IC 及 IC 方向；检测引线框有无电镀；检测连接器针脚的平整度；检测锂离子电池的尺寸；识别 PCB 上的字符。

手机盖板玻璃检测：采用灵活、可扩展、低延时的解决方案，搭建超高分辨率光学系统、分布式处理系统与数据搜集标注统一管理平台；实现至少 30 种缺陷的一站式全检，可替换 30 名质检工人。

Kaggle 是一个用于预测建模和分析竞赛的在线平台。在 Kaggle 上有一个比赛，利用深度学习和机器视觉技术，让研究人员能够通过观察天文图像发现更多关于支配我们宇宙的暗物质的相关信息。此外，还有一个致力于通过 AI 促进探索太空的研究孵化器。前沿开发实验室(FDL)是美国航空航天局(NASA)与英特尔 AI、谷歌云、洛克希德和 IBM 等公司共同建立的合伙机构。FDL 将天文学家和计算机科学家带到加利福尼亚州硅谷共同工作 8 星期，解决诸如了解太阳耀斑、绘制月球地图和寻找小行星等问题。事实上，位于美国加州帕萨迪纳的 NASA 喷气推进实验室(JPL)对于摄像技术的发明起到了至关重要的作用，该技术影响了如今的大部分机器视觉软件。机器视觉与太空计划之间存在共生关系，但这个议题在太空行业的讨论度还不足够。太空探索将同样受到影响，因为 AI 对于前往火星以及更远的地方至关重要。太空旅行者和地球指挥中心之间的通信滞后意味着系统必须要能够自主决策，而这些决策很多都是由视觉数据来推动的。随着我们不断向外探索，我们需要机器人和自治系统为宇航员做好准备并提供协助、建造结构、定位并提取资源。

习题与思考题

1.1 什么是机器视觉？
1.2 当今社会为什么会产生对机器视觉的需求？
1.3 机器视觉主要包含哪些研究内容？
1.4 其他学科对机器视觉发展有哪些促进作用？
1.5 机器视觉在工业检测领域有哪些实际应用？
1.6 人工智能与机器学习、机器视觉的关系是什么？

第 2 章
数字图像处理基础

2.1 图像信号的数学表示

一幅图像可以被定义为一个二维函数 $f(x,y)$，其中的 x 和 y 是空间（平面）坐标，在任何坐标 (x,y) 处的幅度 f 被称为图像在这一位置的亮度。"灰度"通常是用来表示黑白图像亮度的术语，彩色图像是由独立的图像组合形成的。例如，在 RGB 彩色系统中，一幅彩色图像是由称为红、绿、蓝原色图像的 3 幅独立的单色（或分量）图像组成的。因此，许多为黑白图像处理开发的技术也适用于彩色图像处理，方法是分别处理 3 幅独立的单色图像。

图像在 x、y 坐标及幅度上是连续的。要将这样的一幅图像转换成数字形式，要求对坐标和幅度进行数字化。将坐标值数字化称为取样，将幅值数字化称为量化。因此，当 x、y 坐标及幅值 f 都是有限且离散的量时，我们称图像为数字图像。

2.1.1 坐标约定

取样和量化的结果是实数矩阵。这里采用两种主要方法来表示数字图像。假设对一幅图像 $f(x,y)$ 进行采样后可得到一幅 M 行、N 列的图像，我们称这幅图像的大小是 $M \times N$。相应的值是离散的，为使符号清晰和方便起见，这些离散的值通常取整数。在相关图像处理的书中，图像的原点被定义为 $(x,y)=(0,0)$。图像中沿着第 1 行的下一坐标点为 $(x,y)=(0,1)$。符号 $(0,1)$ 用来表示沿着第 1 行的第 2 个取样。当图像被取样时，并不意味着在物理坐标中存在实际值。图 2.1（a）显示了这一坐标约定，注意 x 是从 $0 \sim (M-1)$ 的整数，y 是从 $0 \sim (N-1)$ 的整数。

在图像处理工具箱中表示数组使用的坐标约定与前面描述的坐标约定有两处不同。首先，工具箱用 (r,c) 而不是 (x,y) 来表示行与列。然而，坐标顺序与前面讨论的是一样的。在这种情况下，坐标对 (a,b) 的第 1 个元素表示行，第 2 个元素表示列。其次，这个坐标系统一的原点在 $(r,c)=(1,1)$ 处。因此，r 是从 $1 \sim M$ 的整数，c 是从 $1 \sim N$ 的整数。图 2-1（b）说明了这一坐标约定。

图像处理工具箱文档，引用图 2.1（b）中的坐标作为像素坐标。工具箱还使用另一种较少用的坐标约定，称为空间坐标，以 x 表示列，以 y 表示行，这与我们使用的变量 x 和 y 相反。

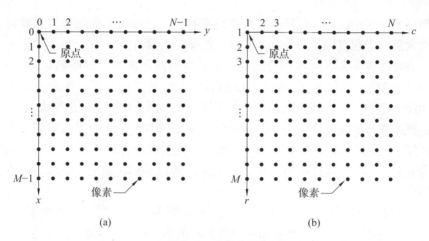

图 2.1 坐标约定

(a) 多数图像处理书籍中所用的坐标约定；(b) 图像处理工具箱中所用的坐标约定

2.1.2 图像的矩阵表示

根据图 2.1(a) 中的坐标系统，我们可以得到数字图像的下列表示

$$f(x,y) = \begin{bmatrix} f(0,0) & f(0,1) & \cdots & f(0,N-1) \\ f(1,0) & f(1,1) & \cdots & f(1,N-1) \\ \vdots & \vdots & & \vdots \\ f(M-1,0) & f(M-1,1) & \cdots & f(M-1,N-1) \end{bmatrix} \quad (2.1)$$

等式右边是由定义给出的一幅数字图像，该数组的每一个元素都称为像元、图元或像素。可将数字图像表示成 MATLAB 矩阵

$$f = \begin{bmatrix} f(1,1) & f(1,2) & \cdots & f(1,N) \\ f(2,1) & f(2,2) & \cdots & f(2,N) \\ \vdots & \vdots & & \vdots \\ f(M,1) & f(M,2) & \cdots & f(M,N) \end{bmatrix} \quad (2.2)$$

其中，$f(1,1)$ 等于式 (2.1) 的 $f(0,0)$。一般来说，用 M 和 N 分别表示矩阵中的行与列，$1 \times N$ 表示行向量；$M \times 1$ 表示列向量；1×1 表示标量。在 MATLAB 中，矩阵以变量的形式来存储，变量必须以字母开头，且只能由字母、数字和下划线组成。

2.2 图像像素的基本概念

一幅数字图像由有限大小的像素组成，像素反映图像特定位置处的亮度信息。像素通常按照矩形采样栅格布置，用二维矩阵来表示这样的数字图像，矩阵的元素是自然数，对应于亮度范围的量化级别。

像素点：最小的图像单元。一张图像由若干个像素点组成。

位图：也称点阵图，它是由许多点组成的，这些点称为像素。当许多不同颜色的点组合在一起后，便构成了一幅完整的图像。位图可以记录每一个点的数据信息，从而精确地制作色彩和色调变化丰富的图像。位图图像与分辨率有关，它所包含的图像像素数目是一定的，若将图像放大到一定程度后，图像就会失真，边缘出现锯齿。

灰度：表示图像像素明暗程度的数值，也就是黑白图像中点的颜色深度，范围一般为 0～255，白色为 255，黑色为 0。灰度值指的是单个像素点的亮度，灰度值越大表示越亮。灰度级表明图像中不同灰度的最大数量，灰度级越大，图像的亮度范围越大。

通道：把图像分解成一个或多个颜色成分。①单通道：一个像素点只需一个数值表示，只能表示灰度，0 为黑色。②三通道：RGB 模式，把图像分为红、绿、蓝 3 个通道，可以表示彩色，全 0 表示黑色。③四通道：在 RGB 基础上加上 alpha 通道，表示透明度，alpha＝0 表示全透明。

深度：即位数（比特数）。①位深：一个像素点所占的总位数，也叫像素深度、图像深度等。位深＝通道数×每个通道所占位数。②256 色图：n 位的像素点可以表示 2^n 种颜色，称 2^n 色图，$n=8$ 时为 256 色图。③8 位 RGB 与 8 位图：前者的位数指每个通道所占的位数，后者指整个像素点共占的位数，其中 8 位 RGB 是一个 24 位图，也称为真彩。

对比度：指不同颜色之间的差别。对比度越大，不同颜色之间的反差越大，即所谓黑白分明，对比度过大，图像就会显得很刺眼。对比度越小，不同颜色之间的反差就越小。对比度＝最大灰度值/最小灰度值。

亮度：指照射在景物或图像上光线的明暗程度。图像亮度增加时，就会显得耀眼或刺眼。亮度越小，图像越显得灰暗。

色相：颜色，调整色相就是调整景物的颜色，例如，彩虹由红、橙、黄、绿、青、蓝、紫七色组成，那么它就有 7 种色相。顾名思义即各类色彩的相貌称谓，如大红、普蓝、柠檬黄等。色相是色彩的首要特征，是区别各种不同色彩的最准确的标准。事实上，任何黑、白、灰以外的颜色都有色相的属性，而色相也就是由原色、间色和复色来构成的。

色调：各种图像色彩模式下原色的明暗程度，级别范围为 0～255，共 256 级。例如对灰度图像，当色调级别为 255 时，就是白色，当级别为 0 时，就是黑色，中间是各种程度不同的灰色。在 RGB 模式中，色调代表红、绿、蓝 3 种原色的明暗程度。对绿色就有淡绿、浅绿、深绿等不同的色调。

饱和度：指图像颜色的浓度。饱和度越高，颜色越饱满，即所谓的青翠欲滴的感觉。饱和度越低，颜色就会显得越陈旧、惨淡，饱和度为 0 时，图像就为灰度图像。可以通过调整电视机的饱和度来进一步理解饱和度的概念。

频率：灰度值变化剧烈程度的指标，是灰度在平面空间上的梯度。低频就是颜色缓慢地变化，也就是灰度缓慢地变化，就代表着连续渐变的一块区域。高频就是频率变化快，即相邻区域之间灰度相差很大。图像中，一个影像与背景的边缘部位的频率高，即高频显示图像边缘。图像的细节处也是属于灰度值急剧变化的区域，正是因为灰度值的急剧变化，才会出现细节。另外噪声（即噪点）也是这样，在一个像素所在的位置，之所以是噪点，就是因为它与正常的点颜色不一样了，灰度快速地变化。故有"图像的低频是轮廓，高频是噪声和细节"。

空域：也叫空间域，即所说的像素域，在空域的处理就是在像素级的处理，如在像素级的图像叠加。通过傅里叶变换后，得到的是图像的频谱，表示图像的能量梯度。

频域：也叫频率域。任何一个波形都可以分解成多个正弦波之和，每个正弦波都有自己的频率和振幅。所以,任意一个波形信号有自己的频率和振幅的集合。频域就是空域经过傅里叶变换的信号。

图像分辨率:每英寸图像内的像素点数。分辨率越高,像素的点密度越高,图像越逼真。

空间分辨率:图像中可辨别的最小细节的度量。如果一幅图像的尺寸为 $M×N$,表明在成像时采集了 $M×N$ 个样本,空间分辨率是 $M×N$。

灰度分辨率:在灰度级中可分辨的最小变化。在数字图像处理中,灰度分辨率指的是色阶,色阶是表示图像亮度强弱的指数标准,也就是我们说的色彩指数。灰度分辨率指亮度,和颜色无关,但最亮的只有白色,最不亮的只有黑色。

2.2.1 基本图像运算

连续图像所具有的一些明显的直觉特性在数字图像领域中没有直接的类似推广。距离是一个重要的例子。满足以下 3 个条件的任何函数是一种"距离"(或度量):

$$D(p, q) \geq 0 \quad \text{当且仅当} p = q \text{时}, D(p, q) = 0 \quad \text{同一性}$$
$$D(p, q) = D(q, p) \quad \text{对称性} \quad (2.3)$$
$$D(p, r) \leq D(p, q) + D(q, r) \quad \text{三角不等式}$$

欧几里得距离:距离点 (i, j) 小于或者等于某一值,是以点 (i, j) 为原点的圆。

$$D_E((i, j), (h, k)) = \sqrt{(i-h)^2 + (j-k)^2} \quad (2.4)$$

城市街区(小区)距离:距离点 (i, j) 小于或者等于某一值,是以点 (i, j) 为中心的菱形。

$$D_4((i, j), (h, k)) = |i-h| + |j-k| \quad (2.5)$$

棋盘距离:距离点 (i, j) 小于或者等于某一值,是以点 (i, j) 为中心的正方形。

$$D_8((i, j), (h, k)) = \max\{|i-h|, |j-k|\} \quad (2.6)$$

像素邻接性是数字图像的一个重要概念。任意两个像素,如果它们之间的距离 $D_4 = 1$,则称彼此是 4-邻接的,如图 2.2(a)所示。类似地,8-邻接是指两个像素之间的距离 $D_8 = 1$,如图 2.2(b)所示。

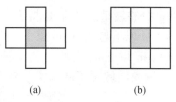

(a)   (b)

图 2.2 像素邻接性

(a)4-邻接;(b)8-邻接

2.2.2 图像空域增强与灰度变换

图像增强:不考虑图像质量降低原因,关心有用信息,抑制次要部分,去干扰,增强对比度,不一定要去逼近原图像。

复原技术:针对图像质量降低原因,设法补偿图像质量降低因素,尽可能逼近原始图像,恢复原图。

二者有重叠部分:图像增强带有恢复性质,突出有用信息,且是局部恢复。

图像增强主要有空域法和频域法,这里主要介绍空域法。

1. 灰度变换函数

点运算为

$$g(x, y) = T[f(x, y)] \tag{2.7}$$

其中,$f(x, y)$为输入图像;$g(x, y)$为输出(处理后的)图像;T是对图像$f(x, y)$的算子,是一种像素的逐点运算,描述了输入值和输出值之间的转换关系,不改变空间位置关系。

点运算又称为对比度增强、对比度拉伸、灰度变换。由于输出值仅取决于点的灰度值,而不是取决于点的邻域,因此灰度变换函数通常写成如下简单形式

$$s = T(r) \tag{2.8}$$

其中,r表示图像$f(x, y)$中的灰度;s表示图像$g(x, y)$中的灰度。两者在图像中处于相同的坐标(x, y)处。几种灰度映射的曲线如图2.3所示。

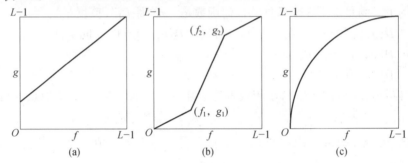

图2.3 几种灰度映射的曲线

根据$g(x, y) = T[f(x, y)]$,可以将灰度变换分为线性变换和非线性变换。

2. imadjust()函数

imadjust()函数是针对灰度图像进行灰度变换的基本图像处理工具箱函数,一般的语法格式如下:

g=imadjust(f, [low_in high_in], [low_out high_out], gamma)

此函数将f的灰度值映射到g中的新值,也就是将low_in与high_in之间的值映射到low_out与high_out之间的值。low_in以下与high_in以上的值可以被截去。也就是将low_in以下的值映射为low_out;将high_in以上的值映射为high_out。输入图像应属于unit8、unit16或double类。输出图像应和输入图像属于同一类。对于函数imadjust()来说,所有输入中除了图像f和gamma,不论f属于什么类,都将输入值限定在0~1之间。例如,如果f属于uint8类,imadjust()函数将乘以255来决定应用中的实际值。利用空矩阵([ ])得到[low_in high_in]或[low_out high_out],将导致结果都默认为[0, 1]。如果high_out小于low_out,输出灰度将反转。参数gamma指明了由f映射生成图像g时曲线的形状。如果gamma的值小于1,映射被加权至较高(较亮)的输出值。如果gamma的值大于1,映射加权至较低(较暗)的输出值。如果省略函数参数,gamma默认为1(线性映射)。在函数imadjust()中各种可用的映射如图2.4所示。

imadjust()函数的应用:灰度值反转如图2.5所示;局部变黑如图2.6所示;gamma的值大于1,图像整体变暗如图2.7所示。

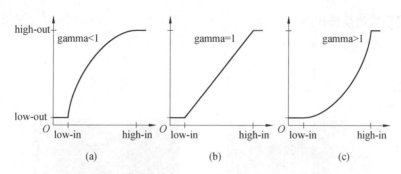

图 2.4　在函数 imadjust( ) 中各种可用的映射

【实例 1】灰度值反转代码。
```
I=imread('rice.png');
g=imadjust(I,[01],[10]);
subplot(1,2,1);imshow(I);
subplot(1,2,2);imshow(g);
```

 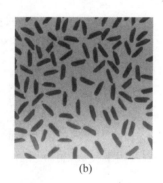

图 2.5　灰度值反转
（a）反转前图像；（b）反转后图像

【实例 2】灰度值反转代码。
```
I=imread('rice.png');
g=imadjust(I,[0.50.75],[01]);
subplot(1,2,1);imshow(I);
subplot(1,2,2);imshow(g);
```

 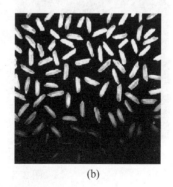

图 2.6　局部变黑
（a）处理前的图像；（b）局部变黑后的图像

【实例 3】灰度值反转代码。
```
I = imread('rice.png');
g = imadjust(I, [], [], 2);
subplot(1, 2, 1); imshow(I);
subplot(1, 2, 2); imshow(g);
```

 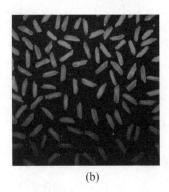

(a) （b）

图 2.7　图像整体变暗效果（gamma 的值大于 1）

(a) 处理前的图像；(b) 处理后的图像

3. stretchlim( ) 函数

stretchlim( ) 函数基本语法格式如下：

Low_High = stretchlim(f)

其中，Low_High 是低和高均受限的两元素向量。

stretchlim( ) 函数可用于完成对比度拉伸。对比度提升如图 2.8 所示，灰度分布图被"拉伸"如图 2.9 所示。

【实例 4】灰度值反转代码。
```
I = imread('rice.png');
g = imadjust(I, stretchlim(I), []);
subplot(1, 2, 1); imshow(I);
subplot(1, 2, 2); imshow(g);
```

(a) （b）

图 2.8　对比度提升

(a) 处理前的图像；(b) 处理后的图像

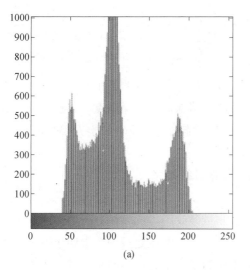 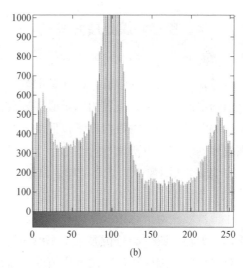

图 2.9 拉伸前、后灰度值分布直方图对比

（a）拉伸前直方图；（b）拉伸后直方图

2.2.3 图像噪声及消除

图像在获取、传输过程中，受干扰的影响会产生噪声，噪声是一种错误的信号，会干扰正常信号，造成图像毛糙，需要对图像进行平滑处理。图像去噪是一种信号滤波的方法，目的是保留有用信号，去掉噪声信号。图像噪声一般是随机产生的，分布不规则，大小也不规则。噪声像素的灰度是空间不相关的，与邻近像素显著不同。噪声分类如表 2.1 所示，图 2.10 为椒盐噪声。

表 2.1 噪声分类

序号	名称	特点
1	高斯噪声	是随机噪声，服从高斯分布。 主要特点：表现为麻点
2	椒盐噪声	胡椒噪声、盐噪声。 主要特点：表现为黑白点

图 2.10 椒盐噪声

2.2.4 图像降噪处理方法

中值滤波法是一种非线性平滑技术，它将每一像素点的灰度值设置为该点某邻域窗口内的所有像素点灰度值的中值。原理是把数字图像或数字序列中一点的值用该点的一个邻域中各点值的中值代替，让周围的像素值接近真实值，从而消除孤立的噪声点。方法是用某种结构的二维滑动模板，将板内像素按照像素值的大小进行排序，生成单调上升(或下降)的二维数据序列。实现方法如下：

(1)通过从图像中的某个采样窗口取出奇数个数据进行排序；

(2)用排序后的中值取代要处理的数据。

中值滤波法对消除椒盐噪声非常有效，在光学测量条纹图像的相位分析处理方法中有特殊作用，但在条纹中心分析方法中作用不大。中值滤波法在图像处理中，常用于保护边缘信息，是经典的平滑噪声的方法。中值滤波器将受干扰的像素值替换为模板区域的中值，同时它可以保护图像尖锐的边缘，且比相同尺寸的线性平滑滤波器引起的模糊更少，消除脉冲噪声的效果较好。中值滤波代码如下，中值滤波效果如图2.11所示。

```
I=imread('C:\Users\Administrator\Desktop\gou.jpg');
G=rgb2gray(I);
J=imnoise(G,'salt & pepper',0.05);subplot(221),imshow(I);title('原图像');
subplot(222),imshow(J);title('噪声');
k1=medfilt2(J);
subplot(223),imshow(k1);title('3*3');
```

(a)　　　　　　　　　　(b)　　　　　　　　　　(c)

图2.11　中值滤波效果

(a)原图像；(b)添加椒盐噪声后的图像；(c)3×3模板中值滤波

最大值滤波，即以模板内进行有序排列后的最大像素值代替中心像素值，可以去除图像中的暗斑，使亮斑增大。最小值滤波，即以模板内进行有序排列后的最小像素值代替中心像素值，可以去除图像中的亮斑，使暗斑增大。利用最大值滤波器对椒盐噪声进行处理，成功消除了椒盐噪声，但应注意到，它同时也从黑色物体的边缘移走了一些黑色像素。利用最小值滤波器对椒盐噪声进行处理，比用最大值滤波器效果更好，但它也从亮物体边缘移走了一些白色像素，使亮物体变小，暗物体变大，这是因为围绕着这些物体的白点被设置成了暗灰度级。最大值、最小值滤波效果如图2.12所示。

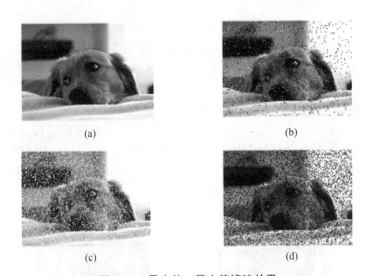

图 2.12　最大值、最小值滤波效果

(a)原图像；(b)添加椒盐噪声后的图像；(c)最大值滤波器；(d)最小值滤波器

均值滤波是典型的线性滤波算法，它是指在图像上对目标像素给一个模板，该模板包括了其周围的邻近像素(以目标像素为中心的周围 n 个像素，构成一个滤波模板，即去掉目标像素本身)，再用模板中的全体像素的平均值来代替原来的像素值。均值滤波的不足之处在于存在着固有的缺陷，即它不能很好地保护图像细节，在图像去噪的同时，也破坏了图像的细节部分，从而使图像变得模糊，不能很好地去除噪声点。均值滤波效果如图 2.13 所示。

图 2.13　均值滤波效果

(a)原始图像；(b)加入椒盐噪声之后的图像；(c)均值滤波，尺寸3；
(d)均值滤波，尺寸5；(e)均值滤波，尺寸9

2.3　图像形态学

2.3.1　膨胀

形态学变换膨胀 $\oplus$ 采用向量加法(或 Minkowski 集合加法)，对两个集合进行合并。膨胀 $X \oplus B$ 是所有向量之和的集合，向量加法的两个操作数分别来自 X 和 B，并且取到任何可能的组合。

$$X \oplus B = \{p = x + b, x \in X 且 b \in B\} \quad (2.9)$$

$$X = \{(1, 0), (1, 1), (1, 2), (2, 2), (0, 3), (0, 4)\}$$

$$B = \{(0, 0), (1, 0)\}$$

$$X \oplus B = \{(1, 0), (1, 1), (1, 2), (2, 2), (0, 3), (0, 4),$$
$$(2, 0), (2, 1), (2, 2), (3, 2), (1, 3), (1, 4)\}$$

图 2.14(a)为一幅大小为 256×256 的原始图像,采用一个大小为 3×3 的结构元素膨胀后的结果如图 2.14(b)所示。在这个例子中,膨胀是一种各向同性的扩张(在所有方向上的行为相同)。这种操作有时还被称为填充或生长。

图 2.14 膨胀处理效果
(a)原始图像;(b)膨胀后效果

采用各向同性结构元素的膨胀运算可以描述为一个将所有与物体邻近的背景像素变为物体像素的变换。膨胀满足交换律

$$X \oplus B = B \oplus X \quad (2.10)$$

膨胀满足结合律

$$X \oplus (B \oplus D) = (X \oplus B) \oplus D \quad (2.11)$$

膨胀可以表示为平移点的并集

$$X \oplus B = \bigcup_{b \in B} X_b \quad (2.12)$$

膨胀对平移不变

$$X_h \oplus B = (B \oplus X)_h \quad (2.13)$$

式(2.12)和式(2.13)表明在具体实际中平移操作对加速膨胀操作起着很重要的作用。更一般地,对串行计算机上的二值形态学操作来说,平移操作也是十分重要的。一个处理器字可以表示若干像素点(如 32 位处理器的一个字表示 32 个像素),平移或加法对应一条指令。对流水处理器来说,平移还可以通过延迟来实现。膨胀是一种递增运算

$$X \oplus B \subseteq Y \oplus B, \quad X \subseteq Y \quad (2.14)$$

膨胀用来填补物体中小的空洞和狭窄的缝隙。它使物体的尺寸增大,如果需要保持物体原来的尺寸,则膨胀应与腐蚀相结合。

图 2.15 给出了一个代表点不属于结构元素的膨胀结果;如果使用这个结构元素,则膨胀结果明显不同于输入集合,其主要原因是原来集合的连通性丢失了。

图 2.15 代表点不属于结构元素的膨胀

2.3.2 腐蚀

腐蚀 Θ 对集合元素采用向量减法，将两个集合合并，腐蚀是膨胀的对偶运算。腐蚀和膨胀都是不可逆运算

$$X \ominus B = \{p \in \varepsilon^2, \ p + b \in X, \ \forall b \in B\} \tag{2.15}$$

上式表明图像的每个点 p 都被测试到了；腐蚀的结果由所有满足 $p+b$ 属于 X 的点 p 构成。

图 2.16 为采用各向同性结构元素的腐蚀运算。这里一个像素宽的线都不见了，采用各向同性结构元素的腐蚀运算也被称为收缩或缩小。

图 2.16 采用各向同性结构元素的腐蚀运算
(a)原始图像；(b)腐蚀运算后的图像

基本的形态学变换可以用来在图像中寻找物体轮廓，而且速度很快。具体实现方法是计算原始图像和腐蚀后图像的差，如图 2.17 所示。腐蚀还用来简化物体的结构——那些只有一个像素宽的物体或物体的部分将被去掉，这样就把较复杂的物体分解为几个简单部分了。

图 2.17 通过计算原始图像和腐蚀后图像的差求物体轮廓
(a)原始图像；(b)物体轮廓

腐蚀还有另一种等价的定义，定义 B_p 表示 B 平移

$$X \ominus B = \{p \in \varepsilon^2 ; B_p \subseteq X\} \quad (2.16)$$

腐蚀还可以解释为用结构元素 B 扫描整幅图像 X；若 B 平移 p 后仍属于 X，则平移后的 B 的代表点属于腐蚀结果图像 $X \ominus B$。

我们可以根据如下事实对腐蚀的实现进行简化，图像 X 关于结构元素 B 的腐蚀可以表示为图像 X 关于所有向量 $-b \in B$ 的平移的交

$$X \ominus B = \bigcap_{b \in B} X_{-b} \quad (2.17)$$

若代表点属于结构元素，则腐蚀是一个反向扩张变换；即，若 $(0, 0) \in B$，则 $X \ominus B \subseteq X$。腐蚀也是平移不变的

$$X_h \ominus B = (B \ominus X)_h \quad (2.18)$$

$$X \ominus B_h = (B \ominus X)_{-h} \quad (2.19)$$

腐蚀也是递增变换的：若 $X \subseteq Y$ 则 $X \ominus B \subseteq Y \ominus B$

若 B、D 为结构元素，且 $D \subseteq B$，则 B 的腐蚀要强于 D 的腐蚀；即若 $D \subseteq B$，则 $X \ominus B \subseteq X \ominus D$。这一性质使得可以根据形状相似但尺寸不同的结构元素对相应的腐蚀进行排序。$\breve{B}$ 表示 B 关于代表点的对称集合，也称为转置或有理集合

$$\breve{B} = \{-b, b \in B\} \quad (2.20)$$

例如

$$B = \{(1, 2), (2, 3)\} \quad (2.21)$$

$$\breve{B} = \{(-1, -2), (-2, -3)\} \quad (2.22)$$

腐蚀和膨胀是对偶关系，形式化的描述如下

$$(X \ominus Y)^C = X^C \oplus \breve{Y} \quad (2.23)$$

接下来的性质体现了腐蚀和膨胀的不同。腐蚀操作（与膨胀相反）不是可交换的，即

$$X \ominus B \neq B \ominus X \quad (2.24)$$

腐蚀与集合相交的混合运算具有如下性质

$$(X \cap Y) \ominus B = (X \ominus B) \cap (Y \ominus B) \quad (2.25)$$

$$B \ominus (X \cap Y) \subseteq (B \ominus X) \cap (B \ominus Y) \quad (2.26)$$

另外，集合相交与膨胀不能交换位置；两幅图像交的膨胀包含于它们膨胀的交

$$(X \cap Y) \oplus B = B \oplus (X \cap Y) \subseteq (X \oplus B) \cap (Y \oplus B) \quad (2.27)$$

集合的并运算可以与腐蚀操作交换顺序。这一性质使得可以将较复杂结构元素分解为简单结构元素的并

$$B \oplus (X \cup Y) = (X \cup Y) \oplus B \subseteq (X \oplus B) \cup (Y \oplus B) \quad (2.28)$$

$$(X \cup Y) \ominus B \supseteq (X \ominus B) \cup (Y \ominus B) \quad (2.29)$$

$$B \ominus (X \cup Y) = (X \ominus B) \cap (Y \ominus B) \quad (2.30)$$

对图像 X 先后运用结果元 B 和 D 进行膨胀（或腐蚀）等价于对图像 X 用结构元素 B 和 D 进行膨胀（或腐蚀）

$$(X \oplus B) \oplus D = X \oplus (B \oplus D) \quad (2.31)$$

$$(X \ominus B) \ominus D = X \ominus (X \oplus B) \quad (2.32)$$

2.3.3 开运算与闭运算

腐蚀和膨胀不是互换变换——若先对一幅图像进行腐蚀,然后再膨胀,得到的不是原始图像。结果图像会比原始图像更简单,因为一些细节被去掉了。

先腐蚀再膨胀是一个重要的形态学变换,被称为开运算。图像 X 关于结构元素 B 的开运算记为 $X \circ B$,定义为

$$X \circ B = (X \ominus B) \oplus B \tag{2.33}$$

先膨胀再腐蚀称为闭运算。图像 X 关于结构元素 B 的闭运算记为 $X \cdot B$,定义为

$$X \cdot B = (X \oplus B) \ominus B \tag{2.34}$$

若图像 X 关于 B 作开运算后仍保持不变,则称其关于 B 是开的。同样,若图像 X 关于 B 作闭运算后仍保持不变,则称其关于 B 是闭的。

结构元素各向同性的开运算用于消除图像中小于结构元素的细节部分,物体的局部形状保持不变。闭运算用来连接邻近的物体,填补小空洞,填平窄缝隙使得物体边缘更平滑。修饰词"邻近""小"和"窄"都是相对于结构元素的尺寸和形状而言的。图 2.18 为开运算的一个实例,图 2.19 为闭运算的一个实例。

(a)　　　　　　　　(b)　　　　　　　　(a)　　　　　　　　(b)

图 2.18　开运算的一个实例　　　　　图 2.19　闭运算的一个实例
(a)运算前;(b)运算后　　　　　　　　(a)运算前;(b)运算后

与膨胀和腐蚀不同,开运算和闭运算对于结构元素的平移不具有不变性。开运算是一种反向扩张($X \circ B \subseteq X$),而闭运算是正向扩张($X \subseteq X \cdot B$)。

与膨胀和腐蚀相同,开运算和闭运算是一对对偶变换

$$(X \cdot B)^C = X^C \circ \breve{B} \tag{2.35}$$

另一个重要的性质是反复采用开运算或闭运算,其结果是幂等的,也就是说反复进行开运算或闭运算,结果并不改变。形式化地写为

$$X \circ B = (X \circ B) \circ B \tag{2.36}$$

$$X \cdot B = (X \cdot B) \cdot B \tag{2.37}$$

2.4　图像分割

图像分割是将一幅图像细分为其组成区域或对象,细分的程度取决于要解决的问题。换言之,在应用中当感兴趣的对象已经被分割出来之后就应该停止分割。例如,电子装配线的自动检测所关注的是分析产品的图像,以确定对象是否存在特殊的异常,如元件缺失或连线断开等。因此,没有必要使用超过识别这些元件所需要的细节水平的分割。

非平凡图像的分割是图像处理中最困难的任务之一。分割的精度决定了计算机的分析最终能否成功。因此，应该仔细考虑稳定分割的可能性。有些情况下(如工业检测方面的应用)，至少在一定范围内控制某些测量是有可能的。其他情况下，如在遥感中，用户对获取图像的控制主要受所选对象的限制。

单色图像的分割算法通常基于图像亮度值的两个基本特性：不连续性和相似性。在第一种类别中，处理方法是基于亮度的突变来分割一幅图像，如图像中的边缘。本部分从适合检测亮度的不连续性(如点、线、边缘等)的方法开始。边缘检测是分割算法的主要手段。除边缘检测外，我们还将使用基于 Hough 变换的方法来检测线性边缘分割。对边缘检测的讨论紧接在阈值技术之后，阈值技术也是分割技术中占有重要地位的基础处理方法，特别是速度为重要因素的应用场合。

2.4.1 点检测

在本节中，我们将讨论在数字图像中检测亮度不连续性的 3 种基本类型：点、线、边缘。即对整幅图像运行一个模板。对于大小为 3×3 的模板来说，该过程将计算系数和由模板覆盖区域所包含灰度级的乘积之和。换言之，模板在该图像中任何一点处的响应 R 由下式给出

$$R = \omega_1 z_1 + \omega_2 z_2 + \cdots + \omega_9 z_9 = \sum_{i=1}^{9} \omega_i z_i \tag{2.38}$$

式中，z_i——与模板系数 w_i 相关的像素的亮度。

和前面一样，模板响应的定义与其中心相关。

嵌在常数区域(或图像中亮度基本不变的区域)中的孤立点的检测，若

$$|R| \geq T \tag{2.39}$$

则我们认为在模板的中心位置已检测出了一个孤立的点。其中，T 是一个非负阈值。点检测在 MATLAB 中可用函数 imfilter( ) 来实现，所用的模板与图 2.20 所示的模板相似。最重要的需求是，当模板的中心位于一个孤立点时，模板的响应必须最强，而在亮度不变的区域中响应为 0。

−1	−1	−1
−1	8	−1
−1	−1	−1

图 2.20　点检查模板

若 T 已给出，则如下命令可用于实现刚才讨论的点检测方法

　　≫g=abs(imfilter(double(f),w))>=T;

其中，f 是输入图像，w 是一个合适的点检测模板，g 是结果图像。函数 imfilter( ) 会将其输出转换为输入的类，若输入的是 uint8 类，且 abs 操作不接受整数数据，则我们可在滤波操作中使用 double(f) 来防止过早的截断。若输出图像 g 是 logical 类图像，则它的值是 0 或 1。若未给出 T 值，则其值通常会基于滤波结果来选择。这种情况下，前面的命令串分成了 3 个基本步骤：①计算已滤波的图像，即 abs(imfilter(double(f),w))；②使用来自已滤波的图

像的数据找到 T 值；③将已滤波的图像与 T 作比较。

```
≫f=imread('1.tif');
％w 为点检测的模板
≫w=[-1 -1 -1; -1 8 -1; -1 -1 -1];
％得到输出图像 g
≫g=abs(imfilter(tofloat(f),w));
≫T=max(g(:));
≫g=g>=T;
≫imshow(f),figure,imshow(g)
```

通过将 T 选择为已滤波图像 g 中的最大值，然后在 g 中查找所有满足 g≥T 的点，我们就可以识别这些有着最大响应的点。注意，在对 T 的测试中，为保持符号的一致性，我们使用了>=操作符。本例中，T 已被选定为 g 中的最大值，很明显，g 中不可能有比 T 更大的点。

如图 2.21 所示，其中有一个满足条件 g≥T 的孤立点，其中 T 置为 max(g(:))。由于孤立点位于模板中心时，模板的响应最强，而在恒定灰度区域中响应为 0，因此假设所有点都是嵌在不变或是基本不变的背景上的孤立点时，这个几乎看不见的点响应最强。

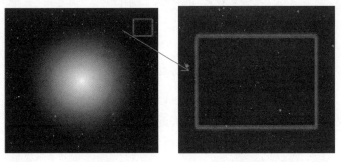

图 2.21 红色方框中存在一个孤立的点

2.4.2 线检测

与点检测相比，线检测要复杂一些。考虑图 2.22 中的模板。若第一个模板在图上四处移动，则它会更强烈地响应(一个像素宽的)水平线。对于不变的背景，当该水平线通过模板的中间行时，会出现更大的响应。同样，第二个模板可最佳响应+45°的线；而第三个模板则可最好地响应垂直线；第四个模板可最佳响应-45°的线。注意，每个模板的最优方向与其他可能的方向相比，已被一个较大的系数(加 2)加权。每个模板的系数之和为零，表面亮度不变区域中来自模板的响应为 0。

-1	-1	-1		2	-1	-1		-1	2	-1		-1	-1	2
2	2	2		-1	2	-1		-1	2	-1		-1	2	-1
-1	-1	-1		-1	-1	2		-1	2	-1		2	-1	-1
(a)				(b)				(c)				(d)		

图 2.22 线检测模板

(a)水平；(b)+45°；(c)垂直；(d)-45°

R_1、R_2、R_3、R_4 分别代表图 2.22 中从左到右的模板的响应，其中 R 的响应已由前一节的等式给出。假定这 4 个模板将分别被用于图像，若图像上的某个点满足 $|R_i| > |R_j|$，$j \neq i$，则我们说该点与模板 i 的该方向中一条线更可能相关。例如，若在图像中某个点处满足 $|R_1| > |R_j|$，$j = 2, 3, 4$，则可以说该特殊点更可能与一条水平线相关。换言之，在线检测中，我们对指定方向的线更感兴趣。在这种情况下，可以使用与该方向相关的模板并对其输出做阈值处理。换言之，若我们对检测图像中由给定模板定义的方向的所有线感兴趣，则可以简单地在图像上运行模板并对结果的绝对值做阈值处理。剩下的点是响应最强烈的那些点，这些点与模板定义的方向最为接近，且组成了只有一个像素宽的线。

2.4.3 使用函数 edge( ) 检测边缘

虽然点检测和线检测在任何关于图像分割的讨论中确实很重要，但到目前为止边缘检测最通用的方法是检测亮度值的不连续性。这样的不连续性是用一阶和二阶导数检测的。二维函数 $f(x, y)$ 的梯度定义为向量

$$\nabla f = \begin{bmatrix} G_x \\ G_y \end{bmatrix} = \begin{bmatrix} \dfrac{\partial f}{\partial x} \\ \dfrac{\partial f}{\partial y} \end{bmatrix} \tag{2.40}$$

该向量的幅值为

$$\nabla f = \mathrm{mag}(\nabla f) = [G_x^2 + G_y^2]^{1/2} \tag{2.41}$$
$$= [(\partial f/\partial x)^2 + (\partial f/\partial y)^2]^{1/2}$$

为简化计算，该数值有时通过省略掉平方根来近似计算，即

$$\nabla f \approx G_x^2 + G_y^2 \tag{2.42}$$

或通过取绝对值来近似计算，即

$$\nabla f \approx |G_x| + |G_y| \tag{2.43}$$

这些近似值仍然具有导数性质。换言之，它们在不变亮度区域中的值为 0，而且它们的值与像素值可变区域中的亮度变化的程度成比例。在实际中，通常将梯度的幅值或它的近似值称为"梯度"。梯度向量的基本性质是它指向 f 在 (x, y) 处的最大变化率方向。最大变化率出现时的角度为

$$\alpha(x, y) = \arctan\left(\dfrac{G_y}{G_x}\right) \tag{2.44}$$

关键问题之一是如何数字化地估计导数 G_x 和 G_y。

在图像处理中，二阶导数通常用拉普拉斯算子来计算。换言之，二维函数 $f(x, y)$ 的拉普拉斯算子由二阶导数形成，即

$$\nabla^2 f(x, y) = \dfrac{\partial^2 f(x, y)}{\partial x^2} + \dfrac{\partial^2 f(x, y)}{\partial y^2} \tag{2.45}$$

拉普拉斯算子自身很少被直接用作边缘检测，因此二阶导数对噪声具有无法接受的敏感度，它的幅度会产生双边缘，而且它不能检测边缘的方向。然而，当与其他边缘检测技术组合使用时，拉普拉斯算子是一种有效的补充方法。例如，虽然它的双边缘使得它不适合直接用于边缘检测，但该性质可用于边缘定位。

以前面的讨论为背景,边缘检测的基本意图是使用如下两个基本准则之一,在图像中找到亮度快速变化的地方:

(1)找到亮度的一阶导数在幅度上比指定的阈值大的地方。

(2)找到亮度的二阶导数有零交叉的地方。

工具箱函数 edge( )提供了几个基于上述规则的估计器。

对于一些估计器能否作为边缘检测器取决于对水平、垂直是否敏感,或对两者是否都敏感。

2.4.4 边缘检测器

1. Sobel 边缘检测器

Sobel 边缘检测器的调用语法如下:

$$[g, t]=edge(f, 'sobel', T, dir)$$

其中,f 是输入图像,T 是一个指定的阈值,dir 指定检测边缘的首选方向:horizontal、vertical 或 both(默认值)。如先前说明的那样,g 是在被检测到边缘的位置为 1 而在其他位置为 0 的 logical 类图像。输出参数 t 是可选的,它是函数 edge( )所用的阈值。若指定了 T 的值,则 t=T。若 T 未被赋值(或为空,[ ]),则函数 edge( )会令 t 等于它自动确定的一个阈值,然后用于边缘检测。在输出参数中要包括 t 的主要原因之一是为了得到一个阈值的初始值。若使用语法 g=edge(f)或[g, t]=edge(f),则函数 edge( )会默认使用 Sobel 边缘检测器。使用 Sobel 边缘检测器的代码:

```
≫f=imread('housetif');
≫[g, t]=edge(f, 'sobel', 'vertical');
≫imshow(f), figure, imshow(g);
≫t
t=0.0516;
```

使用 Sobel 模板处理后,可以看到主要的边缘是垂直边缘(倾斜的边缘具有垂直分量和水平分量,所以同样能被检测到)。函数 edge( )不计算±45°方向的 Sobel 边缘,要计算这些边缘,需要指定模板并使用函数 imfilter( )。使用模板 wneg45=[-2 -1 0;-1 0 1;0 1 2],可得到-45°方向的边缘,代码如下:

```
≫wneg45=[-2 -1 0;-1 0 1;0 1 2]
Wneg45 = -2 -1 0
         -1 0 1
          0 1 2
≫gneg45=imfilter(tofloat(f), wneg45, 'replicate');
≫T=0.3*max(abs(gneg45(:)));
≫gneg45=gneg45>=T;
≫figure, imshow(gneg45);
```

类似地,使用模板 wpos45=[0 1 2;-1 0 1;-2 -1 0],可得到+45°方向的边缘,代码

如下：
```
Wpos45 = [0 1 2; -1 0 1; -2 -1 0]
Wpos45 = 0 1 2
        -1 0 1
        -2 -1 0
≫gneg45 = imfilter(tofloat(f), wpos45, 'replicate');
≫gneg45 = gneg45>=T;
≫figure, imshow(gneg45);
```
输出结果如图 2.23 所示。

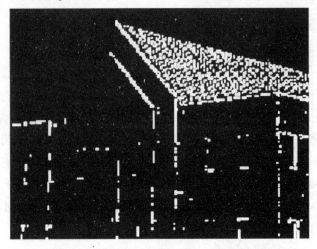

图 2.23　图中最强的边缘是+45°方向的边缘

2. Canny 边缘检测器

Canny 边缘检测器是使用函数 edge( ) 的最有效边缘检测器。该方法总结如下：
(1) 图像使用带有指定标准偏差 σ 的高斯滤波器来平滑，从而可以减少噪声。
(2) 在每一点处计算局部梯度：

$$g(x, y) = [G_x^2 + G_y^2]^{1/2} \tag{2.46}$$

$$\alpha(x, y) = \arctan(G_y/G_x) \tag{2.47}$$

边缘点定义为梯度方向上其强度局部最大的点。第(2)条中确定的边缘点会导致梯度幅度图像中出现脊。然后，算法追踪所有脊的顶部，并将所有不在脊的顶部的像素设为 0，以便在输出中给出一条细线，这就是众所周知的非最大值抑制处理。脊像素使用两个阈值 T_1 和 T_2 做阈值处理，其中 $T_1<T_2$。值大于 T_2 的脊像素称为强边缘像素，$T_1 \sim T_2$ 之间的脊像素称为弱边缘像素。

最后，算法通过将 8 邻接的弱像素集成到强像素，执行边缘链接。Canny 边缘检测器的调用语法如下：

[g, t]=edge(f, 'canny', T, sigma)

其中，T 是一个向量，T=$[T_1, T_2]$；sigma 是平滑滤波器的标准偏差。若 t 包含在输出参数中，则它是一个二元向量，该向量包含该算法用到的两个阈值。语法中的其余参数和其他方法中解释的一样，包括未指定 T 的情况下自动计算阈值，sigma 的默认值为 1。

2.5　Hough 变换的直线检测与椭圆检测

理想情况下，前一节讨论的方法应该只产生边缘上的像素。实际上，结果像素由于噪声、不均匀照明引起的边缘断裂和杂散的亮度不连续性而难以得到完全的边缘特性。因此，典型的边缘检测算法遵循用链接过程把像素组装成有意义的边缘的方法。一种寻找并链接图像中线段的处理方式是 Hough 变换。

给定一幅图像(一般为二值图像)中的一个点集合，假设我们想要找到位于直线上的所有点的子集。一种可能的解决方法就是先找到所有由每一对点决定的线，然后找到接近特殊线的所有点的子集。这种处理方法的问题是它需要找 $n(n-1)/2 \sim n^2$ 条线，然后进行 $n[n(n-1)]/2 \sim n^3$ 次每一点与所有线的比较，计算起来很麻烦，因而一般不予采用。

采用 Hough 变换(霍夫变换)时，我们考虑一个点 (x_i, y_i) 和所有通过该点的线。点 (x_i, y_i) 的线有无数条，这些线对某些 a 值和 b 值来说，均满足 $y_i = ax_i + b$。将该公式写成 $b = -x_i a + y_i$ 并考虑 ab 平面(也称为参数空间)，可对一个固定点 (x_i, y_i) 产生单独的一条直线。此外，第二个点 (x_j, y_j) 也有这样一条在参数空间上与它相关的直线，这条直线和与 (x_i, y_i) 相关的直线相交于点 (a', b')，其中 a' 和 b' 分别是 xy 平面上包含点 (x_i, y_i) 和 (x_j, y_j) 的直线的斜率和截距。事实上，在这条直线上的所有点都有在参数空间中相交于点 (a', b') 的直线。

从原理上讲，我们可以绘制出与所有图像点 (x_i, y_i) 相对应的参数-空间直线，而图像直线可以通过许多参数-空间直线相交来识别。然而，这种方法的实际困难是 a(直线的斜率)接近无限大，也就是接近垂直方向。解决该问题的一种方法是使用直线的标准表示法

$$x\cos\theta + y\sin\theta = \rho \tag{2.48}$$

对于水平线来说，$\theta = 0°$，ρ 等于正的 x 截距。同样，对于垂直线而言，$\theta = 90°$，ρ 等于正的 y 截距，或 $\theta = -90°$，ρ 等于负的 y 截距。

2.5.1　函数 hough

函数 hough() 的默认语法为[H, theta, rho]=hough(f)，完整的语法形式如下：

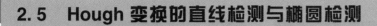

其中，H 是 Hough 变换矩阵，theta(单位为度)和 rho 是 ρ 和 θ 值的向量，Hough 变换矩阵是在这些值上生成的。输入 f 是一幅二值图像；val1 是值在 0~90 之间的一个标量，它指定了沿 θ 轴的 Hough 变换容器(默认 1)，val2 是范围 0~hypot(size(I, 1), size(I, 2))内的一个实标量，它指定了沿 ρ 轴的 Hough 变换容器的间隔(默认为 1)。

≫f=zeros(101, 101);
≫f(1, 1)=1;
≫f(101, 1)=1;
≫f(1, 101)=1;
≫f(101, 101)=1;
≫f(51, 51)=1;
≫H=hough(f);

≫imshow(H, [])=1;
≫imshow(f, [], figure, imshow(H, []))=1;
显示结果如图 2.24 所示。

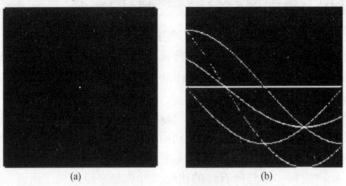

图 2.24　显示结果
(a)带有 5 个点的二值图像；(b)使用函数 imshow( )显示的霍夫变换

上图显示了结果，该结果使用函数 imshow( )显示。在接下来的代码段中，我们使用了几个参数调用了 hough( )函数；第二个输出参数包括分别对应于 Hough 变换矩阵的每一列和每一行的 θ 和 ρ 值。这些向量(theta 和 rho)可以作为附加输入参数传递给函数 imshow( )来控制水平轴和垂直轴的标度。我们也可以将选项 notruesize 传递给函数 imshow( )。函数 axis( )用来打开轴标记，并在显示结果中带有矩形。函数 xlabel( )和函数 ylabel( )用于将希腊字母标在轴上。代码如下：

≫[H, theta, rho]=hough(f);
% 把 InitialMagnification 选项传递给带有值'fit'的函数 imshow( )
≫imshow(H, [], 'XData', theta, 'YData', rho, 'InitialMagnification', 'fit');
≫axis on, axis normal;
% 通过函数 xlabel( )和 ylabel( )标注坐标
≫xlabel('\ \theta'), ylabel('\ \rho');

运行结果如图 2.25 所示。

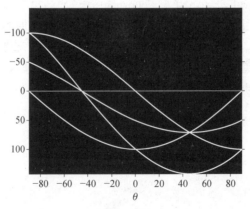

图 2.25　运行结果

上图显示了标值后的结果。3 条正弦曲线在 ±45° 的交点表面中存在两组 3 个共线的点。两条正弦曲线在 $(\theta, \rho) = (-90, 0)\ (-90, -100)\ (0, 0)\ (0, 100)$ 处的交点表明存在 4 组位于垂直线和水平线上的共线点，其主要通过 θ 来判断位置。

2.5.2　函数 houghpeaks( )

使用 Hough 变换进行线检测的第一步是峰值检测。在 Hough 变换中找到一组有意义的明显峰值是一种挑战。因为数字图像空间中的量化、Hough 变换参数空间中的量化和典型图像中的边缘都不是很完美的事实，Hough 变换的峰值一般位于多个 Hough 变换单元中。克服这个问题的一个策略如下：

(1) 找到包含最大值 Hough 变换单元并记下它的位置。

(2) 把第一步中找到的最大值点的邻域中 Hough 变换单元设为 0。

(3) 重复上述两个步骤，直到找到需要的峰值数时为止，或者达到一个指定的阈值时为止。

函数 houghpeaks( ) 默认语法为 peaks = houghpeaks(H, NumPeaks)，完整的语法形式如下：

    peaks = houghpeaks(…; 'Threshold', val1, 'NHoodSize', val2)

其中，"…"是默认语法的输入，peaks 是容纳这些峰值的行列坐标的一个 $Q×2$ 矩阵，Q 的范围为 0~NumPeaks。H 是 Hough 变换矩阵。参数 val1 是一个非负的标量，它指定 H 中的哪些值被认为是峰值；val1 可从 0 到无穷大变化，默认值是 0.5max(H(:))；参数 val2 是一个奇整数的两元素向量，它指定围绕峰值的邻域的大小。

2.5.3　函数 houghlines( )

在 Hough 变换中识别出一组候选的峰值后，剩下的工作就是确定是否存在与这些峰值相关联的有意义的线段，以及这些线段的起点和终点。

函数 houghlines( ) 的默认语法为 lines = houghlines(f, theta, rho, peaks)，完整的语法形式如下：

    lines = houghlines(…; 'FillGap', val1, 'MinLength', val2)

其中，theta 和 rho 是函数 hough( ) 的输出，peaks 是函数 houghpeaks( ) 的输出。输出 lines 是一个结构数组，该数组的长度等于所找到的线段数。

该结构数组中的每个元素识别一条线，并具有如下字段：

point1 为一个两元素向量[r1, c1]，它指定线段终点的行、列坐标；point2 为一个两元素向量[r2, c2]，它指定线段其他终点的行、列坐标；theta 为与线相关的 Hough 变换容器的角度(单位为度)；rho 为与线相关的 Hough 变换容器的 ρ 轴的位置。

其他参数如下：val1 是一个正的标量，它指定与相同 Hough 变换容器相关联的两条线段间的距离。当两条线段间的距离小于指定的值时，函数 houghlines( ) 将把这两条线段聚合为一条线段(默认距离为 20 像素)。val2 是一个正的标量，它指定聚合后的线是保留还是丢弃。比 val2 中的指定值要短的线则被丢弃(val2 的默认值为 40)。

2.6 形状表示与描述

图像区域的识别是理解图像数据的重要步骤，它需要的是一种准确的适合分类器的区域描述。这种描述应该生成表现区域属性的数字特征向量或非数字的句法描述词语。例如，三维物体可以在二维平面中表示，用于描述的形状属性通常在二维中计算。如果我们对三维物体的描述感兴趣，那么我们必须至少处理两幅从不同视点拍摄的同一物体的图像，或者如果物体是运动的，则需从图像序列中得出三维形状。在大多数的实际应用中二维形状表示已经足够了，但是如果三维信息是必需的，比如，若三维物体重建是处理的目标，或三维特征具有重要的信息，那么物体描述的任务就更困难了。在本节中，我们将讨论限制在二维形状特征，而且假设物体的描述来自图像的分割结果。

定义物体的形状其实是非常困难的。形状通常以言辞来表述或以图像来描述，而且人们常使用一些术语，如细长的、圆形的、有明显边缘的等。在计算机时代，有必要对非常复杂的形状进行精确的描述，尽管存在着许多实际的形状描述方法，但并没有被认可的统一的形状描述的方法学，我们甚至不知道形状中什么是重要的。当前的方法存在正面和负面的性质，Woodwark 的文章 *Clear and well structured exposition on shape description*：*Computing Shape* 及 E. A Lord 的文章 *The mathematical description of shape and form* 使用了有效的形状表示，但在形状识别中却没有用，反之亦然。尽管如此，也有可能找到大多数形状描述方法的共同特点。定位和描述物体边界一阶导数的显著变化常常会产生适当的信息。

形状是物体的一种属性，近年来已经得到细致的研究，可以找到涉及众多应用的很多文献——OCR（光学字符识别）、ECG（心电图）分析、脑电图分析、细胞分类、染色体识别、自动检测、技术诊断，等等。尽管有这些多样性，但多数方法的差异主要局限在术语上。这些共同的方法可以从不同的角度来刻画：

（1）输入的表示方式：物体的描述可以是基于边界（基于轮廓、外部）的，或者是基于整个区域的更复杂的知识（基于区域、内部）的。

（2）物体重建的能力：是否可以从描述来重建物体的形状，存在很多种保持形状的方法，它们在物体重建的精度上不同。

（3）非完整形状的识别能力：如果物体被遮挡而只有部分形状信息可以得到，根据该描述，物体的形状可以被识别到什么程度。

（4）局部、全局描述子的特征：全局描述子只能在整个物体的数据可用来分析时才可使用；局部描述子使用物体的部分信息来描述物体的局部特征。这样，局部描述子可用来描述遮挡物体。

（5）数学方法和启发式方法：一个典型的数学方法是基于傅里叶变换的形状描述；一个具有代表性的启发式方法可以是细长的。

（6）统计的或句法的物体描述：统计模式识别和句法模式识别。

（7）描述所具有的对平移、旋转、尺度变换的鲁棒性：形状描述在不同分辨率下的属性。

尺度（分辨率）问题在数字图像中很常见。如果要导出形状描述，那么对尺度的敏感性就更严重了，因为形状可能会随着图像分辨率的变化而发生很大变化。在高分辨率下轮廓的检测可能会受到噪声的影响，而在低分辨率下小的细节又可能会丢失。因此，许多学者在多分辨率下对形状进行了研究，但在从不同分辨率匹配对应的形状表示时仍旧会遇到困难。此外，传统的形状描述不是连续变化的。在 Babaudetal 的文章 *Uniqueness of the Gaussian Kernel for Scale-Space Filtering* 中提出了一种尺度空间的方法，目标是在分辨率连续变化的情况下得到连续的形状描述。此方法本身并不是一个新的方法，但它是现有方法的一个扩展，而且在一定的尺度范围内通过完善和保持它们的参数可以得出更鲁棒的形状方法。

在多数任务中，描述形状属性的类别很重要，例如，苹果、橘子、梨、香蕉等的形状类别。形状类别应该充分表现属于同一类别的物体的一般形状。很明显，形状类别应该强调类间的不同点，而类内形状变化的影响不会在类的描述中有所反映。当前研究的挑战包括设计自动对形状学习的方法以及提高形状类别定义的可靠性。

在接下来的几小节中讨论的物体表示和形状描述的方法并不是很详尽的，我们将尽量介绍一般的适用性方法。运用面向问题的方法来解决专门的描述和识别问题很有必要。这意味着对于很多种类的描述线面任务的方法是适当的，而且还可以用来针对特殊的问题描述来建立一个专门而高效的方法。这样的方法将不再是通用的，因为它利用了关于问题的先验知识。运用非常专门的知识也是人类得以解决他们的视觉和识别问题的方式。

应该理解的是，尽管我们在处理二维形状及其描述，但我们的世界是三维的，物体同样也是，如果从不同角度（或在空间中改变位置、方向）观看，会形成非常不同的二维透视投影。理想的情况应该是具有一个克服这些变化的通用的形状描述能力——设计具有透视投影不变性的描述子。考虑一个表面是平面的物体，想象一下如果这个简单物体相对于观察者的位置和三维方向发生改变时，从给定的表面会得到多少种非常不同的二维形状。在一些特殊情况下，如变成椭圆的圆或平面多边形，可以找到具有透视投影不变性的特征。不幸的是，目前存在的形状描述子没有一个是完美的；事实上，它们远远没有达到完美，即通过分析形状识别问题无法选择完美的描述子。因此，通过仔细分析形状识别问题来认真选择描述子，必然先于任何实现，而且还要必须考虑二维表示是否有能力描述三维形状。

物体遮挡是形状识别中的另一个难题。然而，这里的情况会简单些（如果考虑遮挡问题，不包含如上所述的结合了方向变化而产生的二维透视投影的变化），这是因为物体的可见部分也许可以用于描述。在这里，形状描述子的选择必须基于其描述局部物体特征的能力，如果描述子只给出一个全局的物体描述（如物体大小、平均边界曲率、周长），当物体只有一部分可见时，这样的描述是没用的。如果使用一个局部描述子（如描述局部边界的变化），这个信息就可以用于将物体的可见部分与所有出现在图像中的物体作比较。明显地，如果发生物体遮挡，就必须首先考虑形状描述子的局部或全局的特点。

2.6.1 区域标识

对于区域描述，区域标识是必需的。区域标识的很多方法中的一种是给每个区域（或每个边界）标识一个唯一的数字（整数）；这样的标识称为标注或着色（也称为连通分量标注），而最大的整数标号通常也就给出了图像中区域的数目。另一种方法是使用较少数目的标号（在理论上 4 个就足够了），保证不存在两个相邻区域有相同标号；为提供全区域的索引，必须将有关某个区域像素的信息加到描述中。该信息通常保存在单独的数据结构中。作为选择，数学形态学的方法也可以用于区域标识。假设分割后的图像 R 由 m 个不相交的区域 R_i 组成。图像 R 常常由若干物体和一个背景组成，表示为

$$R_b^C = \bigcup_{i=1, i \neq b}^{m} R_i \tag{2.49}$$

其中，R^C 是集合的补，R_b 为背景，其他区域是物体。区域标识算法的输入通常是二值或多亮度级别的图像，其中背景可能用零值像素表示，物体则用非零像素表示。多亮度级图像常常用于表示标注的结果，背景用零值表示，区域用它们的非零标号表示。算法 1 介绍了一个标注分割后的图像的顺序方法。

1. 算法 1：4 邻域和 8 邻域区域标识

（1）第一遍扫描：一行一行地搜索整个图像 R，对每个非零像素 $R(i, j)$ 赋一个非零的值 v。根据邻域像素的标号来选择 v 值，其中邻域的性质由图 2.26 定义（不考虑在图像 R 外面的"邻域"）。

- 如果所有的邻域都是背景像素（其像素值为零），则 $R(i, j)$ 被赋予一个新的（到目前为止）没有使用过的符号。
- 如果仅仅只有一个邻域像素有非零符号，那么就把这个符号赋予像素 $R(i, j)$。
- 如果邻域中有不止一个非零像素，则把这些像素中的任意一个标号赋予要标注的像素。如果邻域的标号不同（标号冲突），则将标号对作为等价对保存起来。等价对被保存在单独的数据结构中——等价表。

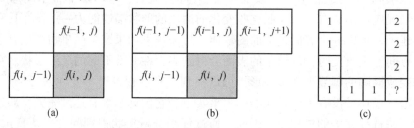

图 2.26　区域标识的掩膜
(a)在 4 邻域下；(b)在 8 邻域下；(c)标号冲突

（2）第二遍扫描：所有的区域像素在第一遍扫描时被标注了，但是一些区域存在具有不同标号的像素（由于标号冲突）。再扫描一遍图像，使用等价表的信息重新标注像素（如用等价表中的最小值）。

标号冲突经常发生，发生这种现象的图像形状包括 U 形物体、E 的镜像形物体等。等价表是一个出现在图像中的所有标号对的列表：所有的等价标号在第(2)步中被一个唯一的标号代替。因为通常标号冲突的数目事先不知道，所以为把等价表保存在数组中必须分配足够的空间，推荐使用动态分配的数据结构。更进一步，如果指针被用于标号标识，第二遍的图像扫描就没有必要了（算法的第二遍扫描），而且仅仅重写这些指针所指的标号会更快。

算法 1 在 4 邻域和 8 邻域下基本相同，不同点仅在邻域掩膜的形状上。为了便于在第二遍扫描中对区域进行简单计数，给区域赋予递增的标号是有用的。区域标识可以在不是标识为直截了当的矩阵形式的图像上进行。下面的算法 2 可用于按行程编码的图像。

2. 算法 2：在行程编码数据中的区域标识

8 邻域下的物体表示如图 2.27 所示。

(1) 第一遍扫描：对图像的第一行中不是背景部分的每一个连续行程，用一个新的标号标注。

(2) 对第二行及其之后的行，比较行程间的位置。

- 如果在某一行中的行程不和前面行的任一行程相邻（在4邻域或8邻域下），则赋予一个新的标号。
- 如果一个行程正好和前面行的一个行程相邻，则把它的标号赋予新的行程。
- 如果新的行程和前面行的不止一个行程相邻，则发生标号冲突。
- 冲突信息被保存在等价表中，将新行程以其邻居中的任意一个标号来标注。

(3) 第二遍扫描：一行一行地搜索图像，根据等价表的信息对图像进行重新标注。

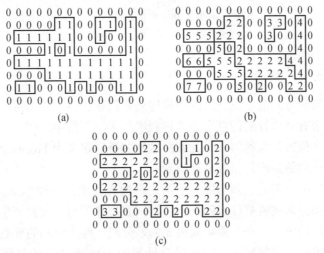

图 2.27 8 邻域下的物体表示

(a) 第一次扫描；(b) 比较行程间的位置；(c) 第二次扫描

如果分割后的图像是用四叉树数据结构表示的，则可以使用下面的算法3。

3. 算法3：四叉树区域标识

(1) 第一遍扫描：以给定顺序搜索四叉树的节点。例如，从根节点开始，按西北(NW)、东北(NE)、西南(SW)、东南(SE)的方向进行。只要进入一个未标注的非零叶节点，就赋予一个新的标号。然后以东(E)和南(S)的方向(在8邻域下加上SE)搜索叶节点的邻居。如果这些叶节点非零并且没有被标注，则赋予其搜索所开始的节点的标号。如果叶节点的邻居已经被标注了，则把冲突信息保存在等价表中。重复执行第(1)步，直到整棵树被搜索过。

(2) 第二遍扫描：根据等价表对四叉树的叶节点进行重新标注。

区域计数任务和区域标识问题紧密相关。就像我们看到的，物体计数可以从区域标识结果中立即得出。如果只需区域计数，而无须标识它们，那么一个一遍扫描的算法就足够了。

2.6.2 基于轮廓的形状表示与描述

区域边界必须以某种数学形式来表示，表示像素 x_n 的直角坐标最常见，它是路径长度 n 的函数，如图2.28(a)所示。其他有用的表示有以下两种：

(1) 极坐标：在极坐标下，边界元素以角度 φ 和距离 r 的数对来表示，如图2.28(b)所示。

(2) 切线坐标：作为路径长度 n 的函数，它对曲线上的点的切线方向 $\theta(x_n)$ 进行编码，如图2.28(c)所示。

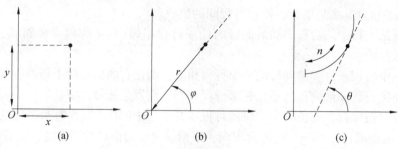

图 2.28　坐标系统
(a)直角坐标；(b)极坐标；(c)切线坐标

2.6.3　链码

链码通过带有给定方向的单位长度的线段序列来描述物体。为了可以重建区域，该序列的第一个元素必须带有其位置的信息。处理过程产生了一个数字序列，为了利用链码的位置不变性，忽略其包含位置信息的第一个元素。这样的链码定义为 Freeman 码。注意，链码的描述可以作为边界检测的副产品很容易地得到。

如果链码用于匹配，则它必须与序列中第一个边界像素的选择独立。为了归一化链码，一种可能性是，如果将描述链解释成四进制数，则在边界序列中找到产生最小整数的那个像素，将该像素用作起始像素。一个模 4 或模 8 的差分码，称为链码的导数，是表示区域边界元素的相对方向的另一个数字序列，以逆时针计数的 90° 或 45° 的倍数来度量。链码对噪声非常敏感，而且如果要用于识别，尺度和旋转的任意变化都可能会引起问题。链码的平滑形式(沿着指定的路径长度对方向进行平均)对噪声相对不太敏感。4 邻域下的链码以及它的导数如图 2.29 所示。

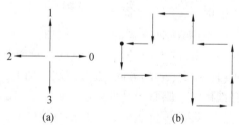

图 2.29　4 邻域下的链码以及它的导数
(a)链码；(b)导数

2.6.4　简单几何边界表示

以下的描述子大部分基于被描述区域的集合属性。由于数字图像的离散特点，它们都对图像的分辨率敏感。

1. 边界长度

边界长度是基本的区域属性，可以简单地从链码表示中得到。垂直的和水平的步幅为单位长度，在 8 邻域下的对角步幅的长度为 $\sqrt{2}$。在 4 邻域下边界会更长些，其中对角步幅包含两个直角步，总长度为 2。封闭边界的长度也能简单地从行程或四叉树表示中求出来。一方面，边界长度随着图像光栅分辨率的增加而增加；另一方面，区域面积不受更高分辨率的影响而收敛于某个限度值。为了提供连续空间的周长属性(根据边界长度的面积计算、形状属性等)，最好将区域边界定义为外部边界或扩展边界。如果使用内部边界，则一些属性不能让人满意，例如，如果使用外部边界，1 个像素的区域的周长为 4，而如果使用内部边界则为 1。

2. 曲率

在连续的情况下，曲率被定义为斜率的变化率。在离散空间，曲率的描述必须稍作修改以克服因曲线不具有平滑所造成的困难。曲率标量描述子(也称为边界平直度)是边界像素的总数目(长度)和边界方向有显著变化的边界像素的数目的比。方向改变的数目越少，边界越平直。对它的估算算法是基于检测存在于从待估计的边界像素出发，到在两个方向上各 b 个边界像素位置处的两条线段间角度的方法，这个角度不必以数字形式表示。参数 b 决定了对边界方向局部变化的敏感度。从链码计算曲率可在 Rosenfeld 的文章 *Digital Straight Line Segments* 中找到，而切线形式的边界表示也适合曲率计算。所有边界像素的曲率值可以表示为直方图的形式，相对的数字提供了有关具体边界方向变化的普遍程度的信息。边界角度的直方图也可以按类似的方向来建立。另一个根据数字曲线计算曲率的方法是基于截断的高斯核卷积进行的。

3. 弯曲能力

边界(曲线)的弯曲能力(BE)可以理解为把一个杆弯曲成所要求的形状所需的能量，可以用边界曲率 $c(k)$ 的平方和除以边界长度 L 计算：

$$BE = \frac{1}{L}\sum_{k=1}^{L} c^2(k) \tag{2.50}$$

运用 Parseval 定理，弯曲能量可以从傅里叶描述子简单地计算出来。为了表示边界，可以使用 Freeman 链码或它的平滑形式。如图 2.30 所示，弯曲能力没有形状重建能力。

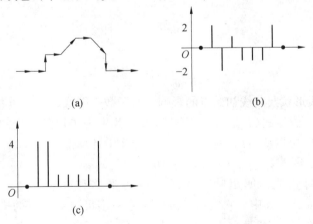

图 2.30 弯曲能量

(a)链码 0,0,2,0,1,0,7,6,0,0；(b)曲率 0,2,-2,1,-1,-1,2,0；(c)平方和给出了弯曲能量

4. 签名

区域的签名可以由法线轮廓距离的序列得到。对每一个边界元素，法线轮廓距离为路径

长度的函数。对每一个边界点 A，到对面边界点 B 的最近距离的道路为垂直于点 A 边界切线的方向，如图 2.31 所示。注意，对面不是一个对称关系。签名对噪声敏感，因而使用平滑后的签名或平滑后轮廓的签名来降低对噪声的敏感度。签名可以用于对有重叠的物体的识别，或每当只有部分轮廓可以获得的情况下的识别。基于梯度周长和角度周长图的具体位置、旋转及尺度不变性的修正在 Safaee 的文章 *Pre-marking methods for 3D object recognition* 中有讨论。

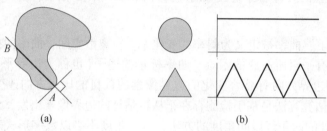

图 2.31 签名
(a) 构造；(b) 圆和三角形的签名

2.6.5 边界的傅里叶变换

假设 C 是复平面上的封闭曲线（边界），以逆时针方向沿着这个曲线保持恒定速度移动，得到一个复函数 $z(t)$，这里 t 是时间变量。速度应该选择为使得环绕边界一周的时间为 2π；然后沿曲线做多次遍历得到一个周期为 2π 的周期函数；e 为自然对数底数。这就允许了 $z(t)$ 的傅里叶表示

$$z(t) = \sum_n T_n e^{int} \tag{2.51}$$

式中，级数的系数 T_n 称为曲线 C 的傅里叶描述子。

考虑将曲线距离 s 对照于时间会更有用，则有

$$t = 2\pi s/L \tag{2.52}$$

式中，L 是曲线长度。

傅里叶描述子 T_n 由

$$T_n = \frac{1}{L}\int_0^L z(s) e^{-i(2\pi/L)ns} ds \tag{2.53}$$

给出。描述子受曲线形状及曲线初始点的影响。对于数字图像数据，边界坐标是离散的而函数 $z(t)$ 不是连续的。假定 $z(k)$ 是 $z(s)$ 的离散型，其中为了得到不变的采样间隔使用 4 邻域；傅里叶描述子 T_n 可以从 $z(k)$ 的离散傅里叶变换中计算得到

$$z(k) \leftarrow \text{DFT} \rightarrow T_n \tag{2.54}$$

如果坐标系选择恰当，傅里叶描述子可以对平移和旋转不变。在 Shridhar 的文章 *Potential Hypolipidemic Agents* 中，它们已经被用于手写字母数字字符的描述；在这样的描述中，字符边界由 4 邻域下的坐标对 (x_m, y_m) 表示，$(x_1, y_1) = (x_L, y_l)$。然后

$$a_n = \frac{1}{L-1}\sum_{m=1}^{L-1} x_m e^{-i[2\pi/(L-1)]nm} \tag{2.55}$$

$$b_n = \frac{1}{L-1}\sum_{m=1}^{L-1} y_m e^{-i[2\pi/(L-1)]nm} \tag{2.56}$$

系数 a_n、b_n 不是不变量，但经过变换

$$r_n = (|a_n|^2 + |b_n|^2)^{1/2} \tag{2.57}$$

r_n 是平移和旋转不变量。为了达到缩放不变形，使用描述子

$$w_n = r_n/r_1 \tag{2.58}$$

发现对于字符描述，10～15 个描述子 w_n 就足够了。

一个封闭边界可以表示成切线间的角度相对于其在边界上的点之间的距离的函数。令 φ_k 为在第 k 个边界点测量的角度，令 l_k 为起始边界点和第 k 个边界点的距离。一个周期函数可以被定义为

$$a(l_k) = \varphi_k + \mu_k \tag{2.59}$$

$$u_k = 2\pi l_k/L \tag{2.60}$$

描述子集合则为

$$S_n = \frac{1}{2\pi}\int_0^{2\pi} a(u)\,e^{-u}du \tag{2.61}$$

在所有的实际应用中，均使用了离散傅里叶变换。

傅里叶描述子的共同优点是仅使用少数低阶系数就得到了高质量的边界形状表示。我们可以比较使用描述子 S_n 和 T_n 的结果：由于切线角度的变化相对比较显著，描述子 S_n 有更多的高频成分出现在边界函数中，结果使它们不如描述子 T_n 那样快地衰减。另外，由于它们常常导致不封闭的边界，描述子 S_n 不适合边界重建。此外，描述子 S_n 不能用于正方形和正三角形等情况，除非使用 Wallace 的文章 *Regeneration of reversed aneurogenic arms of the axolotl* 中介绍的解决方法。

2.6.6 使用片段序列的边界描述

边界（以及曲线）描述的另一种选择是使用具体特定属性的片段来表示边界。如果对于所有的片段其类型都是知道的，则边界可以描述为片段类型的一个链，码字由代表类型的字母表示。

多边形表示通过一个多边形来近似区域，区域由它的顶点来表示。多边形表示可以作为对边界的一个简单分割的结果。边界可以用各种精度来近似，如果需要一个更精确的描述，就可能需要使用更多的线段。任意两个边界点 x_1、x_2 定义了一条线段，点 x_1、x_2、x_3 的序列表示一个线段链——从点 x_1 到点 x_2，从点 x_2 到点 x_3。如果 $x_1 = x_3$，则线段链为一个封闭的边界。问题在于边界顶点位置的确定，一个解决方法是使用分裂-归并算法。归并的步骤为检查边界点的集合，只要满足了一个片段的平直性标准，就把它们加到这个片段中。如果失去了片段的平直性，最后连接的点就被标记为顶点，并开始构建一个新的片段。这个通用的方法有很多变种，在 Pavlidis 的文章 *The growth of epitaxial thin nickel films on diamond* 中描绘了其中的一些方法。另一个确定边界顶点位置的方法是通过设置最大允许差别 e 的容忍区间方法。假定点 x_1 是前一个片段的终止点，也是新片段的第一个点。定义点 x_2、x_3 位于点 x_1 的直线距离 e 处——点 x_1、x_2、x_3 在一条直线上。下一步是定位片段，它位于点 x_2、x_3 引出的平行线间。结果片段是次优的，尽管通过增大计算量可以达到最优。

上面介绍的一些方法是使用片段增长的方法，它们是一种边界分割的一遍扫描算法，常

常不会产生最好的边界分割，因为被定位的顶点常常表明真正的顶点位置应该往后几步。把边界分割成更小片段的分裂方法有时会有帮助，可以期望通过将这两种方法结合起来得到最好的结果。如果使用了分裂方法，片段通常被分成两段更小的新片段，直到新的片段达到最后的要求。一个分裂的简单过程从一条曲线的终点 x_1 和 x_2 开始，两终点被一条线段连接起来。下一个步骤是在所有的曲线中找到距离线段最远的曲线点 x_3。如果被确定的点在预设的它和线段间的距离范围内，片段 $(x_1 - x_2)$ 就是最后的片段，而所有的曲线顶点都找到了，顶点 x_1 和 x_2 就是曲线的多边形表示。否则点 x_3 作为新的顶点，并且将这个过程在两个结果片段 $(x_1 - x_3)$ 和 $(x_3 - x_2)$ 上递归地调用。

把边界分割成常数曲率的片段是边界表示的另一种可能性。边界也可以被分割成能用多项式来表示的片段，多项式通常是二阶的。例如，圆形的、椭圆形的或抛物线形的线段。对于句法形状识别过程，片段被作为基元看待，一个典型的例子是染色体的句法描述和识别，其中边界片段被分类为较大曲率的凸片段、较大曲率的凹片段、直线片段等。边界片段链形式的染色体结果描述如图 2.32 所示。

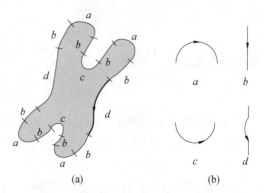

图 2.32　边界片段链形式的染色体结果描述
（a）码字；（b）边界片段的分类

前文已经提到过形状描述子对尺度（图像分辨率）的敏感性是大多数描述子的一个不受欢迎的特征。换句话说，形状描述随着尺度的变化而变化，在不同分辨率下会得到不同的结果。如果曲线要被分成片段，这个问题仍然很突出；曲线的一些分割点在某一分辨率下存在，在其他分辨率下会消失，因而没有任何直接的对应。考虑这个问题，曲线分割的一个保证分割点位置连续变化的尺度空间方法是一个显著的成就。在这个方法中，新的分割点只能在更高分辨率下出现，并且已经存在的分割点不会消失。这和我们对分辨率变化的理解是一致的，在更高的分辨率下可以检测到更细微的细节，而如果分辨率增大，显著的细节不应该消失。这个方法是基于把单独的高斯核在一定的尺度范围内应用于一维信号，并将其结果微分两次，通过检测二阶导数的过零点来确定曲率的峰值；过零点的位置给出了曲线分割点的位置。在不同分辨率（不同的高斯平滑核尺寸）下获得分割点的不同位置。高斯核的一个重要性质是分割点的位置随着分辨率的变化而连续变化，这可以从曲线的尺度空间图像中看出。此外，分割点的位置在最精细的分辨率下是最精确的，而且可以对它的位置通过使用尺度空间图像从粗分辨率到细分辨率进行跟踪。一个多尺度的曲线描述可以通过区间树表示出来，区间树可以用于不同尺度下的曲线分解，同时保持使用较高分辨率作片段描述的可能性。

曲线分割的另一个尺度空间方法是曲率基元图。定义一组曲率跃迁基元，并且在多分辨率下和高斯函数的一次和二次导数卷积。曲率基元图是通过匹配形状的多尺度卷积计算出来的，可作为一种形状的表示；形状重建可以基于多边形或样条。在 Saund 的文章 *Data Communications over power circuits using direct sequence spread spectrum modulation* 中描述了另一个多尺度边界基元的检测方法，它把一个尺度下的曲线基元聚集到更粗尺度下的曲线基元中。尺度空间图像如图 2.33 所示。

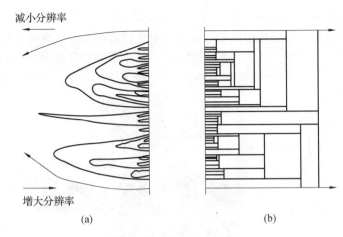

图 2.33　尺度空间图像

(a)作为分辨率函数的曲线分割点的数目和位置的变化；(b)曲线表示的区间树形式

2.7　小波和多分辨率处理

虽然自 20 世纪 50 年代末起傅里叶变换就一直是基于变换的图像处理的基石，但近年来一种新的称为小波变换的变换使得压缩、传输和分析图像变得更为容易。一方面，与基函数为正弦函数的傅里叶变换不同，小波变换基于一些小型波，称为小波，它具有变化的频率和有限的持续时间。这就允许它为图像提供一张等效的乐谱，该乐谱不但显示了要演奏的音符（或频率），而且显示了演奏这些音符的时间。另一方面，傅里叶变换只提供音符或频率信息，时间信息在变换过程中丢失了。

1987 年，科学家首次证明小波是一种全新且有效的信号处理和分析方法，称为多分辨率的基础。多分辨率理论将多种学科的技术有效地统一在一起，包括来自信息处理的自带编码、源于数字语音识别的正交镜像滤波及金字塔图像处理。正如其名字所表达的那样，多分辨率理论设计多个分辨率下的信号表示与分析方法。这种方法的优势很明显，某种分辨率下无法检测的特效在另一种分辨率下将很容易检测。

这里将从多分辨率的角度来审视基于小波的变换。虽然这样的变换也可以使用其他方法来介绍，但这种方法能简化它们的数字和物理解释。本节我们将从影响多分辨率理论形成的图像处理技术入手，在图像处理环境中阐述该理论的基本概念，并同时对该方法及其应用进行简要的历史回顾。本节的主要内容将集中在离散小波变换的开发和利用上。

2.7.1　背景

当我们观察图像时，看到的通常是相似的纹理和灰度级连成的区域，它们相结合形成了物体。如果物体的尺寸较小或对比较低，那么我们通常以较高的分辨率来研究它们；如果物体的尺寸较大或对比度较高，则只要求粗略的观察就足够了。如果较小物体和较大物体或对比度较低和对比度较高的物体同时存在，以不同的分辨率对它们进行研究将具有优势，这就是多分辨率处理的基本动机。

从数学角度看，图像是一个具有局部变化的统计特性灰度值的二维阵列，而该统计特性是由类似边缘和对比同质区域突变特性的不同组合导致的。如图 2.34 所示，在同一图像的不同部分，局部直方图可能变化很明显，这就使得为整幅图像建立统计模型非常困难，甚至不可能完成。

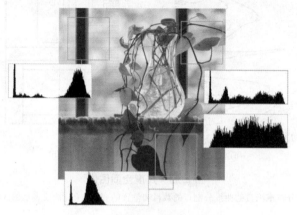

图 2.34　一幅图像及其不同的局部直方图

2.7.2　图像金字塔

以多个分辨率来表示图像的一种有效且概念简单的结构是图像金字塔。图像金字塔最初用于机器视觉和图像压缩，一个图像金字塔是一系列以金字塔形状排列的、分辨率逐步降低的图像集合。如图 2.35 所示，金字塔的底部是待处理图像的高分辨率表示，而顶部则包含一个低分辨率近似。当向金字塔的上层移动时，尺寸和分辨率降低。基础级 J 的大小为 $2^J \times 2^J$ 或 $N \times N$，其中 $J = \log_2 N$，顶点级 0 的大小为 1×1（即单个像素点），通常，第 j 级的大小为 $2^j \times 2^j$，其中 $0 \leq j \leq J$。虽然下图所示的金字塔由从 $2^J \times 2^J$ 到 $2^0 \times 2^0$ 的 $J + 1$ 个分辨率级组成，但大部分图像金字塔截短到 $P + 1$ 级，其中 $1 \leq P \leq J$ 且 $j = J - P, \cdots, J - 2, J - 1, J$。也就是说，我们通常会自己限制到 P 以降低原图像的分辨率近似；例如，一幅大小为 515×515 的图像的 1×1（即单像素）近似没有什么价值。$(P + 1)$ 级金字塔 $(P > 0)$ 中的像素总数为

$$N^2 \left(1 + \frac{1}{4^1} + \frac{1}{4^2} + \cdots + \frac{1}{4^P}\right) \leq \frac{4}{3} N^2 \tag{2.62}$$

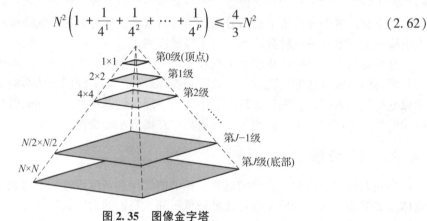

图 2.35　图像金字塔

2.7.3　哈尔变换

我们将要了解的另一个与多分辨率分析紧密联系的图像操作是哈尔变换。

哈尔变换可以用如下矩阵形式表示

$$T = HFH^T \tag{2.63}$$

式中，F 是一个 $N \times N$ 的图像矩阵；H 是一个 $N \times N$ 的哈尔变换矩阵；T 是一个 $N \times N$ 的变换结果。转置是必要的，因为 H 是非对称的；对于哈尔变换，H 包含哈尔基函数 $h_k(z)$，它定义在连续闭区间上，$z \in [0, 1]$，$k = 0, 1, 2, \cdots, N-1$，其中 $N = 2^n$。为了生成矩阵 H，定义整数 k，即 $k = 2^p + q - 1$，其中 $0 \leq p \leq n - 1$，当 $p = 0$ 时，$q = 0$ 或 1；当 $p \neq 0$ 时，$1 \leq q \leq 2^p$。因此，哈尔基函数为

$$h_0(z) = h_{00}(z) = \frac{1}{\sqrt{N}}, \ z \in [0, 1] \tag{2.64}$$

和

$$h_z(z) = h_{pq}(z) = \frac{1}{\sqrt{N}} \begin{cases} 2^{p/2}, & (q-1)/2^p \leq z < (q-0.5)/2^p \\ -2^{p/2}, & (q-0.5)/2^p \leq z < q/2^p \\ 0, & \text{其他}, z \in [0, 1] \end{cases} \tag{2.65}$$

$N \times N$ 哈尔变换矩阵的第 i 行包含了元素 $h_i(z)$，其中 $z = 0/N, 1/N, 2/N, \cdots, (N-1)/N$。例如，如果 $N = 2$，那么 2×2 哈尔矩阵的第一行使用 $h_0(z)$，$z = 0/2, 1/2$ 来计算。由式(2.64)，$h_0(z) = 1/\sqrt{2}$，它独立于 z，因此 H_2 有两个相等的 $1/\sqrt{2}$ 元素。第二行由计算 $h_1(z)$，$z = 0/2, 1/2$ 得到。因为当 $k = 1$，$p = 0$ 且 $q = 1$ 时有 $k = 2^p + q - 1$。这样，由式(2.65)，$h_1(0) = 2^0/\sqrt{2} = 1/\sqrt{2}$，$h_1(1/2) = -2^0/\sqrt{2} = -1/\sqrt{2}$，因此，$2 \times 2$ 哈尔矩阵为

$$H_2 = \frac{1}{\sqrt{2}} \begin{bmatrix} 1 & 1 \\ 1 & -1 \end{bmatrix} \tag{2.66}$$

我们对哈尔变换的主要兴趣在于，H_2 的行可用于定义滤波器 $h_0(n)$ 和 $h_1(n)$，以及最简单且最古老的小波变换的缩放比和小波向量。

2.7.4 多分辨率展开

信号或函数 $f(x)$ 通常可以被很好地分解为一系列展开函数的线性组合

$$f(x) = \sum_k \alpha_k \varphi_k(x) \tag{2.67}$$

式中，k 为有限和或无限和的整数下标；α_k 为具有实数值的展开系数；$\varphi_k(x)$ 为具有实数值的展开函数。

如果展开是唯一的，也就是说对于任何给定的 c 只有一组 α_k 与之对应，那么 $\varphi_k(x)$ 就称为基函数，并且展开集合 $\{\varphi_k(x)\}$ 就称为可这样表示的一类函数的基。可展开的函数形成了一个函数空间，称为展开集合的闭合跨度，表示为

$$V = \underset{k}{\text{Span}}\{\varphi_k(x)\} \tag{2.68}$$

$f(x) \in V$ 的意思是 $f(x)$ 属于 $\{\varphi_k(x)\}$ 的闭合跨度，并可写成为式(2.68)的形式。

对于任意函数空间 V 及相应的展开集合 $\{\varphi_k(x)\}$，都有一个表示为 $\{\tilde{\varphi}_k(x)\}$ 的对偶函数集合，它可用于对任意 $f(x) \in V$ 计算式(2.67)的系数 α_k。这些系数是通过计算对偶函数 $\tilde{\varphi}_k(x)$ 和函数 $f(x)$ 的内积得到的，即

$$\alpha_k = \langle \tilde{\varphi}_k(x), f(x) \rangle = \int \tilde{\varphi}_k^* f(x) \, dx \tag{2.69}$$

式中，*表示复共轭操作。依靠展开集合的正交性，该计算假定是3种可能形式中的一种。

情况1：如果展开函数构成了V的一个正交基，即

$$\langle \varphi_j(x), \varphi_k(x) \rangle = \delta_{jk} = \begin{cases} 0, & j \neq k \\ 1, & j = k \end{cases} \tag{2.70}$$

则该基与它的对偶基相等，即$\varphi_k(x) = \tilde{\varphi}_k(x)$，式(2.69)变成

$$\alpha_k = \langle \varphi_k(x), f(x) \rangle \tag{2.71}$$

α_k由基函数与$f(x)$的内积来计算。

情况2：如果展开函数本身不正交，但确是V的一个正交基，那么

$$\langle \varphi_j(x), \tilde{\varphi}_k(x) \rangle = 0, j \neq k \tag{2.72}$$

且基函数及其对偶称为双正交函数。用式(2.69)来计算α_k，双正交基及其对偶有下列形式

$$\langle \varphi_j(x), \tilde{\varphi}_k(x) \rangle = \delta_{jk} = \begin{cases} 0, & j \neq k \\ 1, & j = k \end{cases} \tag{2.73}$$

情况3：如果展开集合不是V的一个基，但支持式(2.69)中定义的展开，那么它就是一个跨度集合，在该跨度集合中，任何$f(x) \in V$都有一个以上a_k的集合。展开函数及其对偶可以说是超完整的。它们形成了一个框架，其中，对于某种$A > 0, B < \infty$及所有$f(x) \in V$，有

$$A \| f(x) \|^2 \leq \sum_k |\langle \varphi_k(x), f(x) \rangle|^2 \leq B \| f(x) \|^2 \tag{2.74}$$

用$f(x)$的范数的平方去除该式，我们看到A和B构成了扩展系数与该函数的归一化内积。类似式(2.70)和式(2.71)的等式可用于得到框架的展开系数。若$A = B$，则展开集合被称为紧框架，并且可以证明

$$f(x) = A^{-1} \sum_k \langle \varphi_k(x), f(x) \rangle \varphi_k(x) \tag{2.75}$$

除A^{-1}项之外，它是框架冗余的度量，这与将式(2.71)代入式(2.67)得到的表达式相等。

2.7.5 尺度函数

考虑由整数平移和实数二值尺度、平方可积函数$\varphi(x)$组成的展开函数集合，即集合$\{\varphi_{j,k}(x)\}$，其中

$$\varphi_{j,k}(x) = 2^{j/2} \varphi(2^j x - k) \tag{2.76}$$

对所有的$j, k \in Z$和$\varphi(x) \in L^2(R)$都成立。这里，k决定了$\varphi_{j,k}(x)$沿x轴的位置，j决定了$\varphi_{j,k}(x)$的宽度，即它沿x轴宽或窄，项$2^{j/2}$控制函数的幅度。由于$\varphi_{j,k}(x)$的形状随j发生变化，因此$\varphi(x)$称为尺度函数。通过选择适当的$\varphi(x)$，可使$\{\varphi_{j,k}(x)\}$跨越$L^2(R)$的子空间。使用前一节中的符号，我们可将该子空间定义为

$$V_{j0} = \text{Span}\{\varphi_{j0,k}(x)\} \tag{2.77}$$

也就是说，V_{j0}是$\varphi_{j0,k}(x)$在k上的一个跨度。如果$f(x) \in V_{j0}$，我们可以写出

$$f(x) = \sum_k \alpha_k \varphi_{j0,k}(x) \tag{2.78}$$

更一般地，对于任何j，我们将k上跨越的子空间表示为

$$V_{j0} = \text{Span}\{\varphi_{j,k}(x)\} \tag{2.79}$$

2.7.6 小波函数

我们可以定义小波函数 $\psi(x)$，它与其整数平移及二值尺度一起，跨越了任意两个相邻尺度子空间 V_j 和 V_{j+1} 之间的差，图 2.36 说明了这种情况。对于跨越图中 W_j 空间的所有 $k \in Z$，我们定义小波集合为

$$\psi_{j,k}(x) = 2^{j/2}\psi(2^j x - k) \tag{2.80}$$

使用尺度函数，我们可写成

$$W_j = \operatorname*{Span}_{k}\{\psi_{j,k}(x)\} \tag{2.81}$$

并注意到如果 $f(x) \in W_j$，那么有

$$f(x) = \sum_k \alpha_k \psi_{j,k}(x) \tag{2.82}$$

尺度函数和小波函数子空间由下式联系起来

$$V_{j+1} = V_j \oplus W_j \tag{2.83}$$

式中，$\oplus$ 表示空间的并集（类似于集合的并集）。V_{j+1} 中 V_j 的正交补集是 W_j，且 V_j 中所有成员对于 W_j 中的所有成员都正交。因此，

$$\langle \varphi_{j,k}(x), \psi_{j,l}(x) \rangle = 0 \tag{2.84}$$

对所有适当的 $j, k, l \in Z$ 都成立。

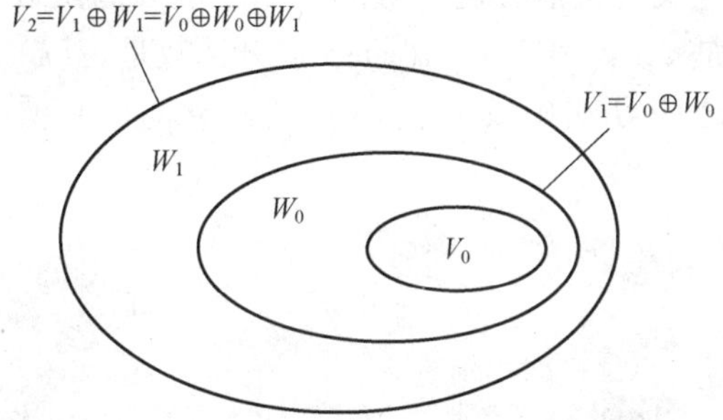

图 2.36 小波函数图例

现在我们可以将所有可度量的、平方可积的函数空间表示为

$$L^2(R) = V_0 \oplus W_0 \oplus W_1 \oplus \cdots \tag{2.85}$$

或

$$L^2(R) = V_1 \oplus W_1 \oplus W_2 \oplus \cdots \tag{2.86}$$

上式中排除了尺度函数，并且函数仅用小波项来表示。注意，如果 $f(x)$ 是 V_1 而不是 V_0 的元素，则使用式（2.84）的展开，包含使用 V_0 尺度函数的 $f(x)$ 的近似；来自 W_0 的小波将对这种近似与实际函数之间的差进行编码。由式（2.84）和式（2.85）可推广得到

$$L^2(R) = V_{j0} \oplus W_{j0} \oplus W_{j0+1} \oplus \cdots \tag{2.87}$$

式中，$j0$ 是任意的开始尺度。

因为小波空间存在于由相邻高分辨率尺度函数跨越的空间中，所以任何小波函数，类似式（2.76）中其尺度函数的对应部分，可以表示成平移后的双倍分辨率尺度函数的加权和。也就是说，我们可以写成

$$\psi(x) = \sum_n h_\psi(n)\sqrt{2}\varphi(2x - n) \tag{2.88}$$

其中，$h_\psi(n)$ 称为小波函数系列；h_ψ 为小波向量。利用图 2.36 中小波跨越正交补集空间和整数小波平移是正交的条件，可以证明 $h_\psi(n)$ 和 $h_\varphi(n)$ 以下述方式相关

$$h_\psi(n) = (-1)^n h_\varphi(1-n) \tag{2.89}$$

2.7.7 小波级数展开

首先从定义关于小波 $\psi(x)$ 和尺度函数 $\varphi(x)$ 的函数 $f(x) \in L^2(R)$ 的小波级数展开开始。$f(x)$ 可以在子空间 V_{j_0} 中用尺度函数展开和在子空间 W_{j_0}，W_{j_0+1}，…中用某些数量的小波函数展开来表示，即

$$f(x) = \sum_k c_{j_0}(k) \varphi_{j_0,k}(x) + \sum_{j=j_0}^{\infty} \sum_k d_j(k) \psi_{j,k}(x) \tag{2.90}$$

式中，j_0 是任意的开始尺度；$c_{j_0}(k)$ 和 $d_j(k)$ 分别是式（2.78）和式（2.82）中 α_k 的改写形式。如果展开函数形成了一个正交基或紧框架，通常情况下有

$$c_{j_0}(k) = \langle f(x), \varphi_{j_0,k}(x) \rangle = \int f(x) \varphi_{j_0,k}(x) \, dx \tag{2.91}$$

和

$$d_j(k) = \langle f(x), \psi_{j,k}(x) \rangle = \int f(x) \psi_{j,k}(x) \, dx \tag{2.92}$$

展开系数（即 α_k）被定义为被展开的函数和被用于展开的函数的内积。在式（2.91）和式（2.92）中，展开函数是 $\varphi_{j_0,k}(x)$ 和 $\psi_{j_0,k}(x)$，展开系数是 $c_{j_0}(k)$ 和 $d_j(k)$。如果展开函数是双正交基的一部分，这些等式中的 $\varphi_{j_0,k}(x)$ 项和 $\psi_{j_0,k}(x)$ 项必须用它们的对偶函数 $\tilde{\varphi}_{j_0,k}(x)$ 和 $\tilde{\psi}_{j_0,k}(x)$ 代替。

2.8 物体识别

如果没有物体识别，即使是最简单的机器视觉问题也无法解决。物体识别被用于区域和物体的分类，为了学习更复杂的机器视觉操作，有必要先了解一些基本的物体识别方法。物体或区域分类已经被提到过多次，识别是自底向上图像处理方法的最后步骤。此外，它也经常被用于图像理解的其他控制策略。当可以得到有关一个物体或区域的信息时，几乎总是要用上某种模式识别方法。

考虑一个简单的模式识别问题，同一时刻在同一饭店有两个不同的聚会，第一个聚会是为了庆祝一个成功的篮球赛季，第二个则是职业赛马骑师的年度聚会。门卫正在引导来宾，询问他们要参加哪一个聚会。过了一段时间，门卫发现根本不需要任何问题就可以将客人引导到正确的聚会。因为可以通过篮球运动员和职业赛马骑师的身体特征对他们加以区别，即门卫可以利用客人的体重和身高这两个特征作出判断。所有较矮、较轻的都被引导到职业赛马骑师的聚会，而所有较高、较重的都被引导到篮球聚会。这个例子可以用识别理论来描述，先到达的来宾回答了门卫关于参加哪个聚会的问题，这些信息加上他们的身体特征，使得门卫可以仅根据特征对后来的客人进行分类。在二维空间上画出客人的身高和体重的分布，从图 2.37 中可以看出职业赛马骑师和篮球运动员构成了两个很容易分开的类别，相应的识别问题也非常简单。虽然现实中的物体识别问题通常要困难得多，各个类别之间的区别

也不会如此明显，但主要原理是相同的。

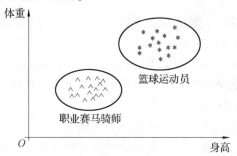

图 2.37 物体识别

此外，没有先验知识是无法进行识别的。对于被分类物体到底属于哪一个类别或群体的判断依据，是那些对物体分类提供了必要信息的关于物体及类别的知识。既需要关于待处理物体的特殊信息，同时也需要关于物体类别的高层次的一般性知识。下面，我们将介绍常用的知识表示方法，因为计算机上用适当的形式表达知识并不是一个简单明了的概念。

2.8.1 知识表示

AI 研究有关知识和知识表示的问题，机器视觉则利用这些研究的结果。在较高层次的处理中通常要用到 AI 的方法，为了完全掌握机器视觉和图像理解，有必要对 AI 有所了解。在此，我们介绍一些 AI 中常用的技术和一些基本的知识表示方法。

已有的经验表明，一个好的知识表示设计是理解、解决问题的关键所在。并且，对一个 AI 系统来说，如果已经有了复杂的知识基础，则通常只需要几个相对简单的控制策略就能够实现很复杂的行为。换句话说，要表现出智能的行为并不需要非常复杂的控制策略，而是需要一个庞大的先验数据和假设集合，并且这些先验知识具有良好的结构化表示。

其他一些需要规范使用的术语还有语法和语义。一个表示的语法是指可能用到的符号和这些符号的合法排列方式；一个表示的语义是指语法允许的符号和符号排列所表达的含义；一个表示则是一个可以描述事物的语法和语义的集合。

AI 中的主要知识表示技术，有形式语法和语言、谓词逻辑、产生式规则、语义网络和框架。即使描述和特征不是通常所考虑的知识表示，为了实际应用还是将它们包括进来。

另外，可以注意到知识表示数据结构大都是常规数据结构的扩展，如链表、树、图、表、分级、集合、环、网、矩阵。

1. 描述和特征

描述和特征不能被看作是纯粹的知识表示。但是，它们作为复杂表示结构的一部分，可以用来描述知识。

描述通常可以表示物体的某些标量特征，称为特征。一般来说，仅仅一个描述不足以表示物体，因此可以联合几个描述形成特征向量。数值特征向量是统计模式识别的输入。

特征 *size* 可以用来表示面积特征，特征 *compactness* 表示圆形度。如果假定已知关于大小和圆形度的信息，则采用特征向量 $\boldsymbol{x} = (size, compactness)$ 可以将物体分为如下几类：小、大、圆形、非圆形、小圆形、小非圆形等。

2. 形式语法和语言

当描述一个物体的结构时，特征描述不再适用。一个结构化描述由现有基元(物体的基本结构属性)和这些基元之间的关系生成。

基元由它们的类型信息表示。最简单的结构化表示形式有链、树和广义图。染色体的结构化表示就是一个经典的物体结构化表示的例子，它用边界片段作为基元，其中边界用一个符号链表示，而这些符号代表物体的边界基元类型。

一个物体可以用由符号构成的链、树或图等来描述。但是，整个物体类别却不能仅仅用一个简单的链、树等描述。只有当一个类别中的所有物体都已经被结构化描述了，才可以说这个类可以用语法和语言来表示。这个语法和语言就是指如何由一个符号(基元)集合构造链、树或图的规则。

3. 产生式规则

产生式规则代表了诸多基于条件行动对的知识表示。一个基于产生式规则的系统(产生式系统)所表现出的行动，从本质上可以描述为如下模型：

$$\text{if 条件 } X \text{ 成立 then 采取行动 } Y$$

关于何时采取怎样的行动的信息就代表了知识。由产生式规则表示的知识具有程序特性，它的另一个特点是并非所有的物体信息都应该作为物体属性被列出。来看一个简单的知识库，使用产生式规则有如下知识表示：

$$\text{if 球 then 圆形}$$

此外，一个知识库包含如下声明：

$$\text{物体 } A \text{ is\_a 球, 物体 } B \text{ is\_a 球, 物体 } C \text{ is\_a 鞋子} \tag{2.93}$$

要回答的问题是"有几个物体为圆形?"，若采用枚举知识表示，则知识应该这样列出：

$$\text{物体 } A \text{ is\_a 球(球, 圆形), 物体 } B \text{ is\_a 球(球, 圆形)} \tag{2.94}$$

如果采用程序知识表示，则式 (2.93) 和式 (2.94) 联合起来，以一种更高效的方式表达了相同的信息。

产生式规则知识表示和产生式系统都在机器视觉和图像理解中经常被用到。产生式系统再加上一个处理不确定信息的机制就构成了专家系统。

4. 谓词逻辑

为了弥补数值或精确知识表示的明显局限性，谓词逻辑应运而生。利用产生式，关于球的知识可以表示为

$$\text{if 圆形 then 球}$$

如果一个物体的二维图像是圆形，则它被认为是一个球。然而，关于球的实际经验告诉我们，虽然球的二维图像通常都很接近圆形，但并不是严格的圆形。因此，有必要定义某些圆形度阈值，使得我们所关心的物体集合中所有差不多的圆形体，都能够被分类为球。于是，精确描述就遇到了最根本的困难：一个物体要多圆，才算是圆形呢？

如果有人来表示这个知识，关于球的圆形度规则可能是这样的：

$$\text{if 圆形度很高 then 物体有很大可能性是球}$$

显然，很高的圆形度是球的一个首要特征。上面的知识表示很接近通常意义下的知识表示，不用精确地说明圆和非圆之间的阈值。谓词逻辑有如下形式：

$$\text{if } X \text{ 是 } A \text{ then } Y \text{ 是 } B$$

其中，X 和 Y 代表某种属性，A 和 B 为语言变量。谓词逻辑可以用来解决模式识别和其他决策问题。

5. 语义网络

语义网络是关系数据结构的一个特殊变种。语义学使得这种网络区别于普通网络，语义网络由物体、物体的描述及它们之间的关系(通常是邻近物体之间的关系)组成。知识的逻辑形式可以被包含在语义网络中，谓词逻辑可以用来表示或估计局部信息和局部知识。语义网络还可以表示普遍意义下的知识，这些知识经常是不精确的，需要以概率的方式加以处理。语义网络具有分级结构，比较复杂的表示由不太复杂的表示组成，不太复杂的表示又由更简单的表示组成，等等。局部表示之间的关系在所有相关层中都有描述。

语义网络采用的数据结构是赋值图，节点表示物体，弧表示物体间的关系。下面关于人脸的定义就是语义网络的一个简单例子：

(1) 脸是人身体中的一个圆形部分，包括两只眼睛、一个鼻子和一张嘴；
(2) 一只眼睛在另一只眼睛的左侧；
(3) 鼻子在两只眼睛之间的正下方；
(4) 嘴在鼻子的正下方；
(5) 眼睛近似为圆形；
(6) 鼻子是竖长的；
(7) 嘴是横宽的。

6. 框架及脚本

框架提供了一种非常通用的知识表示方法，这种方法可以包含迄今为止所介绍的所有知识表示法则。由于这种方法与电影脚本有些类似，因此有时被称为脚本。框架适合表示特殊环境下的普通知识。来看一个叫作 plane_start 的框架，这个框架包含如下一系列行动：

(1) 起动引擎；
(2) 缓缓地驶到跑道上；
(3) 将引擎转速开到最大；
(4) 沿着跑道加速行驶；
(5) 起飞。

假定这个框架表示了一般情况下如何起动飞机的知识，那么如果一架飞机停在跑道上，并且引擎飞转，则我们会预计这架飞机马上要起飞了。框架可以用来代替缺失的信息，而这些信息可能在视觉问题中至关重要。

假定跑道的一部分从观察点来说是不可见的，采用框架 plane_start，一个机器视觉系统就能够克服从飞机开始在跑道上移动到起飞之间连续信息的缺失。如果这是一架客机，则框架还可以包含其他一些信息，如起飞时间、到达时间、起点城市、终点城市、航线、航班号，等等。

从形式化的观点来看，框架以一个广义语义网络加上一个相关变量、概念和情景串联的列表来表示，并不存在标准形式。框架代表一种利用基本类型的物体组织知识，利用特定场合的典型行为描述物体间相互关系的工具，被看作一种高层次知识表示。

2.8.2 统计模式识别

一个物体是一个物理单位,在图像分析和机器视觉中通常表示为分割后图像中的一个区域。整个物体集合可以被分为几个互不相交的子集合,子集合从分类的角度来看具有某种共同特性,被称为类。如何对物体进行分类并没有明确的定义,依具体的分类目的而定。

物体识别从根本上说就是为物体标明类别,而用来进行物体识别的工具叫作分类器。类别总数通常是事先已知的,一般可以根据具体问题而定。但是,也有可以处理类别总数不定情况的方法。

分类器并不是根据物体本身来作出判断的,而是根据物体被感知的某些性质。例如,要把钢铁同砂岩区分开,并不需要鉴定它们的分子结构,虽然分子结构可以很好地区别不同物质,真正用作判别依据的是纹理、密度、硬度,等等。这些被感知到的物体特性称作模式,分类器实际识别的不是物体,而是物体的模式。物体识别与模式识别被认为是同一个意思。

选择一个基本性质集合,用来描述物体的某些特征;这些性质以适当的方式衡量,并构成物体的描述模式。这些性质可以是定量的,也可以是定性的,形式也可能不同(数值向量、链等)。模式识别理论研究如何针对特定的基本物体描述集合设计分类器。

统计物体描述采用基本数值表述,称为特征,在图像理解中,特征来自物体描述。描述一个物体的模式(也称作模式向量,或特征向量)是一个基本描述的向量,所有可能出现的模式的集合即为模式空间,也称为特征空间。如果基本描述选择得当,类内物体间的相似性会使得物体模式在特征空间中也相邻。在特征空间中各类会构成不同的聚集,这些聚集可以用分类曲线分开,如图 2.38 所示。

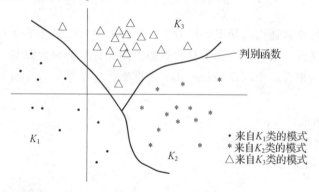

图 2.38　特征聚类

若存在一个分类超曲面可以将特征空间分为若干个区域,并且每个区域内只包含同一类物体,则这个物体被称为具有可分类别的物体。若分类超曲面是一个平面,则称为线性可分的。若问题具有可分类别,则每个模式只能表示一类物体。直观地,我们希望可分类别能够被准确无误地识别。然而,大多数物体识别问题并不具有可分类别,这种情况下在特征空间中不存在一个分类超曲面可以将各类无误地分开,肯定会有某些物体被错分。

2.8.3 分类器设置

基于判别函数的分类器是一种具有确定性的机器,统一模式 x 总会被分到同一个类。注意,模式 x 可能表示来自不同类别的物体,也就是说分类器的决策对于某些物体来说是正确的,而对于另一些是错误的。因此,最优分类器的设置应该是概率方式的。错分情况会给用户带来某些损失,根据损失的定义,可以得出不同的最优分类器设置标准。从数学的角度来看,这些优化标准表示了分类损失的平均值。

将分类器视作一种通用机,可以表示规则集合 D 中的任一决策规则。集合 D 可以根据某个与特定判别规则有关的参数向量 q 进行排序。损失 $J(q)$ 的平均值依赖于所采用的决策规则,$\omega = d(x, q)$。损失 $J(q)$ 的平均值与决策规则 D 的定义相比,增加了参数向量 q,它表示分类器使用的特定决策规则。使得损失 $J(q)$ 均值最小的决策规则为

$$\omega = d(x, q^*) \tag{2.95}$$

称为最优决策规则,q^* 称为最优参数向量。

$$J(q^*) = \min_q J(q) \, d(x, q) \in D \tag{2.96}$$

误差最小准则采用的损失函数形式为 $\lambda(\omega_r | \omega_s)$,其中 $\lambda(\cdot)$ 的值定量地表示了当类 ω_s 的模式 x 被错分为类 ω_r 时所带来的损失为

$$\omega_r = d(x, q) \tag{2.97}$$

损失均值为

$$J(q) = \int_X \sum_{x=1}^{R} \lambda [d(x, q) | w_s] p(x | w_s) P(w_s) \, \mathrm{d}x \tag{2.98}$$

式中,$P(\omega_s)$ $(s = 1, \cdots, R)$ 为各类的先验概率;$p(x | \omega_s)$ $(s = 1, \cdots, R)$ 为物体 x 在类 ω_s 中的条件概率密度。

采用判别函数可以很容易地构造基于最小损失准则的分类器,通常采用单位损失函数,即

$$\lambda(\omega_r | \omega_s) = \begin{cases} 0, & r = s \\ 1, & r \neq s \end{cases} \tag{2.99}$$

判别函数为

$$g_r(x) = p(x | \omega_r) P(\omega_r), \quad r = 1, \cdots, R \tag{2.100}$$

式中,$g_r(x)$ 对应于(由条件概率的乘法公式保证)后验概率 $P(\omega_s | x)$ 的值。

后验概率描述了 x 来自类 ω_r 的可能性有多大。显然,最优分类决策就是将模式 x 分到在所有后验概率中 $P(\omega_s | x)$ 取到最大值的那一类 ω_r,即

$$P(\omega_r | x) = \max_{s=1,\cdots,R} P(\omega_s | x) \tag{2.101}$$

利用贝叶斯(Bayes)公式,后验概率可以由先验概率计算得到,即

$$P(\omega_s | x) = \frac{p(x | \omega_s) P(\omega_s)}{p(x)} \tag{2.102}$$

式中,$p(x)$ 为混合概率密度。

平均损失就等于错分概率,并且代表了理论最优值,没有其他的分类器设置能够得到更低的错分概率了。

另一个准则是最佳近似准则,原理是用事先确定的一列函数 $\varphi_i(x)$ $(i = 1, \cdots, n)$ 的线性组合对判别函数进行最佳线性逼近,然后再构造 Φ-分类器。

极值问题式的最小化解析解法在很多实际情况下是不可能的,因为无法得到多维概率密度。在实际应用中,通常要求分类完全正确,并且已知一个已标明类别的物体集合。

能够由一个样本集合对分类器进行设置非常重要,这一过程称为分类器学习。分类器设置根据的是一个已标明正确类别的模式集合(由特征向量表示),这一模式集合连同它们的

类别信息被称为训练集合。显然，分类器的性能取决于训练集合的性质和规模，而训练集合通常是有限的。因此，不可能在设计分类器时，用到所有将来可能要处理的物体；也就是说，除了训练集合中的模式外，分类器还要面对那些在设计和设置分类器时没出现过的模式。分类器设置方法应该是归纳式的，因此从训练集合的元素中获取的信息将被推广到整个特征空间，这就意味着分类器设置应该对所有可能的模式来说都是最优的，而不仅仅是针对训练集合。换言之，分类器应该能够识别那些它没有"见过"的物体。

对某个给定问题可能不存在解。如果既给定训练集合，又要求分类完全正确，那么很难马上对是否能够实现满足要求的分类器作出判断。训练集合越大，得到正确分类器的可能性也就越大，分类正确率和训练集合的大小密切相关。若模式的统计性质已知，则可以估计出训练集合必要的大小，但问题是实际情况中通常得不到统计性质。假定用训练集合来代替这些缺失的统计信息，则只有在对训练集合处理完毕后，设计者才能知道这个集合是否满足要求，是否需要增加训练集合大小。

所有分类器设置方法的特性在有机生物的学习过程中都可以找到相似之处，学习的基本性质如下：

(1)学习是一个基于样本顺序输入的自动的系统优化过程。

(2)学习的目标是使优化准则最小，这一准则可以用错分损失均值表示。

(3)训练集合有限，这就要求学习过程具有归纳特点。在所有可能的样本都用来学习前，通过推广已有样本信息达到学习目的，样本可能是随机选取的。

(4)对信息顺序输入的必然要求和系统存储的有限性导致了学习的渐进性。因此，学习过程无法一步完成，而是一个循序渐进的过程。

学习过程根据样本搜索最优分类器设置。分类器系统被构造为一个通用机，这个通用机经过对训练集合的处理完成优化。也就是说，当应用问题改变时不需要重复困难的优化系统设计过程。学习方法独立：同样的学习算法可以用来设置一个医疗诊断分类器，也可以用来为机器人设置一个物体识别的分类器。

习题与思考题

2.1 "灰度"通常是用来表示什么的术语？

2.2 图像增强的基本原理是什么？

2.3 高斯噪声与椒盐噪声的区别在哪里？

2.4 中值滤波与均值滤波有哪些异同点？

2.5 图像形态学处理的目的是什么？

2.6 Sobel边缘检测器、Canny边缘检测器和Hough边缘检测器变换是检测什么的？基本原理是什么？

2.7 分类器设置的基本原则是什么？

第 3 章
立体视觉基础

机器视觉是利用计算机及附属 CCD 等感光元件来代替人类视觉完成对周围环境进行感知和分析任务的一项综合性技术。机器视觉的终极研究目标是使机器能像人那样通过视觉观察和理解世界,具有自主的环境适应能力。但在实现终极目标之前的中期目标是要建立一种视觉系统,这个系统能依据视觉反馈完成一定的任务。机器视觉的研究在 Roberts 之前都是基于二维的,而且多数是采用模式识别的方法来完成分类工作的。20 世纪 60 年代中期,Roberts 首先用程序成功地实现了对三维世界的解释,并完成了三维景物的分析工作,同时把二维图像分析推广到了三维景物,这标志着机器视觉技术的诞生。机器视觉的理论框架则是由 Marr 于 20 世纪 70 年代末提出的,他首次从信息处理的角度综合了图像处理、心理物理学、神经生理学及临床精神病学的研究成果,提出了第一个视觉计算理论框架,并将其应用在双目匹配上,利用两张有视差的平面图生成具有深度信息的立体图形,奠定立体视觉发展的理论基础。虽然这一框架远未解决人类视觉的理论问题,还存在不完备的方面,但它至今仍为广大机器视觉研究者所接受,视觉研究也随之深入。目前,机器视觉已形成了特有的理论研究方向和学术发展方向,是国内外学术研究中一个十分活跃且具有挑战性的领域。

立体视觉是机器视觉领域的一个重要课题,它的目的在于重构场景的三维几何信息。立体视觉的研究具有重要的应用价值,其应用包括移动机器人的自主导航系统、航空及遥感测量、工业自动化系统等。

本章为 SLAM 的重要基础。SLAM,也称为 CML(Concurrent Mapping and Localization,即时定位与地图构建或并发建图与定位)。SLAM 最早由 Smith、Self 和 Cheeseman 于 1988 年提出。由于其重要的理论与应用价值,被很多学者认为是实现真正全自主移动机器人的关键。

3.1 摄像几何学

3.1.1 摄像机透视投影模型

摄像几何学能够使读者理解摄像机成像的原理,了解立体视觉所需的图像是如何产生的。

摄像机采集的图像以电视信号的形式输入计算机,经计算机中的数模转换变成数字图像。每幅数字图像在计算机内为 $M \times N$ 数组,M 行 N 列的图像中每个元素(像素)的数值是图像点的亮度(灰度)。摄像机通过成像透镜将三维场景投影到摄像机二维像平面上,这个投影可用成像变换描述,即摄像机成像模型。摄像机成像模型有不同描述方式,本节首先介绍机器视觉中的常用坐标系,然后介绍摄像机的线性模型和非线性模型。

世界坐标系:是客观三维世界的绝对坐标系,也称客观坐标系。由于摄像机可安放在环境中的任何位置,因此我们在环境中选择一个基准坐标系来描述摄像机的位置,并用它描述环境中任何物体的位置,该坐标系称为世界坐标系。世界坐标系的选取具有任意性。但是,我们能够肯定的是摄像机坐标系到世界坐标系的变换是一个三维到三维的变换过程,它们的关系能够用旋转矩阵 R 和平移向量 t 进行完美的刻画。物体实际坐标用 (X_w, Y_w, Z_w) 表示。

摄像机坐标系(光心坐标系):以摄像机的光心(小孔圆心)为坐标原点,X 轴和 Y 轴分别平行于图像坐标系的 X 轴和 Y 轴,摄像机的光轴为 Z 轴,用 (X_c, Y_c, Z_c) 表示其坐标值。

图像坐标系:以 CCD 图像平面的中心为坐标原点,X 轴和 Y 轴分别平行于图像平面的两条垂直边,用 (x, y) 表示其坐标值。图像坐标系用物理单位(如 mm)表示像素在图像中的位置。

像素坐标系:以 CCD 图像平面的左上角顶点为原点,X 轴和 Y 轴分别平行于图像坐标系的 X 轴和 Y 轴,用 (u, v) 表示其坐标值。数码摄像机采集的图像首先是标准电信号的形式,然后再通过模数转换变换为数字图像。每幅图像的存储形式是 $M \times N$ 的数组,M 行 N 列的图像中的每一个元素的数值代表的是图像点的灰度。这样的每个元素叫像素,像素坐标系就是以像素为单位的图像坐标系。

摄像机是利用小孔成像的原理,将物体上某一点的光线通过一个小孔映射到像平面上,如图 3.1 所示。小孔成像基于光线是直线传播:当小孔只能让一束光线通过时,从光源上的一点发出的直线传播的光线中,只有一束能通过小孔照射到屏上,光源上每一个点都只有一束光线通过小孔照射到对应位置上,在屏上组成了光源的像;光源发出的光线在成像过程中没有改变方向,没有汇聚或发散,所以不存在焦点,也就没有焦距;但成像中,光源到小孔的距离(物距)是存在的,屏到小孔的距离也同样是存在的,屏到小孔的距离实质上就是像距,改变像距可以改变像的大小。当小孔的直径较大时,光源上一点发出的光线在屏上得到较大的光斑,光源每点的像都是大光斑,使得整个光源的像由相互重叠的大光斑构成,无法得到清晰的光源的像;当小孔的直径太小时,图像清晰但亮度较低,适当地选择小孔直径大小,是得到清晰图像的关键。小孔到像平面的距离称为焦距。镜头焦距是指镜头光学后主点到焦点的距离,是镜头的重要性能指标。镜头焦距的长短决定着拍摄的成像大小、视场角大小、景深大小和画面的透视强弱。为了计算出像平面与真实世界的对应关系,下面介绍摄像机投影模型。

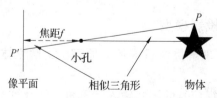

图 3.1 小孔成像原理

摄像机投影模型分为线性模型和非线性模型,线性模型假设镜头不存在畸变失真的影响,即针孔成像模型;而非线性模型考虑光线通过透镜后发生畸变失真后对线性模型的修正。

3.1.2 线性模型

如图 3.2 所示,摄像机成像可以分为 4 个步骤:刚体变换、透视投影、畸变校正和数字化图像。

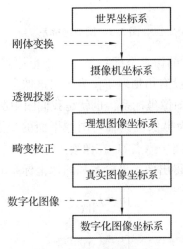

图 3.2 摄像机成像步骤

世界坐标系(X_w,Y_w,Z_w)也称为测量坐标系,是一个三维直角坐标系,以其为基准可以描述摄像机和待测物体的空间位置。世界坐标系的位置可以根据实际情况自由确定。

摄像机坐标系(X_c,Y_c,Z_c)也是一个三维直角坐标系,原点位于镜头光心处,X、Y 轴分别与像平面的两边平行,Z 轴为镜头光轴,与像平面垂直。

刚体变换只改变物体的空间位置(平移)和朝向(旋转),而不改变其形状,可用两个变量来描述:旋转矩阵 R 和平移向量 t。

旋转矩阵 R 是正交矩阵,可通过罗德里格斯(Rodrigues)变换转换为只有 3 个独立变量的旋转向量。因此,刚体变换可用 6 个参数来描述,这 6 个参数就称为摄像机的外参(Extrinsic),摄像机外参数决定了空间点从世界坐标系转换到摄像机坐标系的变换,也可以说外参描述了摄像机在世界坐标系中的位置和朝向。

世界坐标系与摄像机坐标系转换的齐次方程可写为

$$\begin{bmatrix} X_c \\ Y_c \\ Z_c \\ 1 \end{bmatrix} = \begin{bmatrix} R & t \\ 0^T & 1 \end{bmatrix} \begin{bmatrix} X_w \\ Y_w \\ Z_w \\ 1 \end{bmatrix} = M_2 \begin{bmatrix} X_w \\ Y_w \\ Z_w \\ 1 \end{bmatrix} \quad (3.1)$$

式中,$0^T = (0, 0, 0)^T$。

摄像机采集的图像以标准的电视信号的形式经高速图像采集系统变换为数字图像,并输入计算机。每幅图像都是 $M \times N$ 数组,M 行 N 列的图像中的每一个元素(也就是像素)的数值就是图像点的亮度(灰度)。图像坐标系如图 3.3 所示。

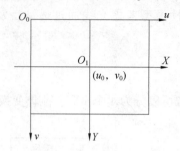

图 3.3　图像坐标系

(u,v) 就是以像素为单位的像素坐标系坐标，坐标原点 O_0。由于 (u,v) 只表示像素位于数组中的列数和行数，并没有用物理单位表示出该像素在图像中的位置，因此需要再建立以物理单位(如 mm)表示的图像坐标系，也就是我们图中所表示的 XO_1Y 坐标系。在 XO_1Y 坐标系中，原点 O_1 通常定义为摄像机光轴与图像平面的交点，该点一般位于图像中心处，但由于一些原因，也会发生偏离。原点 O_1 在像素坐标系中的坐标记为 (u_0,v_0)。

我们通过位置关系，容易得出像素坐标系和图像坐标系的转换关系如下：

$$\begin{cases} u = f\dfrac{X}{\mathrm{d}X} + u_0 \\ v = f\dfrac{Y}{\mathrm{d}Y} + v_0 \end{cases} \tag{3.2}$$

用齐次方程表示为

$$\begin{bmatrix} u \\ v \\ 1 \end{bmatrix} = \begin{bmatrix} \dfrac{1}{\mathrm{d}X} & 0 & u_0 \\ 0 & \dfrac{1}{\mathrm{d}Y} & v_0 \\ 0 & 0 & 1 \end{bmatrix} \begin{bmatrix} X \\ Y \\ 1 \end{bmatrix} \tag{3.3}$$

式中，$\mathrm{d}X$ 和 $\mathrm{d}Y$ 分别表示单个像素在 XOY 坐标系中的长和宽。

摄像机的成像几何关系可以用图 3.4 来刻画。

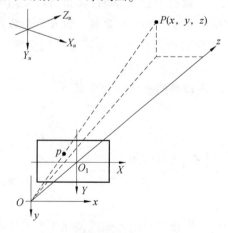

图 3.4　摄像机的成像几何关系

其中,点 O 称为摄像机光心,X 轴、Y 轴与图像坐标系的 X 轴、Y 轴平行,Z 轴为摄像机光轴,它与图像平面垂直。光轴与图像平面的交点即为图像坐标系的原点,由点 O 与 X、Y、Z 轴构成的直角坐标系称为摄像机坐标系,OO_1 为摄像机焦距。

任何点 P 在图像平面中的投影位置 p,为光心 O 与点 P 的连线 OP 与图像平面的交点。这种关系也被称为中心射影(也就是我们平时说的透射投影)。参考图 3.4 所示模型,利用相似三角形的原理,比例关系可以确定如下:

$$\begin{cases} X = \dfrac{fx}{z} \\ Y = \dfrac{fy}{z} \end{cases} \tag{3.4}$$

(X, Y) 为点 P 的图像坐标,(X_c, Y_c, Z_c) 为空间点 P 在摄像机坐标系下的坐标,f 为焦距,上面的关系我们仍能够用一个矩阵表示:

$$s\begin{bmatrix} X \\ Y \\ 1 \end{bmatrix} = \begin{bmatrix} f & 0 & 0 & 0 \\ 0 & f & 0 & 0 \\ 0 & 0 & 1 & 0 \end{bmatrix} \begin{bmatrix} X_c \\ Y_c \\ Z_c \\ 1 \end{bmatrix} = \boldsymbol{P} \begin{bmatrix} X_c \\ Y_c \\ Z_c \\ 1 \end{bmatrix} \tag{3.5}$$

式中,s 是一个比例因子,$\boldsymbol{P}$ 是透视投影矩阵。

通过以上的 4 个坐标系(世界坐标系、摄像机坐标系、图像坐标系、像素坐标系)相互转换的公式,进行整理可得到世界坐标系到像素坐标系的对应关系:

$$\begin{aligned} s\begin{bmatrix} u \\ v \\ 1 \end{bmatrix} &= \begin{bmatrix} \dfrac{1}{\mathrm{d}X} & 0 & u_0 \\ 0 & \dfrac{1}{\mathrm{d}Y} & v_0 \\ 0 & 0 & 1 \end{bmatrix} \begin{bmatrix} f & 0 & 0 & 0 \\ 0 & f & 0 & 0 \\ 0 & 0 & 1 & 0 \end{bmatrix} \begin{bmatrix} R & t \\ 0^{\mathrm{T}} & 1 \end{bmatrix} \begin{bmatrix} X_w \\ Y_w \\ Z_w \\ 1 \end{bmatrix} \\ &= \begin{bmatrix} \alpha_x & 0 & u_0 & 0 \\ 0 & \alpha_y & v_0 & 0 \\ 0 & 0 & 1 & 0 \end{bmatrix} \begin{bmatrix} R & t \\ 0^{\mathrm{T}} & 1 \end{bmatrix} \begin{bmatrix} X_w \\ Y_w \\ Z_w \\ 1 \end{bmatrix} = \boldsymbol{M}_1 \boldsymbol{M}_2 \boldsymbol{X}_w = \boldsymbol{M} \boldsymbol{X}_w \end{aligned} \tag{3.6}$$

式中,$\alpha_x = \dfrac{f}{\mathrm{d}X}$ 为 u 轴上的尺度因子(又称 u 轴上归一化焦距);$\alpha_y = \dfrac{f}{\mathrm{d}Y}$ 为 v 轴上的尺度因子(又称 v 轴上归一化焦距)。$\boldsymbol{M}$ 是投影矩阵。$\boldsymbol{M}_1$ 由 α_x、α_y、u_0、v_0 4 个参数决定,这些参数仅与摄像机内部参数有关,所以也称为摄像机内参数。$\boldsymbol{M}_2$ 由摄像机相对于世界坐标系的方位决定,称为摄像机外参数。确定某一摄像机的内外参数,称为摄像机的标定。

通过镜头,一个三维空间中的物体经常会被映射成一个倒立缩小的像(当然显微镜是放大的,不过常用的摄像机都是缩小的),被传感器感知到。

理想情况下,镜头的光轴(就是通过镜头中心垂直于传感器平面的直线)应该是穿过图像的正中间的,但是,实际由于安装精度的问题,总是存在误差,这种误差需要用内参数来描述。

理想情况下，摄像机对 X 方向和 Y 方向的尺寸的缩小比例是一样的，但实际上，镜头如果不是完美的圆，传感器上的像素如果不是完美的紧密排列的正方形，都可能会导致这两个方向的缩小比例不一致。内参数中包含的两个参数可以描述这两个方向的缩放比例，不仅可以将用像素数量来衡量的长度转换成三维空间中的用其他单位(如 m)来衡量的长度，也可以表示在 X 和 Y 方向的尺度变换的不一致性。

理想情况下，镜头会将一个三维空间中的直线也映射成直线(即射影变换)，但实际上，镜头无法这么完美，通过镜头映射之后，直线会变弯，所以需要摄像机的畸变参数来描述这种变形效果。

通过世界坐标系到像素坐标系的对应关系，我们不难发现，如果我们得到了摄像机的内外参数，就得到了投影矩阵 M，那么对于任何空间点 P，如果我们知道在世界坐标系下的坐标 $C_w = (X_w, Y_w, Z_w)$ 就可以准确定位它在图像中的投影位置。但是，反过来这是不成立的，这就是摄像机成像损失了成像深度的理论来源。

3.1.3 非线性模型

理想的透视模型是针孔成像模型，物和像会满足相似三角形的关系。但是，实际上由于摄像机光学系统存在加工和装配的误差，透镜并不能满足物和像成相似三角形的关系，因此摄像机图像平面上实际所成的像与理想成像之间会存在畸变。畸变属于成像的几何失真，是由于焦平面上不同区域对图像的放大率不同形成的画面扭曲变形的现象，这种变形的程度从画面中心至画面边缘依次递增，主要在画面边缘反映比较明显。为了减小畸变，拍摄图片时应尽量避免用镜头焦距的最广角端或最远端拍摄。理想的针孔成像模型确定的坐标变换关系均为线性的，而实际上，世界上没有完美的工艺，也就不能生产完美的透镜组装完美的摄像机，这就要求我们需要将这些不完美进行必要的数学纠正，以达到理论上的完美。现实中使用的摄像机由于镜头中镜片因为光线的通过产生的不规则的折射，镜头畸变(Iensdistortion)总是存在的，即根据理想针孔成像模型计算出来的像点坐标与实际坐标存在偏差。畸变的引入使得成像模型中的几何变换关系变为非线性，增加了模型的复杂度，但更接近真实情形。

切向畸变是透镜和 CMOS 或者 CCD 的安装位置误差导致的。因此，如果存在切向畸变，一个矩形被投影到成像平面上时，很可能会变成一个梯形。不过随着摄像机制造工艺的大大提升，这种情况很少出现了，我们一般也不考虑切向畸变。

因此，我们一般只考虑径向畸变的矫正，径向畸变来自透镜形状的不完美，且越向透镜边缘移动，径向畸变越严重。径向畸变分为枕形畸变和桶形畸变。畸变程度都是从中心开始，用一个半径画圆，半径越大，圆周上的畸变程度也越大，如图 3.5 所示。

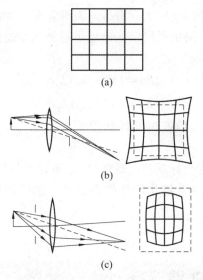

图 3.5　径向畸变

(a)没有畸变；(b)畸变像点相对于理想像点沿径向向外偏移，远离中心(枕形)；
(c)畸变像点相对于理想像点沿径向向中心靠拢(桶形)

空间点所成的像并不在线性模型所描述的位置(X, Y)，而是在受到镜头失真影响而偏移实际像平面坐标(X', Y')：

$$\begin{cases} X = X' + \delta x \\ Y = Y' + \delta y \end{cases} \tag{3.7}$$

式中，δx 和 δy 是非线性畸变值，它们与图像点在图像中的位置相关。理论上镜头会同时存在径向畸变和切向畸变，如图 3.6 所示。

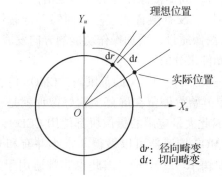

dr：径向畸变
dt：切向畸变

图 3.6　径向与切向畸变

一般来讲，切向畸变变化很小，而径向畸变的修正由距图像中心的径向距离的偶次幂多项式模型来表示：

$$\begin{cases} \delta x = (X' - u_0)(k_1 r^2 + k_2 r^4 + \cdots) \\ \delta y = (Y' - v_0)(k_1 r^2 + k_2 r^4 + \cdots) \end{cases} \tag{3.8}$$

式中，(u_0, v_0)是主点位置的精确值，而

$$r^2 = (X' - u_0)^2 + (Y' - v_0)^2 \tag{3.9}$$

式(3.8)也说明了一个道理，X方向和Y方向的畸变相对值$(\delta x/X, \delta y/Y)$与径向半径的

平方成正比,即在图像边缘处畸变较大。有研究表明引入过多的非线性参数不仅不能提高精度,还会引起解的不稳定。一阶的径向畸变已经足够描述非线性畸变,那么式(3.8)就可以简写为

$$\begin{cases} \delta x = (X' - u_0) k_1 r^2 \\ \delta y = (Y' - v_0) k_1 r^2 \end{cases} \quad (3.10)$$

此时的非线性模型摄像机内参数就包括线性模型参数 α_x、α_y、u_0、v_0 和非线性畸变参数 k_1、k_2。

摄像机模型及其中涉及的坐标系等,是理解3D重建几何框架的基础,可以把它们视为基本运算关系。后面对于三维重建几何框架的推导,也要用到3个基本坐标系和摄像机模型。

3.2 镜头与CCD的选择

一般在机器视觉的应用中我们会使用工业摄像机,工业摄像机是一种适用于智能交通、治安卡口、高清电子警察系统、工业检测、半导体检测、PCB检测、食品饮料检测等众多领域应用的高分辨率彩色数字摄像机。它具有传输速度快,色彩还原性好,成像清晰等特点,不但能够方便地拍摄显微图像,而且能够测量拍摄物体的长度、角度、面积等系列参数,还可打印图文报告。高分辨率工业数字摄像机安装使用操作也很简单。工业摄像机按摄像器件划分为电真空摄像器件(即摄像管)摄像机和固体摄像器件(CCD器件、CMOS器件)摄像机两大类。电真空摄像器件开发早、种类多,但成本高、体积大,已被一般电视监控系统选用的固体摄像器件所代替。固体摄像器件的优点是惰性小、灵敏度高、抗强光照射、几何失真小、均匀性好、抗冲振、没有微音效应、小而轻、寿命长。工业摄像机正朝着小型化、轻量化、廉价化、提高图像质量、增加操作功能的方向发展。主流的工业摄像机基本是按CCD感光件和CMOS感光件来分的。

CMOS传感器的感光度一般在6~15 lx的范围内,CMOS传感器有固定比CCD传感器高10倍的噪声,固定图案噪声始终停留在屏幕上,好像那就是一个图案,由于CMOS传感器在10 lx以下基本没用,因此大量应用的摄像机都使用CCD传感器,CMOS传感器一般用于家庭使用方面。但由于CMOS传感器可以做得非常小并有和CCD传感器同样的感光度,非常快速,比CCD传感器要快10~100倍,因此也非常适用于如highens DSC camera(CannonD-30)或者高帧摄像机等特殊应用。CMOS传感器可以将所有逻辑和控制器都放在同一个硅芯片块上,使摄像机变得简单并易于携带,因此CMOS摄像机可以做得非常小。CMOS摄像机尽管耗能与CCD摄像机同等或者略高,但是CMOS传感器使用很少的芯片,如CDS、TG和DSP,所以同样尺寸的总能量消耗比CCD摄像机减少了1/4~1/2。尽管CCD表示电荷耦合器件,而CMOS表示互补金属氧化物半导体,但是两者对于图像感应都没有用,真正感应的传感器称作"图像半导体",CCD传感器和CMOS传感器实际使用的都是同一种图像半导体。图像半导体是一个PN结半导体,能够转换光线为成比例数量的电子。电子的数量被用来计算信号的电压,进入图像半导体的光线越多,产生的电子也越多,从传感器输出的电压也越高。CCD实际上只是把从图像半导体中出来的电子有组织地储存起来的方法,

CMOS 实际上只是将晶体管放在硅块上的技术，没有更多的含义。传感器被称为 CMOS 传感器只是为了区别于 CCD 传感器，与传感器处理影像的真正方法无关。CMOS 传感器不需要复杂的处理过程，直接将图像半导体产生的电子转变成电压信号，因此就非常快。这个优点使得 CMOS 传感器对于高帧摄像机非常有用，高帧速度能达到 400~2 000 帧/秒。

CCD 为数字摄像机中可记录光线变化的半导体，被摄物体的图像经过镜头聚焦至 CCD 芯片上，CCD 根据光的强弱积累相应比例的电荷，各个像素积累的电荷在视频时序的控制下，逐点外移，经滤波、放大处理后，形成视频信号输出。视频信号连接到监视器或电视机的视频输入端，便可以看到与原始图像相同的视频图像。无论是彩色摄像机还是黑白摄像机，都通过 CCD 本身的电子扫描将光信号转变为电信号，其光电转变的器件都采用了 CCD 器件，因此也称为耦合摄像机。当被摄物体反射光线传播到镜头，经镜头聚焦到 CCD 芯片上，CCD 根据光的强弱积聚相应的电荷，经周期性放电，产生表示一幅幅画面的电信号，经过滤波、放大、整形、DSP(数字信号处理)等一系列处理，通过摄像头的输出端子输出一个标准的复合视频信号。这个标准的视频信号同家用的录像机、摄像机的视频输出是一样的，所以也可以录像或接到电视机上观看。耦合摄像机的主要传感部件是 CCD。CCD 具有灵敏度高、畸变小、寿命长、抗震动、抗磁场、体积小、无残影等特点，能够将光线变为电荷并可将电荷储存及转移，也可将储存的电荷取出使电压发生变化，因此是理想的摄像器件。

镜头与 CCD 是机器视觉的"瞳孔"和"视网膜"，它们对机器视觉至关重要。针对不同的客观条件和项目需求，我们需要甄选合适的镜头和 CCD 作为机器视觉的眼睛。

3.2.1 镜头

随着工业自动化近年来的快速发展，机器视觉方案在各个行业内的检测、定位、特征识别、数据采集等应用中得到越来越多的运用，合适的工业摄像机和镜头决定了机器视觉成像质量。在整个机器视觉系统中，机器视觉镜头是图像采集部分的重要成像部件，因此机器视觉镜头选型的正确与否至关重要。在选择任何特定的镜头之前，必须确定其焦距。焦距的选择取决于成像缺陷所要求的分辨率、被成像物体的大小以及物体与摄像机的距离。这里所说的焦距，是指镜头的光心和摄像机的图像传感器之间的距离。

在这之前，我们先介绍相关的概念。

1. 视场

视场(Field of View，FoV)也叫视野范围，指观测物体的可视范围，也就是充满摄像机采集芯片的物体部分。在光学仪器中，以光学仪器的镜头为顶点，以被测目标的物像可通过镜头的最大范围的两条边缘构成的夹角，称为视场角(视场)。更大的视场在同等距离的情况下就能拍摄到更大的景物范围。例如，有些摄像头的视场是 50°，而有些是 58°，后者相比前者在同等距离的情况下就能拍摄到更大的景物范围。一般来讲，口径越大，倍率越低，视场就越大；反之，口径越小，倍率越高，视场就越小。

2. 工作距离

工作距离(Working Distance，WD)，指从镜头前部到受检验物体的距离，即清晰成像的表面距离。工作距离与对焦距离是不同的概念。对焦距离，即被摄对象到感光元件之间的距离。最近对焦距离，即可以合焦的最小对焦距离。如果被摄对象位于最近对焦距离以内(需要的对焦距离小于最近对焦距离），摄像机就无法正常合焦。但因为景深原因，画面中的清晰范围可能会小于最近对焦距离。对焦距离包括被摄对象到镜头前端、镜头（工作）长度、摄像机法兰距这3部分的长度。

3. 分辨率

镜头的分辨率用调制传递函数(Modulation Transfer Function，MTF)表征，单位是"线对/毫米"(lp/mm，line-pairs/mm)。需要注意的是镜头和摄像机都有各自的分辨率，光学器件或光电成像器件的MTF越好，或者MTF对应的空间截止频率越高，证明器件自身的空间分辨率越好，越能看清更小的细节。MTF对应的空间截止频率又叫极限空间分辨率。镜头的极限空间分辨率必须高于摄像机的极限空间分辨率，这样才能让摄像机实现最佳成像性能。百万像素的镜头对应的极限空间分辨率为90 lp/mm，两百万像素的镜头对应的极限空间分辨率为110 lp/mm，五百万像素的镜头对应的极限空间分辨率为160 lp/mm。按照摄像机镜头的匹配原则，镜头的极限空间分辨率需大于或等于摄像机的极限空间分辨率，那么百万像素镜头配合的摄像机的极限空间分辨率必须小于90 lp/mm，两百万像素镜头和五百万像素镜头所配摄像机的原理相同。

4. 景深

景深(Depth of View，DoF)是指在摄影机镜头或其他成像器件前沿能够取得清晰图像的成像所测定的被摄物体前后距离范围。光圈、镜头及焦平面到拍摄物体的距离是影响景深的重要因素。在聚焦完成后，焦点前后的范围内所呈现的清晰图像的距离，这一前一后的范围，便叫作景深。

在镜头前方（焦点的前、后）有一段一定长度的空间，当被摄物体位于这段空间内时，其在底片上的成像恰位于同一个弥散圆之间。被摄物体所在的这段空间的长度，就叫景深。换言之，在这段空间内的被摄物体，其呈现在底片面的影像模糊度，都在容许弥散圆的限定范围内，这段空间的长度就是景深。光圈越大(光圈值f越小)，景深越浅；光圈越小(光圈值f越大)，景深越深。镜头焦距越长，景深越浅；反之，景深越深。主体越近，景深越浅；主体越远，景深越深。

5. 感光芯片尺寸

摄像机感光芯片的有效区域尺寸，一般指水平尺寸。这个参数对于决定合适的镜头缩放比例以获取想要的视场非常重要，图像传感器的尺寸是影响成像表现力的硬指标之一。感光芯片尺寸既不是任何一条边的尺寸，也不是其对角线尺寸，而是沿用早期的摄像机成像器件——光导摄像管(Vidicon Tube)的标准。例如，型号为"1/1.8"的CCD或CMOS，就表示其成像面积与一根直径为1/1.8英寸的光导摄像管的成像靶面面积近似。光导摄像管的直径与CCD/CMOS成像靶面面积之间没有固定的换算公式，从实际情况来说，CCD/CMOS成像靶面的对角线长度大约相当于光导摄像管直径长度的2/3。

6. 焦距

焦距是光学系统中衡量光的聚集或发散的度量方式，指从透镜的光心到光聚集之焦点的距离，也是摄像机中，从镜片中心到底片或CCD等成像平面的距离。焦距越小，景深越大；焦距越小，畸变越大；焦距越小，渐晕现象越严重，使像差边缘的照度降低。

通过改变镜头的焦距，可以获得不同大小的视场。选择镜头的正确焦距，取决于物体距摄像机/镜头系统的工作距离、所要求的视场和图像传感器的尺寸。镜头的焦距可由以下公式确定：

$$焦距=放大倍数×工作距离/(1+放大倍数)$$

其中，放大倍数=传感器尺寸/视场。

因此，对于相同的工作距离，传感器尺寸越大，产生的视场也越大。例如，荷兰 Adimec 公司的 Opal-2000 摄像机的传感器尺寸为 2/3 英寸，对于 50 mm(水平)的视场和 200 mm 的工作距离，估算镜头的焦距为 29.93 mm。

在选择镜头时，镜头的分辨率必须要与摄像机图像传感器的特性相匹配。要做到这一点，必须了解摄像机中使用的图像传感器的特性。摄像机的分辨率取决于图像传感器的像素尺寸，其可以按照线对/毫米(lp/mm)的方式计算如下：

$$LP = 1\,000/2S \tag{3.11}$$

式中，LP 代表分辨率(单位：lp/mm)；S 代表镜头的像元尺寸(单位：μm)。

3.2.2 CCD 选型要素

工业摄像机大多是基于 CCD 或 CMOS 芯片的摄像机。CCD 或 CMOS 是一种图像传感器，用于将投射到像平面的光线转化为电信号以便其他设备处理。CCD 与 CMOS 比较如表 3.1 所示。

表 3.1 CCD 与 CMOS 比较

项目	CCD	CMOS	比较
成像过程	一个(或少数几个)输出节点统一输出数据	每个像素都有自己的信号放大器，各自进行电荷到电压的转换	CCD 输出信号的一致性较好，且噪声较少
集成性	制造工艺复杂，输出模拟电信号，需后续的译码器、模拟转换器、图像信息处理器等	信号放大器，模数转换器等集成在一块芯片上	CMOS 集成度高、且成本低
图像输出速度	采用逐个光敏输出	每个电荷元件都有独立的转换控制器	CMOS 图像输出速度快
信号类别	模拟信号	数字信号	—
成像规则	线成像	点成像	
感光度	0.1～3 lx	6～15 lx	

CCD 是目前机器视觉最常用的图像传感器，它集光电转换及电荷存储、电荷转移、信号读取于一体，是典型的固体成像器件。CCD 的突出特点是以电荷作为信号，而其他器件是以电流或者电压作为信号。这类成像器件通过光电转换形成电荷包，而后在驱动脉冲的作用下转移、放大输出图像信号。CCD 和传统底片相比，更接近于人眼对视觉的工作方式。CCD 从功能上可分为线阵 CCD 和面阵 CCD 两大类。线阵 CCD 通常将 CCD 内部电极分成数组，每组称为一相，并施加同样的时钟脉冲。所需相数由 CCD 芯片内部结构决定，结构相异的 CCD 可满足不同场合的使用要求。线阵 CCD 有单沟道和双沟道之分，其光敏区是 MOS 电容或光敏二极管结构，生产工艺相对较简单。它由光敏区阵列与移位寄存器扫描电路组

成,特点是处理信息速度快,外围电路简单,易实现实时控制,但获取信息量小,不能处理复杂的图像。面阵 CCD 的结构要复杂得多,它由很多光敏区排列成一个方阵,并以一定的形式连接成一个器件,获取信息量大,能处理复杂的图像。下面介绍 CCD 的选择和分类。

工业摄像头 CCD 的主要参数包括分辨率、帧率、像素格式、摄像机接口、传输接口等。下面对这些参数进行简要介绍。

1. 分辨率(Resolution)

分辨率,又称解析度、解像度,可以细分为显示分辨率、图像分辨率、打印分辨率和扫描分辨率等。

显示分辨率(屏幕分辨率)是屏幕图像的精密度,是指显示器所能显示的像素有多少。由于屏幕上的点、线和面都是由像素组成的,显示器可显示的像素越多,画面就越精细,同样的屏幕区域内能显示的信息也越多,因此分辨率是个非常重要的性能指标。可以把整个图像想象成是一个大型的棋盘,而分辨率的表示方式就是所有经线和纬线交叉点的数目。显示分辨率一定的情况下,显示屏越小图像越清晰;反之,显示屏大小固定时,显示分辨率越高图像越清晰。

图像分辨率则是单位英寸中所包含的像素点数,其定义更趋近于分辨率本身的定义,在这里我们指的是图像传感器中所包含的像素点数,用长×宽表示。我们常说多少万像素摄像机就是由分辨率计算得来的。一般工业摄像机的长宽比为 4∶3。分辨率在一定意义上决定了机器视觉系统能够达到的精度,但分辨率并不是越高越好,因为过高的分辨率,数据处理和传输会慢。分辨率可用电视线来表示,彩色摄像机的分辨率为 330~500 线。分辨率与 CCD 和镜头有关,还与摄像头电路通道的频带宽度直接相关,通常规律是 1 MHz 的频带宽度相当于清晰度为 80 线。频带越宽,图像越清晰,线数值相对越大。

同时,摄像机分辨率决定了像素精度,像素精度=视场的长或宽/摄像机分辨率的长或宽。比如,视场 100 mm×75 mm,使用 400 万像素摄像机(1 280×960),则在 100 mm 方向像素精度为 100/2 304 mm/pixel=0.043 4 mm/pixel。

2. 帧率(Frames PerSecond)

帧率指每秒钟采集图像的帧数。比如 30 fps,可以算出理论上采集一张图片需要的时间是(1 000/30)ms=33.3 ms,这个时间是要算在整体检测的节拍中。再假设摄像机分辨率为 1 024×786,那么 30×1 024×786/1 MB=24.15 MB,也就是说,摄像机 1 s 需要传输和处理 24.15 MB 大小的数据。在捕捉动态视频内容时,帧率越高,视频越清晰,与此同时,摄像机传输和处理的数据量将会增大。

3. 像素格式

要知道什么是像素格式,首先需要了解什么是像素深度(Pixel Depth),像素深度表示每个像素数据的位数,决定彩色图像的每个像素可能有的颜色数,或者确定灰度图像的每个像素可能有的灰度级数。例如,一幅彩色图像的每个像素用 R,G,B 共 3 个分量表示,若每个分量用 8 位表示,那么一个像素共用 24 位表示,就说像素深度为 24,每个像素可以是 16 777 216(2^{24})种颜色中的一种。在这个意义上,往往把像素深度说成是图像深度。表示一个像素的位数越多,它能表达的颜色数目就越多,而它的深度就越深。工业数字摄像机一般为 8 位、10 位、12 位等。像素格式说明如表 3.2 所示。

表 3.2　像素格式说明

像素格式	解释说明
Mono 8/10/12	8/10/12 位的图，以 16 位的数据格式存储，不够的位填 0
Mono 10p/12p	10/12 位的图，以 16 位的数据格式存储，原本填 0 的被下一帧图片填充
Bayer BG 8/10/12	原始彩色数据格式，BGGR
Bayer BG 10p/12p	原始彩色数据格式，BGGR
Bayer RG 10	原始彩色数据格式，RGGB
Bayer RG 10p/12p	原始彩色数据格式，RGGB
YUV 422 Packed	"Y"表示明亮度，"U"和"V"表示的则是色度，描述影像色彩及饱和度。4∶2∶2 采样，每两个 Y 共用一组 UV 分量
YUV 444 Packed	4∶4∶4 采样，每一个 Y 对应一组 UV 分量
YUV 420 Packed	4∶2∶0 采样，每 4 个 Y 共用一组 UV 分量
YUV422_YUYV_Packed	排列方式为[YU][YV]，就是两个像素点共享 UV
RGB8	3 通道×8 bit＝24 bit
RGB565	5 bit R+6 bit G+5 bit B=16 bit

4. 摄像机接口

摄像机接口用于连接摄像机和镜头，在选型时一定要考虑镜头与摄像机的接口对应问题，摄像机与镜头的接口必须保证一致，不然就无法安装。工业镜头和工业摄像机之间的接口有许多不同的类型，工业摄像机常用的接口包括 C 接口、CS 接口、F 接口、V 接口、T2 接口、徕卡接口、M42 接口、M50 接口等。接口类型的不同和工业镜头性能及质量并无直接关系。

C 接口和 CS 接口是工业摄像机最常见的国际标准接口，为 1 英寸—32UN 英制螺纹连接口。C 接口和 CS 接口的螺纹连接是一样的，区别在于 C 接口的后截距为 17.5 mm，CS 接口的后截距为 12.5 mm。因此，CS 接口的工业摄像机使用 C 接口镜头时需要加一个 5 mm 的接圈。C 接口的工业摄像机不能用 CS 接口的镜头。

F 接口是尼康镜头的接口标准，所以又称尼康口，也是工业摄像机中常用的接口类型，一般工业摄像机靶面大于 1 英寸时需用 F 接口镜头。

V 接口是著名的专业镜头品牌 Schneider(施奈德)镜头所主要使用的标准，一般也用于工业摄像机靶面较大或特殊用途的镜头。

许多摄像机生产厂家为了实现客户自己对后截距的控制，生产了 M58、M72、M42 等不同大小的螺纹接口适用于大靶面摄像机。

在光学系统中，最后一个光学镜片表面的顶点到像面的距离称为后截距。对于不同的光学系统，其后截距都是不一样的，因此，在安装镜头时，需要调节镜头到摄像机的相对位置，使摄像机底片到镜头最后一面顶点的距离满足后截距的要求，即使得底片位于镜头的像平面上。

5. 传输接口

传输接口指的是摄像机传输图片的方式，主要包括 CVBS、VGA、DVI、HDMI、SDI、GigE、USB3.0、CameraLink、HS-Link、CoaXPress 等接口。

在工业领域和军用领域，高分辨率目前使用最广泛的是 SDI 和 Cameralink 接口，HS-Link、CoaXPress 等接口带宽更高。GigE Vision 是一种基于千兆以太网通信协议开发的摄像机接口标准。在工业机器视觉产品的应用中，GigE Vision 允许用户在很长距离上用廉价的标准线缆进行快速图像传输。它还能在不同厂商的软、硬件之间轻松实现互操作。

GigE Vision 的缺点：对所连接的计算机性能有一定要求。GigE 设备上加入了图像采集卡功能，因此作为系统来说价格便宜了，但摄像机的价格却有所提高。与 CameraLink 接口摄像机相比，GigE 接口摄像机的耗电量较高。

CameraLink 标准由美国自动化工业学会制定、修改、发布，CameraLink 接口解决了高速传输的问题。CameraLink 标准规范了数字摄像机和图像采集卡之间的接口，采用了统一的物理接插件和线缆定义。CameraLink 标准中包含 Base、Medium、Full 这 3 个规范，Base 使用 4 个数据通道，Medium 使用 8 个数据通道，Full 使用 12 个数据通道。CameraLink 接口的传输频率最高是 85 MHz，则 Base 的有效带宽为 2 Gbit/s，Medium 的有效带宽为 4 Gbit/s，Full 的有效带宽为 5.3 Gbit/s。CameraLink 又新增加了规范 CameraLinkFull+，支持 80 MHz，传输 80 bit 数据，带宽可达 6.4 Gbit/s。

HS-LINK 接口是由 DALSA 公司牵头定义，支持更高速的传输带宽，单一线缆为 CameraLink 的 4 倍，信号协议与 CameraLink 兼容，也可称为 CameraLink-HS，最大传输带宽可达 12 Gbit/s。

CoaXPress 标准容许摄像机设备通过单根同轴电缆连接到主机，以高达 6.25 Gbit/s 的速度传输数据，4 根线缆可达 25 Gbit/s。标准同轴电缆和带宽的采用，使得 CoaXPress 不仅适用于机器视觉应用领域，还适用于广泛采用同轴电缆的医疗与安保市场领域。

具体传输接口说明如表 3.3 所示。

表 3.3　传输接口

接口名称	特点	带宽/$(Gbit \cdot s^{-1})$
USB 2.0	支持热拔插、标准统一	0.48
USB 3.0	在 USB 2.0 基础上实现了更好的电源管理；使主机更快地识别器件；使主机为器件提供更多的功率	5.0
IEEE1394a/1394b	便于安装，采用总线结构，支持热插拔	0.8/1.6
GigE(千兆以太网接口)	基于千兆以太网通信协议开发的摄像机接口标准，传输速率和距离都更高，使用方便，CPU 资源占用少，可多台同时使用	1
CamerLink	成本较高，便携性低	6.4
CameraLink-HS	相比于 CameraLink 传输速度更快	12
CoaXPress	单根同轴电缆连接主机，传输距离长，支持热拔插，价格低廉稳定	6.25

选择传输接口时需要注意以下两点。

（1）选择和接口相同的图像采集卡，GigE 就配千兆网卡，CameraLink 就配 CameraLink 卡。

（2）连接的线缆，接口要匹配，长度要确定，并且要带螺丝锁在接口上，以免运动久了掉落或接触不良。

6. 快门（Shutter）

快门是摄像机中用来控制光线照射感光元件时间的装置。在工业摄像机中一般有两种快门方式：全局快门（Global Shutter）和卷帘快门（Rolling Shutter）。

如果需要动态取像（飞拍）请一定选全局快门，卷帘快门只能用于静态取像。快门是摄像机用来控制感光片有效曝光时间的机构，是摄像机的一个重要组成部分，它的结构、形式及功能是衡量摄像机档次的一个重要因素。一般而言，快门的时间范围越大越好。

7. 信噪比

在图像传感器的成像过程中，真实的信号是无法探测到的理想值。在成像过程中理想值被引入了一系列的不确定性，最终形成读出信号也即图像，此过程中的不确定性被统一称为噪声，而信号与噪声的比值被定义为信噪比（Signal-to-Noise Ratio，SNR）。其中，信号可以由光强乘以量子效率乘以积分时间来计算，而噪声则指成像过程中所有部分所产生噪声的总和。

电子设备或者电子系统中信号与噪声的比例，计量单位是 dB，计算方法是 $10\lg(PS/PN)$，其中 PS 和 PN 分别代表信号和噪声的有效功率，也可以换算成电压幅值的比率关系：$20\lg(VS/VN)$，VS 和 VN 分别代表信号和噪声电压的"有效值"。信噪比的值越大，图像的质量就越高，典型值为 46 dB，若为 50 dB，则图像有少量噪声，但图像质量良好；若为 60 dB，则图像质量优良，不出现噪声。

8. 动态范围

动态范围（Dynamic Range）最早是信号系统的概念，一个信号系统的动态范围被定义成最大不失真电平和噪声电平的差。而在实际用途中，多用对数和比值来表示一个信号系统的动态范围，对于底片扫描仪来说，动态范围是指扫描仪能记录原稿的色调范围，即原稿最暗点的密度（D_{max}）和最亮处密度值（D_{min}）的差值。而对于胶片和感光元件来说，动态范围表示图像中所包含的从"最暗"至"最亮"的范围。动态范围越大，所能表现的层次越丰富，所包含的色彩空间也越广。

9. 依成像色彩划分

黑白摄像机和彩色摄像机很容易理解，输出图像是黑白的就是黑白摄像机，是彩色的就是彩色摄像机。先来看简单的黑白摄像机，当光线照射到感光芯片时，光子信号会转换成电子信号。由于光子的数目与电子的数目成比例，主要统计出电子数目就能形成反映光线强弱的黑白图像，经过摄像机内部的微处理器处理，输出就是一幅数字图像。在黑白摄像机中，光的颜色信息是没有被保留的。

实际上，CCD 是无法区分颜色的，只能感受到信号的强弱。在这种情况下为了采集彩色图像，理论上可以使用分光棱镜将光线分成光学三原色（RGB），接着使用 3 个 CCD 去分别感知信号强弱，最后再综合到一起。这种方案理论上可行，但是采用 3 个 CCD 加分光棱镜使得成本骤增。最好的办法是仅使用一个 CCD 也能输出各种彩色分量，但彩色图像的细节处会出现伪彩色，导致精度降低。在工业应用中，如果我们要处理的问题与图像颜色有关，那么需要采用彩色摄像机；如果不是，那么最好选用黑白摄像机，因为在同样分辨率下，黑白摄像机的精度高于彩色摄像机。

彩色摄像机：适用于景物细部辨别，如辨别衣着或景物的颜色。

黑白摄像机：适用于光线不充足地区及夜间无法安装照明设备的地区。在仅监视景物的位置或移动时，可选用黑白摄像机。

10. 按 CCD 靶面大小划分

CCD/CMOS 器件成像的部分，被称为像靶面。CCD 芯片已经开发出多种尺寸，目前采用的芯片大多数为 1/3 英寸和 1/4 英寸。在购买摄像头时，特别是对摄像角度有比较严格要求的时候，CCD 靶面的大小、CCD 与镜头的配合情况将直接影响视场角的大小和图像的清晰度。

1 英寸——靶面尺寸为 12.7 mm×9.6 mm(宽×高)，对角线 16 mm。

2/3 英寸——靶面尺寸为 8.8 mm×6.6 mm(宽×高)，对角线 11 mm。

1/2 英寸——靶面尺寸为 6.4 mm×4.8 mm(宽×高)，对角线 8 mm。

1/3 英寸——靶面尺寸为 4.8 mm×3.6 mm(宽×高)，对角线 6 mm。

1/4 英寸——靶面尺寸为 3.2 mm×2.4 mm(宽×高)，对角线 4 mm。

为了从 1/3 英寸与 1/2 英寸 CCD 摄像机中获取同样的视角，1/3 英寸 CCD 摄像机镜头焦距必须缩短；相反，如果在 1/3 英寸 CCD 与 1/2 英寸 CCD 摄像机中采用相同焦距的镜头，情况又如何呢？1/3 英寸 CCD 摄像机视场角将比 1/2 英寸 CCD 摄像机明显地减小，同时 1/3 英寸 CCD 摄像机的图像在监视器上将比 1/2 英寸 CCD 的图像大，产生了使用长焦距镜头的效果。

另外，我们在选择镜头时还要注意这样一个原则：小尺寸靶面的 CCD 可使用大尺寸靶面 CCD 摄像机的镜头，反之则不行。例如，1/2 英寸 CCD 摄像机采用 1/3 英寸镜头，则进光量会变小，色彩会变差，甚至图像也会缺损；反之，则进光量会变大，色彩会变好，图像效果肯定会变好。当然，综合各种因素，摄像机最好还是选择与其相匹配的镜头。

11. 按同步方式划分

在机器视觉系统应用中，要获取运动物体清晰的图像，避免图像模糊，就要在物体运动至视场的中心时，对其进行曝光。

然而，摄像机有自己的扫描周期，当它没有和运动物体同步，按其本身的周期作曝光、转移、输出视频时，则极有可能出现定位不准的问题。这就要求当物体进入视场中心时，发出一个触发脉冲，摄像机中止当前的工作，重新开始曝光、转移和输出视频的扫描过程。当外触发脉冲出现后，摄像机中止目前的扫描，重新设置新的一帧扫描开始，先后启动曝光、电荷转移、视频输出等动作。

内同步：用摄像机内同步信号发生电路产生的同步信号来完成操作。

外同步：使用一个外同步信号发生器，将同步信号送入摄像机的外同步输入端。

功率同步(线性锁定)：用摄像机 AC 电源完成垂直推动同步。

外 VD 同步：将摄像机信号电缆上的 VD 同步脉冲输入完成外 VD 同步。

多台摄像机外同步：对多台摄像机固定外同步，使每一台摄像机可以在同样的条件下作业。因各摄像机同步，即使其中一台摄像机转换到其他景物，同步摄像机的画面也不会失真。

12. 按照度划分

最低照度是衡量CCD工业摄像机灵敏度的重要指标。它表示当环境照度降低至一定程度，而使CCD工业摄像机所输出的视频信号电平低到某一规定值时，所对应的环境照度。例如：若环境照度降低至0.04 lx时，CCD工业摄像机所输出的视频信号的幅值降为最大幅值的50%，则称CCD工业摄像机的最低照度为0.04 lx(F1.2)。若环境照度继续降低，则CCD工业摄像机所输出视频图像的像质将难以保证。CCD工业摄像机的最低照度与所使用镜头的最大相对孔径有关，在提供摄像机最低照度的同时，应注明测试时所使用镜头的相对孔径。

普通型正常工作所需照度为1~3 lx。

月光型正常工作所需照度为0.1 lx左右。

星光型正常工作所需照度为0.01 lx以下。

红外型（常用型）采用红外灯照明，在没有光线的情况下也可以成像。

3.2.3　CCD的选择

如前文所述，像素是指图像传感器上CCD的个数。一般来说，像素越多就能看到单位面积上更多的细节，而这些细节就决定了系统精度。举例说明，现在有大小为100 mm×100 mm的视野范围，精度要求0.1 mm。则图像传感器每个方向上CCD的个数至少为100/0.1=1 000。为了配合后续的边缘提取等图像处理，一般会要求3倍的像素，即

X方向CCD个数 = 3 × 视野范围(X方向)/精度(X方向) = 3 000

Y方向CCD个数 = 3 × 视野范围(Y方向)/精度(Y方向) = 3 000

所以，可以选择像素为3 000×3 000以上的摄像机。

如果像素要求过大，较难找到符合要求的摄像机。相应的方法是使用多个摄像机，将视野范围分割为多块，每个摄像机负责采集一块视野范围，从而降低对每个摄像机像素的要求。

在拍摄移动物体时，经常会得到一张带"重影"的照片，这是因为摄像机在成像时，物体已经移动到了下一个位置。重影将对精度和结果产生极差的影响，为了避免重影，若拍摄的是移动物体，则需要在物体移动到下一个位置前结束本次成像。摄像机中决定成像速度的参数是快门速度，物体移动速度越快，则对快门速度要求越高。

要在物体移动到下一个位置前结束成像，首先我们要算出物体在图片上移动一个像素在现实世界中对应移动的距离。这一过程被称为标定像素当量，它表示图像中一个像素点代表的实际物理尺寸，如0.000 625 mm/pixel。

假设物体在现实世界中的移动速度为0.5 mm/s，当物体在成像时间内在图像上移动超过1个像素则会出现重影，所以成像速度至少为0.000 625×1/0.5 s=0.001 25 s。

3.3　单目2D视觉的摄像机标定

摄像机标定的意义是希望利用所拍摄的图像来还原空间中的物体。在这里，不妨假设摄像机所拍摄到的图像与三维空间中的物体之间存在以下一种简单的线性关系：[像] = M

[物]。这里，矩阵 **M** 可以看成是摄像机成像的几何模型，**M** 中的参数就是摄像机参数。通常，这些参数是要通过实验与计算来得到的。这个求解参数的过程就称为摄像机标定。常见的方法有 Tsai 法和张正友法，下面分别介绍这两种方法。

3.3.1 Tsai 法(两步法)

利用透视变换矩阵进行摄像机标定的缺点是没有考虑镜头的非线性畸变，精度不高。利用非线性优化进行摄像机标定，虽然精确设计了摄像机模型，但是非线性求解的结果取决于设定的初始值，如果设定的初始值不合适，那么就很难得到正确的结果。另外，在对摄像机进行标定时，如果考虑过多的非线性畸变会引入过多的非线性参数，这样往往不仅不能提高标定精度，反而会引起解的不稳定，与线性模型标定类似，只是理想成像平面到实际成像平面之间的转换。Roger Tsai 于 1987 年提出的两步标定方法就是将二者结合起来的方法。先利用直接线性变换方法或透视投影变换矩阵求解摄像机参数，然后以求得的参数作为初始值，考虑摄像机畸变因素，利用非线性优化方法进一步提高标定的精确度。

目前普遍采用的两步法，是利用成像几何中的某些内在性质和关系先求一部分参数，然后利用这些已求出的参数来求解其他参数。Tsai 提出的两步法就是基于径向校正约束(Radial Alignment Constraint，RAC)的标定法。基于径向校正约束的标定法的第一步是用最小二乘法求解线性方程组，得出摄像机外参数；第二步求解摄像机内参数，如果摄像机无透镜畸变，则可由一个线性方程直接求出。需要说明的是两步法也存在弊端：无法通过一个平面标定全部的外参数，涉及非线性运算可能使得结果不稳定。

两步法的两个步骤：

第一步利用最小二乘法求解超定线性方程组，得到外参数，求得的参数为 $r_1 \sim r_9$，s_x，t_x，t_y。

第二步求解内参数，如果摄像机无透镜畸变，可通过一个超定线性方程解出，如果存在径向畸变，则通过一个三变量的优化搜索求解，求得参数为有效焦距 f，T 中的 t_z 和透镜畸变系数 k。

存在径向畸变的坐标系之间的关系如图 3.7 所示。图中，P_u 为理想成像点，P_d 为实际成像点，畸变没有导致方向发生改变，即

$$\overrightarrow{O_1 p_d} \parallel \overrightarrow{O_1 p_u} \parallel \overrightarrow{P_{oz} P}$$

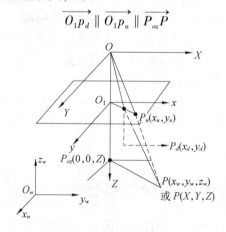

图 3.7 存在径向畸变的坐标系之间的关系

由像素坐标系和世界坐标系之间的关系，添加畸变系数，并将矩阵关系写成方程的形式后得到式(2.12)，其中，(x_c, y_c, z_c) 为某物在摄像机坐标系下的坐标，(x_w, y_w, z_w) 为某物在世界坐标系下的坐标。

$$\begin{cases} x_c = r_1 x_w + r_2 y_w + r_3 z_w + t_x \\ y_c = r_4 x_w + r_5 y_w + r_6 z_w + t_y \\ z_c = r_7 x_w + r_8 y_w + r_9 z_w + t_z \end{cases} \tag{3.12}$$

由于方向一致及方向平行，则有

$$\frac{x_d}{y_d} = \frac{x_c}{y_c} = \frac{r_1 x_w + r_2 y_w + r_3 z_w + t_x}{r_4 x_w + r_5 y_w + r_6 z_w + t_y}$$

整理得

$$\begin{bmatrix} x_w y_d & y_w y_d & z_w y_d & y_d & -x_w y_d & -y_w y_d & -z_w y_d \end{bmatrix} \begin{bmatrix} r_1/t_y \\ r_2/t_y \\ r_3/t_y \\ r_4/t_y \\ r_5/t_y \\ r_6/t_y \\ r_7/t_y \end{bmatrix} = x_d \tag{3.13}$$

将标定板设置为 Z 平面，可选取世界坐标系 $z = 0$（则含有 z_w 项为 0），即

$$\begin{bmatrix} x_w y_d & y_w y_d & y_d & -x_w y_d & -y_w y_d \end{bmatrix} \begin{bmatrix} r_1/t_y \\ r_2/t_y \\ r_3/t_y \\ r_4/t_y \\ r_5/t_y \end{bmatrix} = x_d \tag{3.14}$$

对一张图像中的 N 个点进行计算，上式可以修改如下

$$r_1' = r_1/t_y, \ r_2' = r_2/t_y, \ t_x' = t_x/t_y, \ r_4' = r_4/t_y, \ r_5' = r_5/t_y,$$

$$\boldsymbol{A} = \begin{bmatrix} x_{w1} y_{d1} & y_{w1} y_{d1} & y_{d1} & -x_{w1} x_{d1} & -y_{w1} y_{d1} \\ x_{w2} y_{d2} & y_{w2} y_{d2} & y_{d2} & -x_{w2} x_{d2} & -y_{w2} y_{d2} \\ \cdots & \cdots & \cdots & \cdots & \cdots \\ x_{wN} y_{dN} & y_{wN} y_{dN} & y_{dN} & -x_{wN} x_{dN} & -y_{wN} y_{dN} \end{bmatrix}$$

$$\boldsymbol{X} = \begin{bmatrix} r_1' & r_2' & t_x' & r_4' & r_5' \end{bmatrix}^{\mathrm{T}} \quad \boldsymbol{Y} = \begin{bmatrix} x_{d1} & x_{d2} & x_{d3} & \cdots & x_{dN} \end{bmatrix}^{\mathrm{T}}$$

则 $\boldsymbol{X}$ 的最小二乘估计为

$$\hat{\boldsymbol{X}} = (\boldsymbol{A}^{\mathrm{T}} \boldsymbol{A})^{-1} \boldsymbol{A}^{\mathrm{T}} \boldsymbol{Y} \tag{3.15}$$

此时，求得 r_1, r_2, t_x, r_4, r_5。

利用 $\boldsymbol{R}$（旋转矩阵）的正交性，求得 $t_y, r_1 \sim r_9$，此时求得了摄像机模型的外参数。

外参数求得后，求解内参数。设置畸变系数 $K = 0$ 为初始值，暂时不考虑 K 得到超定方程组。

$$\begin{bmatrix} y_i & -d_y(x_{fi} - u_0) \end{bmatrix} \begin{bmatrix} f \\ t_z \end{bmatrix} = w_i d_y (y_{fi} - v_0)$$

$$y_i = r_4 x_{wi} + r_5 y_{wi} + r_6 \cdot 0 + t_y$$
$$w_i = r_7 x_{wi} + r_8 y_{wi} + r_9 \cdot 0 \quad (3.16)$$

求得 f 和 t_z，作为初始值，使用优化算法（如最小二乘法）进行迭代更新，得到更精确的摄像机参数 k, f, t_z。

3.3.2 张正友法

张正友法即"张正友标定"，又称"张氏标定"，是张正友教授于1998年提出的单平面棋盘格的摄像机标定方法。张氏标定法已经作为工具箱或封装好的函数被广泛应用。张氏标定为摄像机标定提供了很大便利，并且具有很高的精度，从此标定可以不需要特殊的标定物，只需要一张打印出来的棋盘格，故使用起来十分方便，是非常常用的标定方法。

下面主要介绍一下张氏标定的数学思路，标定在整个基于摄像机标定的三维重建的几何过程中占有最重要最核心的地位，如图3.8所示。

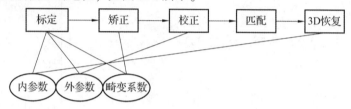

图 3.8 张氏标定

从图中明显可以看出，标定得到的内参数、外参数和畸变系数，是双目视觉进行图片矫正、摄像机校正和3D恢复的基础。没有好的标定，双目视觉系统就无法完成三维重建。

标定对双目视觉如此重要，我们有必要对其数学的深层含义多加理解，在这里将按照张正友教授论文中的顺序，为大家介绍张氏标定的脉络。

1. 标定平面到图像平面的单应性

因为张氏标定是一种基于平面棋盘格的标定，所以想要搞懂张氏标定，首先应该从两个平面的单应性(Homography)映射开始着手。

单应性：在机器视觉中被定义为一个平面到另一个平面的投影映射。首先看一下，图像平面与标定物棋盘格平面的单应性。

通过上文中讲到的摄像机模型得到

$$s\widetilde{m} = A[\boldsymbol{R t}]\widetilde{M} \quad (3.17)$$

式中，m 的齐次坐标表示图像平面的像素坐标 $(u, v, 1)$，M 的齐次坐标表示世界坐标系的坐标点 $(X, Y, Z, 1)$。$A[\boldsymbol{Rt}]$ 即上文推出的 $\boldsymbol{P}$。$\boldsymbol{R}$ 表示旋转矩阵、$\boldsymbol{t}$ 表示平移矩阵、s 表示尺度因子。A 表示摄像机的内参数，具体表达式为

$$A = \begin{bmatrix} \alpha & \gamma & u_0 \\ 0 & \beta & v_0 \\ 0 & 0 & 1 \end{bmatrix} \quad (3.18)$$

式中，$\alpha = f/\mathrm{d}x$；$\beta = f/\mathrm{d}y$；因为像素不是规规矩矩的正方形，所以 γ 代表像素点在 x、y 方向上尺度的偏差。

另外还需要注意的地方是 s，它只是为了方便运算，对于齐次坐标，尺度因子不会改变坐标值。

因为标定物是平面，所以我们可以把世界坐标系构造在 $Z = 0$ 的平面上，然后进行单应性计算。令 $Z = 0$ 可以将式(3.17)转换为如下形式

$$s\begin{bmatrix} u \\ v \\ 1 \end{bmatrix} = A\begin{bmatrix} r_1 & r_2 & r_3 & t \end{bmatrix}\begin{bmatrix} X \\ Y \\ 0 \\ 1 \end{bmatrix} = A\begin{bmatrix} r_1 & r_2 & t \end{bmatrix}\begin{bmatrix} X \\ Y \\ 1 \end{bmatrix} \quad (3.19)$$

此变化属于单应性变化，那么我们可以给 $A\begin{bmatrix} r_1 & r_2 & t \end{bmatrix}$ 一个名字：单应性矩阵，并记 $H = A\begin{bmatrix} r_1 & r_2 & t \end{bmatrix}$。那么有

$$s\begin{bmatrix} u \\ v \\ 1 \end{bmatrix} = H\begin{bmatrix} X \\ Y \\ 1 \end{bmatrix} \quad (3.20)$$

由此可知，H 是一个 3×3 的矩阵，并且有一个元素作为齐次坐标。因此，H 有 8 个未知量待解。

(x, y) 作为标定物的坐标，可以由设计者人为控制，是已知量。(u, v) 是像素坐标，我们可以直接通过摄像机获得。对于一组对应的 $(x, y) - (u, v)$，我们可以获得两组方程。

现在有 8 个未知量需要求解，所以我们至少需要 8 个方程，4 个对应点，即可算出图像平面到世界平面的单应性矩阵 H。这也是张氏标定采用 4 个角点的棋盘格作为标定物的一个原因。在这里，我们可以将单应性矩阵写成 3 个列向量的形式，即

$$H = \begin{bmatrix} h_1 & h_2 & h_3 \end{bmatrix} \quad (3.21)$$

2. 利用约束条件求解内参数矩阵 A

从上述可知，应用 4 个点可以获得单应性矩阵 H。但是，H 是内参数矩阵和外参数矩阵的合体，我们想要最终分别获得内参数和外参数。所以需要想个办法，先把内参数求出来，然后外参数也就随之解出了。我们可以仔细地"观摩"一下式(3.22)

$$\begin{bmatrix} h_1 & h_2 & h_3 \end{bmatrix} = \lambda A\begin{bmatrix} r_1 & r_2 & t \end{bmatrix} \quad (3.22)$$

从中可以得出下面两个约束条件，这两个约束条件都是围绕着旋转向量来的。

(1) r_1、r_2 正交得 $r_1 r_2 = 0$。这个很容易理解，因为 r_1、r_2 分别是绕 x、y 轴旋转的。应用高中立体几何中的两垂直平面上(两个旋转向量分别位于 $y - z$ 和 $x - z$ 平面)直线的垂直关系即可轻松推出。

(2) 旋转向量的模为 1，即 $|r_1| = |r_2| = 1$。这个也很容易理解，因为旋转不改变尺度。

通过上面的式子可以将 r_1、r_2 代换为 h_1、h_2 与 A 的组合进行表达，即 $r_1 = h_1 A^{-1}$，$r_2 = h_2 A^{-1}$。根据两约束条件，可以得到下面两个式子

$$h_1^T A^{-T} A^{-1} h_2 = 0 \quad (3.23)$$

$$h_1^T A^{-T} A^{-1} h_1 = h_2^T A^{-T} A^{-1} h_2 \quad (3.24)$$

从上面两个式子可以看出，h_1、h_2 是通过单应性求解出来的，那么未知量就仅仅剩下内参数矩阵 A 了。内参数矩阵 A 包含 5 个参数：α、β、u_0、v_0、γ。如果我们想完全解出这 5 个未知量，则需要 3 个单应性矩阵。3 个单应性矩阵在 2 个约束下可以产生 6 个方程，这样就可以解出全部的 5 个内参数。那么，我们怎样才能获得 3 个不同的单应性矩阵呢？答案是用 3 幅标定物平面的照片。我们可以通过改变摄像机与标定板间的相对位置来获得 3 张不同的照片，当然也可以用两张照片，但这样的话就要舍弃掉一个内参 $\gamma = 0$。

下面再对得到的方程做一些数学上的变化（如此变形主要是考虑计算方便，所以不必深究物理意义）。

首先令

$$B = A^{T}A^{-1} = \begin{bmatrix} B_{11} & B_{12} & B_{13} \\ B_{12} & B_{22} & B_{23} \\ B_{13} & B_{23} & B_{33} \end{bmatrix}$$

$$= \begin{bmatrix} \dfrac{1}{\alpha^2} & -\dfrac{1}{\alpha^2\beta} & \dfrac{v_0\gamma - u_0\beta}{\alpha^2\beta} \\ -\dfrac{\gamma}{\alpha^2\beta} & \dfrac{\gamma}{\alpha^2\beta^2} + \dfrac{1}{\beta^2} & -\dfrac{\gamma(v_0\gamma - u_0\beta)}{\alpha^2\beta^2} - \dfrac{v_0}{\beta^2} \\ \dfrac{v_0\gamma - u_0\beta}{\alpha^2\beta} & -\dfrac{\gamma(v_0\gamma - u_0\beta)}{\alpha^2\beta^2} - \dfrac{v_0}{\beta^2} & \dfrac{(v_0\gamma - u_0\beta)^2}{\alpha^2\beta^2} + \dfrac{v_0^2}{\beta^2} + 1 \end{bmatrix} \quad (3.25)$$

我们很容易发现 B 是一个对称矩阵，所以 B 的有效元素只剩下 6 个（因为有 3 对对称的元素是相等的，所以只要解得下面的 6 个元素就可以得到完整的 B），让这 6 个元素构成向量 b

$$b = [B_{11}\ B_{12}\ B_{22}\ B_{13}\ B_{23}\ B_{33}]^{T} \quad (3.26)$$

接下来再做一步纯数学化简

$$h_i^{T} B h_j = v_{ij}^{T} b \quad (3.27)$$

可以计算得到

$$v_{ij} = [h_{i1}h_{j1}\ h_{i1}h_{j2} + h_{i2}h_{j1}\ h_{i2}h_{j2}\ h_{i3}h_{j1} + h_{i1}h_{j3}\ h_{i3}h_{j2} + h_{i2}h_{j3}\ h_{i3}h_{j3}]^{T} \quad (3.28)$$

利用约束条件可以得到下面的方程组

$$\begin{bmatrix} v_{12}^{T} \\ (v_{11} - v_{22})^{T} \end{bmatrix} b = 0 \quad (3.29)$$

式（3.29）的本质和前面那两个用 h 和 A 组成的约束条件方程组即式（3.23）和式（3.24）是一样的。

通过至少含一个棋盘格的 3 幅图像，应用上述公式我们就可以估算出 B 了。得到 B 后，我们通过 cholesky 分解，就可以轻松地得到摄像机的内参数矩阵 A。

3. 基于内参数矩阵估算外参数矩阵

通过上面的运算，我们已经获得了摄像机的内参数矩阵。那么对于外参数矩阵，可很容易通过下面的公式解得

$$[\boldsymbol{h}_1 \boldsymbol{h}_2 \boldsymbol{h}_3] = \lambda \boldsymbol{A}[\boldsymbol{r}_1 \boldsymbol{r}_2 \boldsymbol{t}] \tag{3.30}$$

对上面公式进行化简,可以得到

$$\boldsymbol{r}_1 = \lambda \boldsymbol{A}^{-1} \boldsymbol{h}_1$$
$$\boldsymbol{r}_2 = \lambda \boldsymbol{A}^{-1} \boldsymbol{h}_2$$
$$\boldsymbol{r}_3 = \boldsymbol{r}_1 \times \boldsymbol{r}_2$$
$$\boldsymbol{t} = \lambda \boldsymbol{A}^{-1} \boldsymbol{h}_3 \tag{3.31}$$

式中,$\lambda = \dfrac{1}{\|\boldsymbol{A}^{-1}\boldsymbol{h}_1\|} = \dfrac{1}{\|\boldsymbol{A}^{-1}\boldsymbol{h}_2\|}$。

3.3.3 刚体变换

三维空间中,当物体不发生形变时,对一个几何物体做旋转、平移的运动,称为刚体变换。

因为世界坐标系和摄像机坐标系都是右手坐标系,所以其不会发生形变。我们想把世界坐标系下的坐标转换到摄像机坐标系下的坐标,可以通过刚体变换的方式,如图3.9所示。

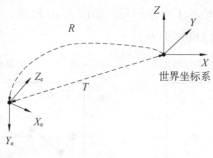

图3.9 刚体变换关系

空间中的一个坐标系,总可以通过刚体变换转换到另外一个坐标系,二者之间刚体变换的数学表达式为

$$\begin{bmatrix} X_c \\ Y_c \\ Z_c \end{bmatrix} = \begin{bmatrix} r_{00} & r_{01} & r_{02} \\ r_{10} & r_{11} & r_{12} \\ r_{20} & r_{21} & r_{22} \end{bmatrix} \begin{bmatrix} X_w \\ Y_w \\ Z_w \end{bmatrix} + \begin{bmatrix} T_x \\ T_y \\ T_z \end{bmatrix} \tag{3.32}$$

对应的齐次表达式为

$$\begin{bmatrix} X_c \\ Y_c \\ Z_c \\ 1 \end{bmatrix} = \begin{bmatrix} \boldsymbol{R} & \boldsymbol{t} \\ \boldsymbol{0}_3^\mathrm{T} & 1 \end{bmatrix} \begin{bmatrix} X_w \\ Y_w \\ Z_w \\ 1 \end{bmatrix} = \begin{bmatrix} \boldsymbol{r}_1 & \boldsymbol{r}_2 & \boldsymbol{r}_3 & \boldsymbol{t} \end{bmatrix} \begin{bmatrix} X_w \\ Y_w \\ 0 \\ 1 \end{bmatrix} = \begin{bmatrix} \boldsymbol{r}_1 & \boldsymbol{r}_2 & \boldsymbol{t} \end{bmatrix} \begin{bmatrix} X_w \\ Y_w \\ 1 \end{bmatrix} \tag{3.33}$$

式中,$\boldsymbol{R}$ 是 3×3 的正交单位矩阵(即旋转矩阵),$\boldsymbol{t}$ 为平移向量,$\boldsymbol{R}$、$\boldsymbol{t}$ 与摄像机无关,所以称这两个参数为摄像机的外参数,可以理解为两个坐标原点之间的距离,因其受 x、y、z 等3个方向上的分量共同控制,所以平移向量 $\boldsymbol{t}$ 具有3个自由度。我们假定在世界坐标系中物点所

在平面过世界坐标系原点且与 Z_w 轴垂直(也即棋盘平面与 $X_w - Z_w$ 平面重合,目的在于方便后续计算),则 $Z_w = 0$。

3.4 双目立体视觉

双目视觉是机器视觉的一个重要分支,即由不同位置的两台摄像机经过旋转拍摄同一幅场景,通过计算空间点在两幅图像中的视差,获得空间点的三维坐标值。与其他获取三维信息的方法相比,双目视觉模拟人类双眼处理景物的方式更可靠简便,在许多领域拥有应用价值,如机器人导航、工业零件三位测量及虚拟现实等。

立体视觉是由多幅图像(一般由两幅)获取物体三维几何信息的方法。本节将简单讨论双目立体视觉检测的相关内容。

3.4.1 双目视觉原理

双目立体视觉三维测量是基于视差原理,如图 3.10 所示。图中,基线距 B 为两摄像机的投影中心连线的距离;摄像机焦距为 f。

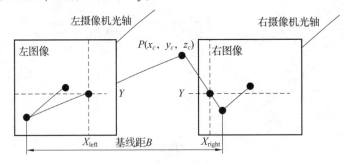

图 3.10 双目立体成像原理

设两摄像机在同一时刻观看空间物体的同一特征点 $P(x_c, y_c, z_c)$,分别在"左眼"和"右眼"上获取了点 P 的图像,它们的图像坐标分别为 $p_{\text{left}} = (X_{\text{left}}, Y_{\text{left}})$,$p_{\text{right}} = (X_{\text{right}}, Y_{\text{right}})$。

现两摄像机的图像在同一个平面上,则特征点 P 的图像坐标 Y 坐标相同,即 $Y_{\text{left}} = Y_{\text{right}} = Y$,则由三角几何关系得到

$$\begin{cases} X_{\text{left}} = f \dfrac{x_c}{z_c} \\ X_{\text{right}} = f \dfrac{(x_c - B)}{z_c} \\ Y = f \dfrac{y_c}{z_c} \end{cases} \tag{3.34}$$

则视差为 $Disparity = X_{\text{left}} - X_{\text{right}}$。由此可计算出特征点 P 在摄像机坐标系下的三维坐标为

$$\begin{cases} x_c = \dfrac{BX_{\text{left}}}{Disparity} \\ y_c = \dfrac{BY}{Disparity} \\ z_c = \dfrac{Bf}{Disparity} \end{cases} \quad (3.35)$$

因此，左摄像机图像平面上的任意一点只要能在右摄像机图像平面上找到对应的匹配点，就可以确定出该点的三维坐标。这种方法是完全的点对点运算，图像平面上所有点只要存在相应的匹配点，就可以参与上述运算，从而获取其对应的三维坐标。

3.4.2 双目立体视觉的标定

摄像机标定是双目视觉测量中的最重要的环节之一，简单地说，就是通过已知模板数据求出摄像机的所有内外参数。通过上一节的分析我们可以知道需要标定的内外参数很多，但在实际计算中，如果引入太多的参数，不但对标定精度的提高影响不大，反而会带来计算的不稳定。通过多次实验证明，在所有的畸变参数中，径向畸变系数对结果的影响最大，而其他系数的影响几乎可以忽略不计，所以我们需要的摄像机标定的典型参数如表 3.4 所示。

表 3.4 摄像机标定的典型参数

参数	表达式	自由度
透视变换	$\boldsymbol{r} = \begin{bmatrix} f_x & \lambda & u_x \\ 0 & f_y & v_y \\ 0 & 0 & 1 \end{bmatrix}$	5
径向畸变，切向畸变	$K_i\, p_i\, (i = 1, 2, 3)$	n
外部参数	$\boldsymbol{r} = \begin{bmatrix} r_{11} & r_{12} & r_{13} \\ r_{21} & r_{22} & r_{23} \\ r_{31} & r_{31} & r_{31} \end{bmatrix};\ \boldsymbol{T} = \begin{bmatrix} T_X \\ T_Y \\ T_Z \end{bmatrix}$	6
后投影畸变校正参数	$a_1, \cdots, a_8$	8

3D 标定方法所采用的标定靶都含有三维立体信息，常用的标定靶有表面标有方格的立方体，或者表面标有圆孔或者黑点的立方体。我们将透视变换公式重写为

$$\rho \begin{bmatrix} u_i \\ v_i \\ 1 \end{bmatrix} = \begin{bmatrix} p_{11} & p_{12} & p_{13} & p_{14} \\ p_{21} & p_{22} & p_{23} & p_{24} \\ p_{31} & p_{32} & p_{33} & p_{34} \end{bmatrix} \begin{bmatrix} x_{wi} \\ y_{wi} \\ z_{wi} \\ 1 \end{bmatrix} \quad (3.36)$$

式中，(x_{wi}, y_{wi}, z_{wi}) 为标定参照物第 i 个点在世界坐标系里的坐标；(u_i, v_i) 为相应的图像坐标；p_{ij} 为投影矩阵 $\boldsymbol{p}$ 的第 i 行 j 列元素。

我们可以采用直接线性变换方式来解出参数 p_{ij}，对应 n 个特征点，可以根据公式 (3.22) 获得下列矩阵方程

$$\boldsymbol{Lp} = 0$$

令 $\boldsymbol{p} = [p_{11} \ p_{12} \ p_{13} \ p_{14} \ p_{21} \ p_{22} \ p_{23} \ p_{24} \ p_{31} \ p_{32} \ p_{33} \ p_{34}]$

$$\boldsymbol{L} = \begin{bmatrix} x_{w1} & y_{w1} & z_{w1} & 1 & 0 & 0 & 0 & 0 & -x_{w1}u_1 & -y_{w1}u_1 & -z_{w1}u_1 & -u_1 \\ 0 & 0 & 0 & 0 & x_{w1} & y_{w1} & z_{w1} & 1 & -x_{w1}v_1 & -y_{w1}v_1 & -z_{w1}v_1 & -v_1 \\ \vdots & \vdots & \vdots & \vdots & \vdots & \vdots & \vdots & \vdots & \vdots & \vdots & \vdots & \vdots \\ x_{wj} & y_{wj} & z_{wj} & 1 & 0 & 0 & 0 & 0 & -x_{wj}u_j & -y_{wj}u_j & -z_{wj}u_j & -u_j \\ 0 & 0 & 0 & 0 & x_{wj} & y_{wj} & z_{wj} & 1 & -x_{wj}v_j & -y_{wj}v_j & -z_{wj}v_j & -v_j \\ \vdots & \vdots & \vdots & \vdots & \vdots & \vdots & \vdots & \vdots & \vdots & \vdots & \vdots & \vdots \\ x_{wn} & y_{wn} & z_{wn} & 1 & 0 & 0 & 0 & 0 & -w_{wn}u_n & -y_{wn}u_n & -z_{wn}u_n & -u_n \\ 0 & 0 & 0 & 0 & x_{wn} & y_{wn} & z_{wn} & 1 & -x_{wn}v_n & -y_{wn}v_n & -z_{wn}v_n & -v_n \end{bmatrix} \quad (3.37)$$

这个方程的解,实际上是一个以下目标函数的约束最优化问题

$$J = \boldsymbol{p}^T \boldsymbol{L}^T \boldsymbol{p}$$

求出投影矩阵后就可以计算出摄像机的全部内部参数,分解过程如下

$$\begin{bmatrix} \boldsymbol{p}_1^T & p_{14} \\ \boldsymbol{p}_2^T & p_{24} \\ \boldsymbol{p}_3^T & p_{34} \end{bmatrix} = \begin{bmatrix} f_x & 0 & u_0 & 0 \\ 0 & f_y & v_0 & 0 \\ 0 & 0 & 1 & 0 \end{bmatrix} \begin{bmatrix} \boldsymbol{r}_1^T & t_x \\ \boldsymbol{r}_2^T & t_y \\ \boldsymbol{r}_3^T & t_z \\ 0 & 1 \end{bmatrix} = \begin{bmatrix} f_x \boldsymbol{r}_1^T + u_0 \boldsymbol{r}_3^T & f_x t_x + u_0 t_z \\ f_x \boldsymbol{r}_2^T + u_0 \boldsymbol{r}_3^T & f_y t_y + u_0 t_z \\ 1 & t_z \end{bmatrix} \quad (3.38)$$

式中,$\boldsymbol{p}_i(i=1,2,3)$ 为求得的投影矩阵 $\boldsymbol{p}$ 的第 i 行前 3 个元素组成的行向量;$p_{i4}(i=1,2,3)$ 为矩阵 $\boldsymbol{p}$ 的第 i 行第 4 列元素;$\boldsymbol{r}_i(i=1,2,3)$ 为旋转矩阵 $\boldsymbol{R}$ 的第 i 行;t_x,t_y,t_z 为平移矢量的元素。由 $\boldsymbol{L}$ 和 $\boldsymbol{R}$ 的正交性可知

$$\begin{cases} \boldsymbol{r}_3 = \boldsymbol{p}_3 \\ u_0 = \boldsymbol{p}_1^T \boldsymbol{p}_3 \\ v_0 = \boldsymbol{p}_2^T \boldsymbol{p}_4 \\ f_x = |\boldsymbol{p}_1 \times \boldsymbol{p}_3| \\ f_y = |\boldsymbol{p}_2 \times \boldsymbol{p}_3| \\ \boldsymbol{r}_1 = (\boldsymbol{p}_1 - u_0 \boldsymbol{p}_3)/f_x \\ \boldsymbol{r}_2 = (\boldsymbol{p}_2 - v_0 \boldsymbol{p}_3)/f_y \\ t_z = p_{34} \\ t_z = (p_{14} - u_0)/f_x \\ t_y = (p_{24} - v_0)/f_y \end{cases} \quad (3.39)$$

将上述公式求出的摄像机参数作为摄像机参数的初值,并假定所有的畸变系数初值为 0,用 Levenberg-Marquafdt 非线性优化方法进行优化,就可以求得最优的摄像机参数(除畸变系数以外)。然后以初优化的结果,再代入畸变系数进行优化求解,可得到全部内外参数的精确解。

与 2D 标定方法相比,此方法的缺点在于 3D 标定靶加工难度高,价格昂贵,同时精度不高,而 3D 标定靶的加工精度直接影响标定结果。用 2D 标定靶通过移动同样可以得到三维坐标,但这种方法对移动的精度要求很高,如果移动的误差较大,则会直接导致标定结果

不准确。该方法的优点在于计算的稳定性较好，因为其优化的参数相对较少，初始值相对更准确。

习题与思考题

3.1　CCD 的工作原理是什么？

3.2　镜头的视场定义是什么？F 数是什么含义？

3.3　F 数与图像的亮度、景深、镜头的分辨率之间的关系是什么？

3.4　7 mm×7 mm 的 CCD 芯片有 1 024×1 024 元素，将其聚焦到相距 0.5 m 远的方形平坦区域，摄像机配置 35 mm 镜头，镜头和摄像机采用针孔模型。该摄像机每毫米能解析多少线对？

3.5　照明中明场和暗场如何定义？

3.6　双目视觉测量的原理是什么？

第 4 章
基于深度学习的机器视觉工业检测

4.1 基于深度学习的机器视觉

4.1.1 机器视觉与应用趋势

机器视觉是一项综合技术,包括图像处理技术、机械工程技术、控制技术、电光源照明技术、光学成像技术、传感器技术、模拟与数字视频技术、计算机软硬件技术等。一个典型的机器视觉应用系统包括图像捕捉模块、光源系统模块、图像数字化模块、数字图像处理模块、智能判断决策模块和机械控制执行模块。

机器视觉指的是通过光学的装置和非接触的传感器自动地接收和处理真实物体的图像,以获得所需信息,从而控制机械运动的装置,其在诞生之初就是定位于应用在工业领域的视觉系统,尤其是在工业检测领域。机器视觉概念在 20 世纪 50 年代被提出,20 世纪 80 年代开始逐步进入产业化,到 2000 年后进入快速发展期。经历了几十年的高速增长,机器视觉仍然是一个具有较强成长动力的行业。其主要驱动因素来自两个方面,一是对机器代人过程的不断进行,二是技术进步使得更多需求得以释放。前者的底层逻辑主要是人口红利的消失以及人生理能力的局限性;后者的底层逻辑主要是生产过程向更高效、更精确、更优质的进化。随着时间推移和上述驱动因素的作用力不断增长,使得机器视觉在智能制造中的地位从"可选"逐步向"必选"迈进。

展望未来,机器视觉行业主要有以下几个发展趋势:

(1)更多更快的图像数据传输、更先进的软件算法实现数字化、实时化和智能化的性能提升;

(2)产品硬件性能的提升(更高分辨率、更快扫描率等)和产品软件价格的下降,这些将推动机器视觉渗透率提升;

(3)产品向着小型化、集成化发展。

机器视觉可以说是工业自动化系统的灵魂之窗,从物件/条码辨识、产品检测、外观尺寸测量到机械手臂/传动设备定位,都是机器视觉技术可以发挥的舞台。因此,它的应用范围十分广泛,从作用看,主要包括图像检测应用、视觉定位应用、物体测量应用、物体分拣应用和图像识别应用。同时,机器视觉技术在半导体、太阳能、烟草、印刷、表面检测、制药包装和汽车制造等多个行业有着广泛的深度应用。

随着技术的进步以及应用成本的下降,机器视觉在工业中的渗透率日益提升,整个市场快速发展。2018 年,全球机器视觉市场规模超 88 亿美元,预计 2025 年这一数字将达到 300 亿美元。从国内来看,2018 年中国机器视觉市场规模首次超过 100 亿元,2019 年增长到 127 亿元,2020 年市场规模达到 144 亿元。"中国制造 2025"离不开智能制造,智能制造离不开机器视觉。机器视觉具有高度自动化、高效率、高精度和适应较差环境等优点,将在我国工业自动化的发展过程中发挥重要作用。机器视觉的技术发展历史如图 4.1 所示。

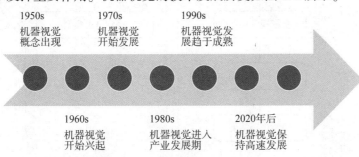

图 4.1　机器视觉的技术发展历史

技术进步不断打开下游需求市场空间:机器视觉技术从 1980 年开始逐步产业化,经历了基于 PC 的视觉系统、模式视觉系统、条码扫描视觉系统、视觉传感器,发展到目前最先进的结合 AI 以及深度学习的 3D 视觉系统。

机器视觉本身就是 AI 正在快速发展的一个分支,得益于近年来深度学习技术的快速发展,及其引领的第三次全球 AI 浪潮,基于深度学习的机器视觉技术取得了令人瞩目的发展和进步。深度学习是 AI 的众多实现方法之一,是机器学习领域中的一个方向。深度学习是学习样本数据的内在规律和表示层次,这些学习过程中获得的信息对诸如文字、图像和声音等数据的解释有很大的帮助。它的最终目标是让机器能够像人一样具有分析学习能力,能够识别文字、图像和声音等数据。深度学习是一个复杂的机器学习算法,在语音和图像识别方面取得的效果,远远超过先前相关技术。典型的深度学习模型有卷积神经网络(Convolutional Neural Network,CNN)模型、深度信任网络(Deep Belief Network,DBN)模型和堆栈自编码网络(Stacked Auto-encoder Network)模型等。

深度学习模型通过多层处理,逐渐将初始的"低层"特征表示转化为"高层"特征表示后,用"简单模型"即可完成复杂的分类等学习任务。由此可将深度学习理解为进行"特征学习"(Feature Learning)或"表征学习"(Representation Learning)。以往在机器学习用于现实任务时,描述样本的特征通常需由人类专家来设计,这成为"特征工程"(Feature Engineering)。众所周知,特征的好坏对泛化性能有至关重要的影响,人类专家设计出较好的特征也并非易事;特征学习(表征学习)则通过机器学习技术自身来产生好的特征,这使机器学习向"全自动数据分析"又前进了一步。

由于深度学习方法对图像的分类能力强大,可以快速、准确地提取图像特征且完全自动化,因此非常适合应用于机器视觉技术,尤其是针对工业检测的机器视觉技术。深度学习的好处是用监督式或无监督式的特征学习和分层特征提取的高效算法来替代机器视觉中需要人工设计获取特征的方法。基于深度学习的机器视觉系统的工作流程如图 4.2 所示。

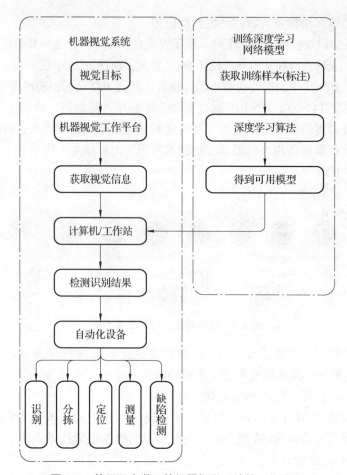

图 4.2　基于深度学习的机器视觉系统的工作流程

4.1.2　人工神经网络

通过上节内容可知，深度学习通过组合低层特征形成更加抽象的高层表示属性类别或特征，以发现数据的分布式特征表示。深度学习的概念源于对人工神经网络的研究，含多个隐含层的多层感知器就是一种深度学习结构。研究人工神经网络的动机在于建立模拟人脑进行分析学习的神经网络，它模仿人脑的机制来解释数据，如图像、声音和文本等。

人工神经网络(Artificial Neural Network，ANN)也简称为神经网络，是由大量的简单处理单元经广泛并行互连形成的一种网络系统。它是对人脑系统的简化、抽象和模拟，具有人脑功能的许多基本特征。人脑的基本组成是脑神经细胞，大量脑神经细胞相互连接组成人的大脑神经网络，完成各种大脑功能；而人工神经网络则是由大量的人工神经细胞(神经元)经广泛互连形成的人工网络，以此模拟人类神经系统的结构和功能。了解人脑神经网络的组成和原理，有助于对人工神经网络的理解。人工神经网络的组织模型能够模拟生物神经系统对真实世界物体所作出的交互反应。

地球生命通过上亿年的演化进化，形成了一套复杂的感知系统以及强大的感知能力，尤其是生物的神经细胞，有着多种强大的功能和特征，主要如下：

(1)时空整合功能，其可以整合不同时间不同突触传入的神经信号；

(2)兴奋与抑制状态,当一个神经元的所有输入总效应达到某个阈值电位时,该细胞变为活性细胞,以此将电脉冲信号传给下一个神经元;

(3)电脉冲与神经化学物质的数模转换,实现离散的电信号与连续的化学信号之间的转化;

(4)神经纤维传导速率快,神经冲动沿神经纤维传导的速度为 1 m/s ~ 150 m/s。

由众多神经元组成的神经网络功能极其丰富和复杂,神经网络将记忆存储功能与处理功能有机结合,使得神经元既有存储功能,又有处理功能,它在进行回忆时不仅不需要通过先找到存储地址再调出所存内容的过程,而且还可以由一部分内容恢复全部内容。神经网络拥有高度的并行性,人脑有 $10^{11} \sim 10^{12}$ 个神经元,每个神经元又有 $10^3 \sim 10^5$ 个突触,即每个神经元都可以和上万个其他神经元相连,这就提供了非常巨大的存储容量和并行度,使得人可以迅速识别复杂图像。此外,神经网络有着强大的分布式功能,这不仅使得知识的存储是分散的,而且其控制和决策也是分散的。因此其可以有容错功能,鲁棒性很高,并具有联想功能,能进行类比和推理。最为关键的是,神经网络的自组织与自学习功能,让生物可以不断地从环境中学习模型来解决问题。神经元细胞结构如图 4.3 所示。

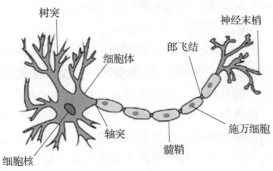

图 4.3　神经元细胞结构

为了模拟和表达神经元功能,20 世纪 40 年代初,美国神经心理学家沃伦·麦卡洛克(Warren McCulloch)和数学家沃尔特·皮茨(Walter Pitts)合作提出了阈值加权和二值神经元模型,即著名的 M-P 模型。后来,在 20 世纪 60 年代出现了感知机和自适应线性元件,并且科学家们逐渐完善了神经元的数学模型,建立了人工神经元的数学模型,如图 4.4 所示。人工神经元的数学模型是一个多输入单输出的数学模型,它依靠输入值与权重模拟树突接收电脉冲,用求和运算与偏置模拟细胞体的整合功能,用神经元功能函数(包括作用函数、转移函数、传递函数、激励函数等)模拟神经元的兴奋与抑制。功能函数是表示神经元输入与输出之间关系的函数,根据功能函数的不同,可以得到不同的神经元模型,常用的功能函数有以下几种:阈值型函数(阶跃函数)、子阈累积型函数、Sigmoid 函数、ELU 函数、tanh 函数等,其中阈值型函数为

$$f(x) = \begin{cases} 1, & \sigma \geq 0 \\ 0, & \sigma < 0 \end{cases} \tag{4.1}$$

从生理学角度看,阈值型函数最符合人脑神经元的特点,事实上,人脑神经元正是通过电位的高低两种状态来反映该神经元的兴奋与抑制。然而,由于阈值型函数不可微,因此,实际上更多使用的是与之相仿的 Sigmoid 函数,其表达式为

$$\sigma(x) = \frac{1}{1+e^{-x}} \tag{4.2}$$

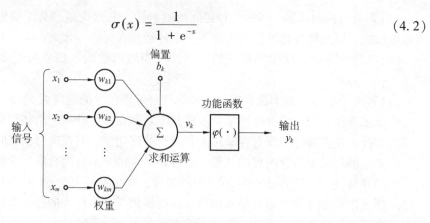

图 4.4 人工神经元的数学模型

神经元的模型确定之后,一个神经网络的特性及能力主要取决于网络的拓扑结构及学习方法。目前,已有的人工神经网络模型至少有几十种,其分类主要有以下几种:

(1) 按网络拓扑结构可分为层次型网络和互连型网络;
(2) 按信息流向可分为前馈型网络与反馈型网络;
(3) 按网络的学习方法可分为有教师的学习网络和无教师的学习网络;
(4) 按网络的性能可分为连续型网络与离散型网络,或分为确定性网络与随机型网络。

通常把 3 层和 3 层以上的神经网络结构称为多层神经网络结构。所有神经元按功能分为若干层,一般有输入层、隐含层(中间层)和输出层。较有代表性的多层神经网络模型有前向神经网络模型、多层侧抑制神经网络模型和带反馈的多层神经网络模型等。其中,带反馈的多层神经网络模型稍有不同,它的每个神经元的输入都可能包含该神经元先前的输出反馈信息。因此,它的输出要由当前的输入和先前的输出两者来决定,这有点类似于人类短期记忆的性质。

人工神经网络的运行一般分为学习和工作两个过程,学习过程就是它的训练过程。人工神经网络的功能特性由其连接的拓扑结构和连接权值即突触连接强度来确定。神经网络训练的实质是通过对样本集的输入/输出模式反复作用于网络,网络按照一定的学习算法自动调节神经元之间的连接权值(阈值)或拓扑结构,当网络的实际输出满足期望要求,或者趋于稳定时,则认为学习圆满结束。整个过程就是通过不断地调整神经元的参数,使得网络对给定输入可产生期望输出,如图 4.5 所示。

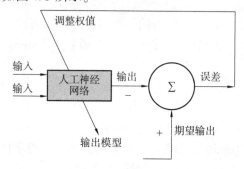

图 4.5 人工神经网络学习过程中的权值更新

误差修正学习规则是最常见的人工神经网络的学习方法，它是一种监督式的学习过程，基本思想是利用神经网络的期望输出与实际之间的误差作为连接权值调整的参考，并最终减少这种误差。单层感知器的两层神经元之间采用全互连方式，即输入层各单元与输出层各单元之间均有连接，也可以非全互连，并能实现逻辑运算。1985年，出现了一种神经网络反向传播模型，简称为B-P模型，这个模型既实现了明斯基(Minsky)所提出的多层网络的设想，又突破了感知器的一些局限性。B-P模型利用输出后的误差来估计输出层的直接前导层的误差，再利用这个误差估计更前一层的误差。如此下去，获得所有其他各层的误差估计，形成将输出表现出来的误差沿着与输入信号传送相反的方向逐级向网络的输入端传递的过程，因此称为后向传播(B-P)算法。当给定网络一组输入模式时，B-P网络将依次对这组输入模式中的每个输入模式按如下方式进行学习：把输入模式从输入层传到隐含层单元，经隐含层单元逐层处理后，产生一个输出模式传至输出层，这一过程称为正向传播，可以类比成模型的推理与预测。如果经正向传播在输出层没有得到所期望的输出模式，则转为误差反向传播过程，即把误差信号沿原连接路径返回，并通过修改各层神经元的连接权值，使误差信号为最小，这一过程可以近似看成模型的训练与学习。重复进行正向传播和反向传播过程，直至得到所期望的输出模式为止。B-P模型的正向传播与反向传播如图4.6所示。

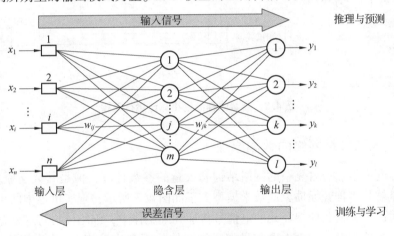

图4.6 B-P模型的正向传播与反向传播

在人工神经网络中，学习因子是一个重要的参数，它是由日本著名神经网络学者Amari于1990年提出的一种神经网络权值训练的通用学习规则，通常用正常量η表示，其值决定了学习的速率，也称为学习率。在学习过程中，t时刻权值的调整量与t时刻的输入量和学习信号r的乘积成正比。在B-P模型的神经网络中，通常使用梯度下降(Gradient Descent)法作为最小化损失函数的一阶优化方法，它也是求解非线性无约束优化问题的最基本方法，如图4.7所示。人工神经网络也可以按训练方法的不同，分成监督式人工神经网络、半监督式人工神经网络和无监督式人工神经网络，典型的监督式人工神经网络算法运行流程如图4.8所示。此外，Hebb型学习是无监督式神经网络常用的方法，该方法的神经网络中某一神经元同另一直接与它连接的神经元同时处于兴奋状态，那么这两个神经元之间的连接强度将得到加强。

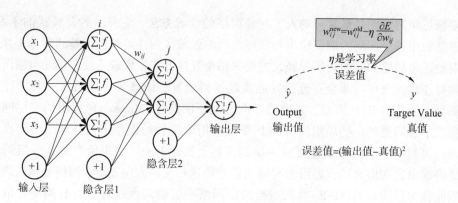

图 4.7 神经网络学习过程中的优化计算方法

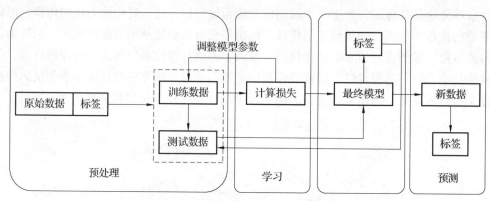

图 4.8 监督式神经网络算法运行流程

4.1.3 人工神经网络的数学原理

人工神经网络虽然有着复杂的网络结构和大量的参数计算,但是其数学原理并不复杂,其基本出发点就是将神经元抽象成数学模型。正如图 4.3 所示,现实世界中的生物神经元的工作过程是通过树突将其他神经元的电信号传递到细胞体中,细胞体再将这些输入信息进行合并和加工。当处理过后的输入电信号超过细胞体的固有边界值(也称作阈值)时,细胞体会将信息通过轴突和其末端的突触传递给其他的神经元。因此,生物神经元的整个工作过程就像是一个点火结构,通过接收来自多个神经元的信息作为输入,当输入大小超过阈值时激活细胞体(点火)传递信息,输出信息就是"有信息"和"无信息"两种,可以用"0"和"1"数字信号表示。

因此,我们可以用数学表达式来表示神经元。用"y"表示神经元的输出,用"x"表示神经元的输入。神经元对于不同输入信息的接收能力是不同的,这种接收能力叫权重,用"w"表示。对于神经元的固有阈值,我们用"θ"来表示,这样可以得到神经元的数学表达式,即

$$\begin{cases} 无输出信号: y = 0, \ w_1x_1 + w_2x_2 + w_3x_3 < \theta \\ 有输出信号: y = 1, \ w_1x_1 + w_2x_2 + w_3x_3 \geq \theta \end{cases} \tag{4.3}$$

我们可以以神经元输出信息 y 作为纵轴,输入信息和作为横轴,作出如图 4.9 所示的函数图像,不难发现其可以用单位阶跃函数 $u(z)$ 来表示,其中"z"表示输入信息和。

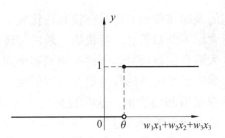

图 4.9 神经元的激活函数图像

$$u(z) = \begin{cases} 0, & z < 0 \\ 1, & z \geq 0 \end{cases} \tag{4.4}$$

$$z = w_1 x_1 + w_2 x_2 + w_3 x_3 - \theta \tag{4.5}$$

$$y = u(w_1 x_1 + w_2 x_2 + w_3 x_3 - \theta) \tag{4.6}$$

虽然单位阶跃函数很好地模拟了生物神经元的工作特性,但是在建立一般化的神经元数学模型中,该函数可以人为定义成任意函数,我们称之为激活函数,其反映了神经元的工作特性,如式(4.2)所示的 Sigmoid 函数就是一种常用的激活函数。该函数由于具有连续、可导、对称等性质,在很多模型中取得了较好的效果。

在式(4.6)中,阈值 θ 在生物学上表示神经元的感受能力即敏感度,当其值较大时表示神经元感觉迟钝不容易兴奋,反之则较为敏感。我们通常使用 b 替换"$-\theta$"让表达式看起来更简洁,并将 b 称为偏置(Bias)。因此,人工神经元的数学表达式就变为式(4.7)所示。此外,在生物神经元中,权重 w 和阈值 $-b$ 对应的数值都应该是正数,而在一般化的数学模型中它们的值是可以为负数的,有

$$y = u(w_1 x_1 + w_2 x_2 + w_3 x_3 + b) \tag{4.7}$$

完成了单个神经元的数学建模后,我们可以参考生物的神经网络构建人工神经网络,并预期通过这种方式产生出"智能"。遗憾的是我们目前并不清楚生物神经网络的组成方式,因此人工神经元的网络结构都是在不断的尝试和猜测中产生的。正因如此,人工神经元的网络连接方法有很多种类,其中最具代表性和基础性的就是阶层型神经网络,由其发展出来的就是近年来在视觉领域应用广泛的卷积神经网络。本小节将对阶层型神经网络运行原理作数学推导。目前以神经网络为基础的 AI 在众多领域取得了较好的成果,尤其是模式识别和视觉感知。

阶层型神经网络按照层(Layer)来划分神经单元,不同层的神经单元执行不同的信息处理任务,通常分为输入层、中间层(隐含层)和输出层。输入层负责读取数据信息,它们是简单神经元,只对数值作原样输出。隐含层的神经元执行式(4.7)的两步操作,对上一次输入信息进行加权求和,并通过激活函数输出结果信息。输出层的神经元同样执行式(4.7)的两步计算,不同的是其输出结果作为整个神经网络的输出结果。

在阶层型神经网络中,最重要的就是隐含层,其负责对输入数据进行特征提取(Feature Extraction)。特征提取,顾名思义就是要获得数据的特征或者特点,以此作为分类和识别的依据。那么神经网络是如何提取特征的呢?实际上,其是利用权重值与偏置,当上一层的数据信息传入时,由于权重值的存在就相当于对上层信息进行放大和缩小。也就是说,上层信息只有部分关键值传递到下一层的神经元中,相当于对数据信息进行了提取和精炼。当到达输出层时,通过不同的结果所对应不同的输出层神经元的激活状态,实现分类或判断。以视

觉为例，输入层相当于我们的眼睛接收到光信号，使其转化成生物电信号传递到大脑，大脑中的视觉神经细胞类似于隐含层不断对信息进行提取，最终传递到负责判断的神经元的电信号就相当于输出层的结果，大脑根据该信号进行模式识别和感知。

那么接下来我们要如何确定神经网络的权重值和偏置值呢？方法是利用已知数据和网络的自学习算法，得到合理的权重值和偏置值，这些数据被称为学习数据（训练数据），整个根据给定的学习数据得到权重值和偏置值的过程，称为学习，神经网络的学习方法可以按照学习数据是否有人工标注划分为监督式学习和无监督式学习两种。

学习算法的一般思路极其简单，计算神经网络得出正解与预测值的误差，确定使误差总和达到最小的权重和偏置，这在数学上就是模型的最优化问题，而这个误差的总和称为损失函数（Loss Function）或代价函数（Cost Function）。最常见的代价函数是平方误差，而求解其参数的方法是最小二乘法。下面我们推导神经网络的运行过程，就以最简单的平方误差作为损失函数，并且构建一个简单数据集和任务，以及一个3层和11个神经元的阶层型神经网络。

我们就以一个图像的识别为例，构造一个只有6个像素点且2行3列的图片，每个像素点只有深色和浅色两种状态，深色的值为1，浅色的值为0，当中间一列的像素点为深色且其余都为浅色时即为想要识别出来的正确样本，该数据集总共有64个样本。构建的数据样本以及神经网络如图4.10所示。

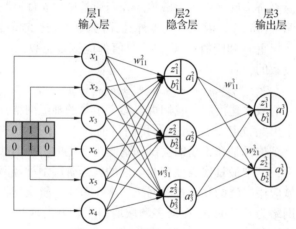

图 4.10　构建的数据样本及神经网络

在图4.10中，参数和变量的表示是按照一个统一标准的，这样便于后续的推导和数学公式的表达，表示标准如下。"x_i"表示输入层（层1）的第i个神经元的输入变量。由于输入层神经元的输入输出的值一致，因此其也表示输出变量，同时也代指该神经元的名称。"w_{ji}^l"表示从第(l-1)层的第i个神经元指向第l层的第j个神经元的箭头的权重值，是神经网络的参数。"z_j^l"表示第l层的第j个神经元的加权输入。"b_j^l"表示第l层的第j个神经元的偏置。"a_j^l"表示第l层的第j个神经元的输出变量，也代指该神经元的名称。以上的变量和参数存在于每一个数据样本中，且它们在不同的数据样本中的值显然是不同的，我们可以在每个参数名后加上"[k]"来表示第1个样本的参数。由于整个神经网络的运行推导只需代入一次样本数据即可，故为了表达式的简洁省略后缀[k]。结合式（4.7）我们可以得到神经网络隐含层的相关变量和参数之间的关系式，如式（4.8）所示。同样，我们也可以得到输出层的相关变量和参数之间的关系式,如式(4.9)所示。再将这两个公式用矩阵表示并用编程语言实现就完成了神经网络的基本框架的搭建,即

$$\begin{cases} z_1^2 = w_{11}^2 x_1 + w_{12}^2 x_2 + \cdots + w_{16}^2 x_6 + b_1^2 \\ z_2^2 = w_{21}^2 x_1 + w_{22}^2 x_2 + \cdots + w_{26}^2 x_6 + b_2^2 \\ z_3^2 = w_{31}^2 x_1 + w_{32}^2 x_2 + \cdots + w_{36}^2 x_6 + b_3^2 \\ a_1^2 = a(z_1^2), \ a_2^2 = a(z_2^2), \ a_3^2 = a(z_3^2) \end{cases} \quad (4.8)$$

$$\begin{cases} z_1^3 = w_{11}^3 a_1^2 + w_{12}^3 a_2^2 + w_{13}^3 a_3^2 + b_1^3 \\ z_2^3 = w_{21}^3 a_1^2 + w_{22}^3 a_2^2 + w_{23}^3 a_3^2 + b_2^3 \\ a_1^3 = a(z_1^3), \ a_2^3 = a(z_2^3) \end{cases} \quad (4.9)$$

正如上文所提到的,神经网络通过事先提供的数据来确定网络中众多的权重值和偏置值,这个过程称为学习。学习时要估计神经网络计算出的预测值是否恰当,需要与正解进行比较,当预测值与正解的总体误差达到最小时,学习完成。这里正解是根据任务和数据确定的,在本例中,我们要将只有中间一列的像素点为深色的图片识别出来,那么就把这张图片划分为正确,其余图片划分为错误。所以,该数据集和任务的结果只有两类,相对应的输出层的神经元也是两个,一个神经元对应表示一个结果。即我们希望当正确结果的图片输入神经网络时,输出层的 a_1^3 神经元反应强烈,当错误结果的图片输入神经网络时,输出层的 a_2^3 神经元反应强烈。我们让神经元的输出值的值域为 $[0, 1]$,使用 Sigmoid 函数作为激活函数,设正解变量 t_1 和 t_2。不同结果时的正解变量取值如表 4.1 所示。通过这样的表示方法根据结果的分类数定义正解,再计算神经网络预测值与正解值的平方误差来表示学习到的参数值的优劣。

表 4.1 不同结果时的正解变量取值

正解变量	图像为正确类	图像为错误类
t_1	1	0
t_2	0	1

在数学中,用模型参数表示的总体误差的函数称为代价函数 C_T,或称为损失函数、误差函数、目标函数,学习数据的过程也是最优化的过程。其实很多函数都可作为代价函数,如交叉熵函数,其可以消除激活函数的冗长性,加速计算时的收敛。但是,不论采取什么样的代价函数,神经网络的学习方法都是相同的,所以我们用最简单的平方误差作为代价函数方便推导计算。

具体来说,神经网络的预测值用输出层每个神经元的输出变量表示,并且设每个样本(图像)对应的正解变量为 t_1 和 t_2,因此单个样本的平方误差 C,以第 k 张图像为学习数据输入时的平方误差 C_k 和总体的代价函数 C_T 可由式(4.10)、式(4.11)、式(4.12)分别表示。

$$C = \frac{1}{2}[(t_1 - a_1^3)^2 + (t_2 - a_2^3)^2] \quad (4.10)$$

$$C_k = \frac{1}{2}[(t_1[k] - a_1^3[k])^2 + (t_2[k] - a_2^3[k])^2], \ (k = 1, 2, \cdots, 64) \quad (4.11)$$

$$C_T = C_1 + C_2 + \cdots + C_{64} \quad (4.12)$$

这时，我们可以得出神经网络的工作就是寻找到当取怎样的权重值和偏置值时，使得代价函数为最小。此外，代价函数无法用权重和偏置写出具体的函数表达式，再加上激活函数使得直接对代价函数求导会变得十分复杂。而且待求的代价函数的变量参数的数目有 29 个（ 6 × 3 + 3 + 3 × 2 + 2 = 29），如果直接使用最小二乘法需要计算多元方程组，大型的神经网络有巨量的参数，这显然是无法求解的。

为了解决以上问题，我们使用梯度下降法来完成代价函数的最优化问题，即找出最小值点（实际是局部最小值点）。梯度下降法的思路是把函数图像看作一个山坡，只要沿着坡度最陡的方向一步一步下降，最终就能得到函数的最小值点。对于光滑函数 $f(x_1, x_2, \cdots, x_n)$，将各变量分别作微小变化，当式(4.13)成立时，函数值减小得最快，式中 η 为正的微小常数。此外，$\left(\dfrac{\partial f}{\partial x_1}, \dfrac{\partial f}{\partial x_2}, \cdots, \dfrac{\partial f}{\partial x_n}\right)$ 为该函数的梯度，有

$$(\Delta x_1, \Delta x_2, \cdots, \Delta x_n) = -\eta \left(\dfrac{\partial f}{\partial x_1}, \dfrac{\partial f}{\partial x_2}, \cdots, \dfrac{\partial f}{\partial x_n}\right) \tag{4.13}$$

下面我们来推导式(4.13)，以一个二元函数为例，已知函数 $z = f(x, y)$，求最小值点。通常我们可以直接对 x 和 y 求偏导，然后令其为 0，联立方程式求解。当多元方程组不易求解时，我们可以在函数图像上随机取一点，然后将该点沿着图像最陡的方向移动一小步，反复重复若干次便可找到函数的最小值点。我们假设 x 改变 Δx，y 改变 Δy，函数的变化值为 Δz，根据导数的定义我们可以推导出式(4.14)

$$\Delta z = \dfrac{\partial f}{\partial x}\Delta x + \dfrac{\partial f}{\partial y}\Delta y \quad (\Delta x, \Delta y \to 0) \tag{4.14}$$

此时我们希望函数值下降得最快，并且由于是寻找最小值，Δz 会是一个负数，即此时 Δz 的绝对值最大，因此问题转化为求 Δz 的最小值，如图 4.11 所示。我们观察式(4.14)等号右边的形式，不难发现其可以写成两个向量内积的形式，问题转化为求解这两个向量内积值的最小值。根据向量内积的几何意义和求值公式，我们知道，对于两个大小固定的非零向量，当它们方向相反时内积取最小值，这个性质就是梯度下降法的数学基础。

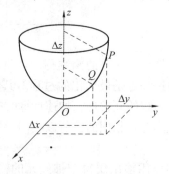

图 4.11 梯度下降法示意图

根据以上的分析和讨论，我们知道当 x 改变 Δx，y 改变 Δy，函数的变化值 Δz 可以表示成两个向量的内积，当这两个向量的方向相反时，内积取最小值，此时 Δz 达到最小值即减小得最快。这样我们可以求出一个关系式，这个关系式就是二元函数梯度下降法的基本式，如式(4.16)所示。同理，我们很容易将梯度下降法推广到 n 元变量的情形，如式(4.17)所示。式中，$\left(\dfrac{\partial f}{\partial x}, \dfrac{\partial f}{\partial y}\right)$ 被称为函数 $f(x, y)$ 的梯度，η 被称为学习率，∇ 称为哈密顿算

子。学习率是梯度下降算法中重要的参数，其影响算法的准确性，但是它的值通常只能通过经验和反复试验寻找到合适值。

$$\Delta z = \left(\frac{\partial f}{\partial x}, \frac{\partial f}{\partial y}\right) \cdot (\Delta x, \Delta y) \tag{4.15}$$

$$(\Delta x, \Delta y) = -\eta\left(\frac{\partial f}{\partial x}, \frac{\partial f}{\partial y}\right), \eta \text{ 为正的微小常数} \tag{4.16}$$

$$(\Delta x_1, \Delta x_2, \cdots, \Delta x_n) = -\eta\left(\frac{\partial f}{\partial x_1}, \frac{\partial f}{\partial x_2}, \cdots, \frac{\partial f}{\partial x_n}\right) = -\eta \nabla f \tag{4.17}$$

根据梯度下降法的基本式，我们可以求出神经网络中代价函数 C_T 的最小值，计算公式为式（4.18），利用计算机编程重复计算该公式得到位移向量，再加上当前位置便可求得更新后的位置，达到寻找出使代价函数最小时的权重值和偏置值的目的。然而，直接使用式（4.18）时，需要计算所有参数个数的梯度分量，这些复杂的偏导计算十分困难。例如，式（4.19）和式（4.20）求梯度的一个分量就需要复杂的偏导计算。为了解决这个问题，我们需要运用误差反向传播算法。

$$(\Delta w_{11}^2, \cdots, \Delta w_{11}^3, \cdots, \Delta b_1^2, \cdots, \Delta b_1^3, \cdots)$$
$$= -\eta\left(\frac{\partial C_T}{\partial w_{11}^2}, \cdots, \frac{\partial C_T}{\partial w_{11}^3}, \cdots, \frac{\partial C_T}{\partial b_1^2}, \cdots, \frac{\partial C_T}{\partial b_1^3}\cdots\right) \tag{4.18}$$

$$\frac{\partial C_T}{\partial w_{11}^2} = \frac{\partial C_1}{\partial w_{11}^2} + \frac{\partial C_2}{\partial w_{11}^2} + \cdots + \frac{\partial C_{64}}{\partial w_{11}^2} \tag{4.19}$$

$$\frac{\partial C_k}{\partial w_{11}^2} = \frac{\partial C_k}{\partial a_1^3[k]} \frac{\partial a_1^3[k]}{\partial z_1^3[k]} \frac{\partial z_1^3[k]}{\partial a_1^2[k]} \frac{\partial a_1^2[k]}{\partial z_1^2[k]} \frac{\partial z_1^2[k]}{\partial w_{11}^2}$$
$$+ \frac{\partial C_k}{\partial a_2^3[k]} \frac{\partial a_2^3[k]}{\partial z_2^3[k]} \frac{\partial z_2^3[k]}{\partial a_1^2[k]} \frac{\partial a_1^2[k]}{\partial z_1^2[k]} \frac{\partial z_1^2[k]}{\partial w_{11}^2} \tag{4.20}$$

误差反向传播算法是美国斯坦福大学的鲁梅尔哈特（Rumelhart）等人在 1986 年提出的神经网络学习方法，又称为 B-P 算法。该方法利用偏导数的链式法则推导出神经网络中各个参数的偏导数之间的关系，从而将复杂的偏导数计算替换为数列的递推关系式，使梯度下降法可以快速高效地迭代。误差反向传播算法的关键是定义神经单元误差的变量 δ_j^l，其定义为

$$\delta_j^l = \frac{\partial C}{\partial z_j^l}, l = 2, 3, \cdots \tag{4.21}$$

利用该变量我们可以表示权重和偏置的偏导数，以之前建立的简单神经网络为例作推导，如图 4.12 所示。首先用神经单元误差的变量 δ_j^l 来表示 w_{11}^2 的偏导数，由链式法则和变量关系式得到如下推导

$$\frac{\partial C}{\partial w_{11}^2} = \frac{\partial C}{\partial z_1^2} \frac{\partial z_1^2}{\partial w_{11}^2} \tag{4.22}$$

$$z_1^2 = w_{11}^2 x_1 + w_{12}^2 x_2 + \cdots + w_{16}^2 x_6 + b_1^2 \tag{4.23}$$

$$\frac{\partial z_1^2}{\partial w_{11}^2} = x_1 \tag{4.24}$$

$$\frac{\partial C}{\partial w_{11}^2} = \delta_1^2 x_1 = \delta_1^2 a_1^1 \tag{4.25}$$

同样地，我们也可以推导出用 δ_j^l 表示的 w_{11}^3 的偏导数，如式(4.27)所示。

$$z_1^3 = w_{11}^3 a_1^2 + w_{12}^3 a_2^2 + w_{13}^3 a_3^2 + b_1^3 \tag{4.26}$$

$$\frac{\partial C}{\partial w_{11}^3} = \frac{\partial C}{\partial z_1^3} \frac{\partial z_1^3}{\partial w_{11}^3} = \delta_1^3 a_1^2 \tag{4.27}$$

同理，我们也可以推导出 b_1^2 和 b_1^3 关于 δ_j^l 的表达式

$$\frac{\partial C}{\partial b_1^2} = \frac{\partial C}{\partial z_1^2}\frac{\partial z_1^2}{\partial b_1^2} = \delta_1^2, \quad \frac{\partial C}{\partial b_1^3} = \frac{\partial C}{\partial z_1^3}\frac{\partial z_1^3}{\partial b_1^3} = \delta_1^3 \tag{4.28}$$

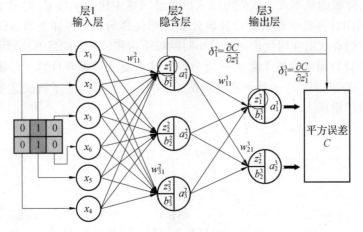

图 4.12　误差反向传播算法

根据式(4.21)到式(4.28)，我们可以推广得到一般化关系式，用 δ_j^l 表示各参数的偏导数，如式(4.29)所示。这样，我们只要求得神经单元误差变量 δ_j^l 就可以求出所有参数的偏导数。

$$\frac{\partial C}{\partial w_{ji}^l} = \delta_j^l a_i^{l-1}, \quad \frac{\partial C}{\partial b_j^l} = \delta_j^l \tag{4.29}$$

这时，神经网络的运行问题转化为求解神经单元误差变量 δ_j^l，那么如何求呢？我们可以利用数列的知识，通过数列的递推关系式求解。首先将 δ_j^l 看成以上标层数排列的数列，显然它是一个有限数列，并且我们可以较容易地求得它的末项。在本例中，神经网络的层数是 3，数列 $\{\delta_j^l\}$ 的末项是 δ_j^3 ($j=1, 2$)，激活函数用 $a(z)$ 的一般形式表示，根据链式法则和误差的定义得

$$\delta_j^3 = \frac{\partial C}{\partial z_j^3} = \frac{\partial C}{\partial a_j^3}\frac{\partial a_j^3}{\partial z_j^3} = \frac{\partial C}{\partial a_j^3} a'(z_j^3) \tag{4.30}$$

用 L 表示输出层编号，将式(4.30)一般化，即

$$\delta_j^L = \frac{\partial C}{\partial a_j^L} a'(z_j^L) \tag{4.31}$$

在本例中，代价函数是平方误差，可以求出末项值

$$C = \frac{1}{2}[(t_1 - a_1^3)^2 + (t_2 - a_2^3)^2] \tag{4.32}$$

$$\delta_1^3 = (a_1^3 - t_1) a'(z_1^3), \quad \delta_2^3 = (a_2^3 - t_2) a'(z_2^3) \tag{4.33}$$

接着，求本例中的 δ_1^2，即末项的前一项，同样根据误差定义和链式法则有

$$\delta_1^2 = \frac{\partial C}{\partial z_1^2} = \frac{\partial C}{\partial z_1^3}\frac{\partial z_1^3}{\partial a_1^2}\frac{\partial a_1^2}{\partial z_1^2} + \frac{\partial C}{\partial z_2^3}\frac{\partial z_2^3}{\partial a_1^2}\frac{\partial a_1^2}{\partial z_1^2} \tag{4.34}$$

根据之前的公式，很容易得到以下结果

$$\frac{\partial C}{\partial z_1^3} = \delta_1^3, \quad \frac{\partial C}{\partial z_2^3} = \delta_2^3 \tag{4.35}$$

$$\frac{\partial z_1^3}{\partial a_1^2} = w_{11}^3, \quad \frac{\partial z_2^3}{\partial a_1^2} = w_{21}^3, \quad \frac{\partial a_1^2}{\partial z_1^2} = a'(z_1^2) \tag{4.36}$$

因此，可以推出 δ_1^2 的表达式，以及 δ_2^2 和 δ_3^2，通过归纳总结得到如下关系式

$$\delta_1^2 = (\delta_1^3 w_{11}^3 + \delta_2^3 w_{21}^3) a'(z_1^2) \tag{4.37}$$

$$\delta_i^2 = (\delta_1^3 w_{1i}^3 + \delta_2^3 w_{2i}^3) a'(z_i^2), \quad i = 1, 2, 3 \tag{4.38}$$

这样，便得到了第 2 层的误差 δ_i^2 与第 3 层的误差 δ_j^3 之间的关系，推广到一般情况即第 l 层的误差与第 $(l+1)$ 层的误差之间的递推表达式，如式(4.39)所示，式中 l 为大于等于 2 的正整数，j 为第 $(l+1)$ 层的神经元个数。

$$\delta_i^l = (\delta_1^{l+1} w_{1i}^{l+1} + \delta_2^{l+1} w_{2i}^{l+1} + \cdots + \delta_j^{l+1} w_{ji}^{l+1}) a'(z_i^l) \tag{4.39}$$

因此，我们发现只需要知道输出层的误差 δ_j^L，带入式(4.39)迭代计算就可以得到所有的神经单元误差变量 δ_j^l，而输出层的误差 δ_j^L 可根据式(4.33)求得，这就是误差反向传播算法。

至此，神经网络中所有的参数的偏导数都可以简单快速地通过神经单元误差变量 δ_j^l 求得，从而完成梯度下降算法，找到最优的权重值和偏置值，得到一个神经网络模型。我们把神经网络代入学习数据，从输入层到输出层，得到预测值的过程称为正向传播，它就像推理与预测过程。而根据预测值和正解，从输出层到输入层，求得每层的误差来确定模型参数即权重值和偏置值的过程被称为反向传播，它就像训练和学习过程。不断地重复上述两个过程就可以得到一个神经网络模型。以上就是阶层型神经网络算法模型的运行过程及其数学推导。

4.1.4 卷积神经网络

卷积神经网络是一类包含卷积计算且具有深度结构的前馈神经网络(Feedforward Neural Networks)，是深度学习的代表算法之一。卷积神经网络模仿生物视觉机制(Visual Perception)的感受视野，引入信号处理中的平移窗口方法，将同一层的神经元的权值参数共享，以此构建的神经网络再进行监督式和非监督式学习。卷积神经网络的参数具有较高的稀疏性，使得网络以较小的计算量提取输入数据的特征，特别是在没有额外特征工程(Feature Engineering)的情况下能有效且稳定地提取图像和音频数据的特征。

Yann LeCun 在 1989 年构建了应用于机器视觉问题的卷积神经网络，即 LeNet 的最初版本。LeNet 包含 2 个卷积层，2 个全连接层，共计 6 万个可学习的模型参数，其参数的数量规模远超同时期的其他神经网络模型，且在结构上与现代的卷积神经网络十分接近。LeCun 对权重进行随机初始化后使用了随机梯度下降(Stochastic Gradient Descent，SGD)法进行学习，这一策略被其后的深度学习研究所保留。此外，LeCun 在论述其网络结构时首次使用了"卷积"一词，"卷积神经网络"也因此得名。

LeCun 的工作在 1993 年由贝尔实验室完成代码开发，并被部署于美国收银机公司（National Cash Register Coporation，NCR）的支票读取系统中。但总体而言，由于数值计算能力有限、学习样本不足，加上同一时期以支持向量机（Support Vector Machine，SVM）为代表的核学习（Kernel Learning）方法的兴起，这一时期为各类图像处理问题设计的卷积神经网络停留在了研究阶段，应用端的推广较少。

在 LeNet 的基础上，1998 年 Yann LeCun 及其合作者构建了更加完备的卷积神经网络 LeNet-5 并在手写数字的识别问题中取得成功。LeNet-5 沿用了 LeCun 的学习策略并在原有设计中加入了池化层对输入特征进行筛选。LeNet-5 及其后产生的变体定义了现代卷积神经网络的基本结构，其构筑中交替出现的卷积层-池化层被认为能够提取输入图像的平移不变特征。LeNet-5 的成功使卷积神经网络的应用得到关注，微软在 2003 年使用卷积神经网络开发了光学字符读取（Optical Character Recognition，OCR）系统。其他基于卷积神经网络的应用研究也得到展开，包括人脸识别、手势识别等。

在 2006 年深度学习理论被提出后，卷积神经网络的表征学习能力得到了关注，并随着数值计算设备的更新得到发展。自 2012 年的 AlexNet 开始，得到 GPU 计算集群支持的复杂卷积神经网络多次成为 ImageNet 大规模视觉识别竞赛（ImageNet Large Scale Visual Recognition Challenge，ILSVRC）的优胜算法，包括 2013 年的 ZFNet、2014 年的 VGGNet、GoogLeNet 和 2015 年的 ResNet。目前，常用的卷积神经网络算法有 SPP、R-FCN、Faster-RCNN、SSD、YOLO 等。卷积神经网络的一般结构如图 4.13 所示。

图 4.13 卷积神经网络的一般结构

卷积神经网络的结构也可以划分为输入层、隐含层和输出层。输入层可以处理多维数据，常见地，一维卷积神经网络的输入层接收一维或二维数组，其中一维数组通常为时间或频谱采样，二维数组可能包含多个通道；二维卷积神经网络的输入层接收二维或三维数组；三维卷积神经网络的输入层接收四维数组。由于卷积神经网络在机器视觉领域应用较广，因此许多研究在介绍其结构时预先假设了三维输入数据，即平面上的二维像素点和 RGB 通道。与其他神经网络算法类似，由于使用梯度下降算法进行学习，卷积神经网络的输入特征需要进行标准化处理。具体地，在将学习数据输入卷积神经网络前，需在通道或时间/频率维对输入数据进行归一化，若输入数据为像素，也可将分布于[0，255]的原始像素值归一化至[0，1]区间内。输入特征的标准化有利于提升卷积神经网络的学习效率。

卷积神经网络的隐含层包含卷积层、池化层和全连接层 3 类常见结构，在一些更为现代的算法中可能有 Inception 模块、残差块（Residual Block）等复杂结构。在常见结构中，卷积层和池化层为卷积神经网络特有。卷积层中的卷积核包含权重系数，而池化层不包含权重系数，因此在文献中，池化层可能不被认为是独立的层。以 LeNet-5 为例，3 类常见结构在隐含层中的顺序通常为输入-卷积层-池化层-全连接层-输出。

1. 卷积层(Convolutional Layer)

卷积层的功能是对输入数据进行特征提取，其内部包含多个卷积核，组成卷积核的每个元素都对应一个权重系数和一个偏差量(Bias Vector)，类似于一个前馈神经网络的神经元(Neuron)。卷积层内每个神经元都与前一层中位置接近的区域的多个神经元相连，区域的大小取决于卷积核的大小，在文献中被称为"感受野(Receptive Field)"，其含义可类比视觉皮层细胞的感受野。卷积核(Convolutional Kernel)在工作时，会有规律地扫过输入特征，在感受野内对输入特征做矩阵元素乘法求和并叠加偏差量

$$Z^{l+1}(i,j) = [Z^l \otimes w^{l+1}](i,j) + b$$

$$= \sum_{k=1}^{K1} \sum_{x=1}^{f} \sum_{y=1}^{f} [Z_k^l(s_0 i + x, s_0 j + y) w_k^{l+1}(x,y)] + b$$

$$L_{l+1} = \frac{L_l + 2p - f}{s_0} + 1 \tag{4.40}$$

式中，求和部分等价于求解一次交叉相关(Cross-Correlation)；b 为偏差量；Z^l 和 Z^{l+1} 分别表示第 l 层和第 $(l+1)$ 层进行卷积运算后的输出结果，这些输出也被称为特征图(Feature Map)；L_{l+1} 为 Z^{l+1} 的尺寸，通常保证特征图的长宽相同；$Z(i,j)$ 对应特征图的像素；$K1$ 为特征图的通道数；f、s_0 和 p 是卷积层参数，对应卷积核大小、卷积步长(Stride)和填充(Padding)层数。

上式以二维卷积核为例，一维或三维卷积核的工作方式与之类似。理论上卷积核也可以先翻转180°，再求解交叉相关，其结果等价于满足交换律的线性卷积(Linear Convolution)，但这样做在增加求解步骤的同时并不能为求解参数取得便利，因此线性卷积核使用交叉相关代替了卷积。交叉相关卷积运算如图4.14所示。

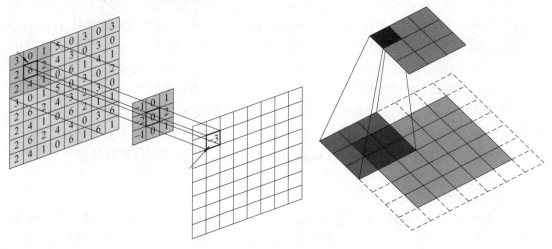

图 4.14 交叉相关卷积运算

特殊地，当卷积核是大小为1，步长为1且不包含填充的单位卷积核时，卷积层内的交叉相关计算等价于矩阵乘法，并由此在卷积层间构建了全连接网络。由单位卷积核组成的卷积层也被称为网中网(Network-In-Network，NIN)或多层感知器卷积层(Multi-Layer Perceptron Convolution Layer，MLPCL)。单位卷积核可在保持特征图尺寸的同时减少图的通

道数从而降低卷积层的计算量。完全由单位卷积核构建的卷积神经网络是一个包含参数共享的多层感知器(Muti-Layer Perceptron，MLP)。不同步长时的卷积运算如图 4.15 所示，全连接网络结构如图 4.16 所示。

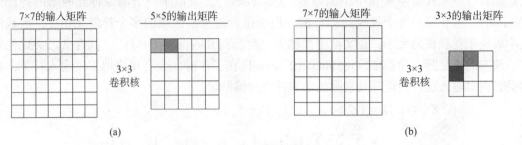

图 4.15　不同步长时的卷积运算

(a)步长为 1；(b)步长为 2

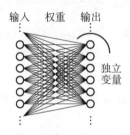

图 4.16　全连接网络结构

在线性卷积的基础上，一些卷积神经网络使用了更为复杂的卷积，包括平铺卷积(Tiled Convolution)、反卷积(Deconvolution)和扩张卷积(Dilated Convolution)。平铺卷积的卷积核只扫过特征图的一部分，剩余部分由同层的其他卷积核处理，因此卷积层间的参数仅被部分共享，有利于神经网络捕捉输入图像的旋转不变(Shift-Invariant)特征。反卷积或转置卷积(Transposed Convolution)将单个的输入激励与多个输出激励相连接，对输入图像进行放大。由反卷积和向上池化层(Up-Pooling Layer)构成的卷积神经网络在图像语义分割(Semantic Segmentation)领域有应用，也被用于构建卷积自编码器(Convolutional Auto Encoder，CAE)。扩张卷积在线性卷积的基础上引入扩张率以提高卷积核的感受野，从而获得特征图的更多信息，在面向序列数据使用时有利于捕捉学习目标的长距离依赖(long-range dependency)。使用扩张卷积的卷积神经网络主要被用于自然语言处理(Natrual Language Processing，NLP)领域，如机器翻译、语音识别等。

1) 卷积层参数

卷积层参数包括卷积核大小、步长和填充，三者共同决定了卷积层输出特征图的尺寸，是卷积神经网络的超参数。其中，卷积核大小可以指定为小于输入图像尺寸的任意值，卷积核越大，可提取的输入特征越复杂。卷积步长定义了卷积核相邻两次扫过特征图时位置的距离，卷积步长为 1 时，卷积核会逐个扫过特征图的像素，步长为 n 时会在下一次扫描跳过 $(n-1)$ 个像素。

由卷积核的交叉相关计算可知，随着卷积层的堆叠，特征图的尺寸会逐步减小，如 16×16 的输入图像在经过单位步长、无填充的 5×5 的卷积核后，会输出 12×12 的特征图。为此，填充是在特征图通过卷积核之前人为增大其尺寸以抵消计算中尺寸收缩影响的方法。常见的填充方法为按 0 填充和重复边界值填充(Replication Padding)。填充依据其层数和目的可分为以下 4 类。

(1) 有效填充(Valid Padding):即完全不使用填充,卷积核只允许访问特征图中包含完整感受野的位置。输出的所有像素都是输入中相同数量像素的函数。使用有效填充的卷积被称为"窄卷积(Narrow Convolution)",窄卷积输出的特征图尺寸为 $(L-f)/s+1$。

(2) 相同填充/半填充(Same/Half Padding):只进行足够的填充来保持输出和输入的特征图尺寸相同。相同填充下特征图的尺寸不会缩减但输入像素中靠近边界的部分相比于中间部分对特征图的影响更小,即存在边界像素的欠表达。使用相同填充的卷积被称为"等长卷积(Equal-Width Convolution)"。

(3) 全填充(Full Padding):进行足够多的填充使得每个像素在每个方向上被访问的次数相同。步长为 1 时,全填充输出的特征图尺寸为 $L+f-1$,大于输入值。使用全填充的卷积被称为"宽卷积(Wide Convolution)"。

(4) 任意填充(Arbitrary Padding):介于有效填充和全填充之间,是人为设定的填充,较少使用。

代入先前的例子,若 16×16 的输入图像在经过单位步长的 5×5 的卷积核之前先进行相同填充,则会在水平和垂直方向填充两层,即两侧各增加 2 个像素,使得图像尺寸变为 20×20,通过卷积核后,输出的特征图尺寸为 16×16,保持了原本的尺寸。

2) 激励函数(Activation Function)

卷积层中包含激励函数以协助表达复杂特征,类似于其他深度学习算法,卷积神经网络通常使用线性整流函数(Rectified Linear Unit,ReLU),其他类似 ReLU 的变体包括有斜率的 ReLU(LeakyReLU,LReLU)、参数化的 ReLU(ParametricReLU,PReLU)、随机化的 ReLU(RandomizedReLU,RReLU)、指数线性单元(Exponential Linear Unit,ELU)等。在 ReLU 出现以前,Sigmoid 函数和双曲正切函数也有被使用。

激励函数操作通常在卷积核之后,一些使用预激励(Preactivation)技术的算法将激励函数置于卷积核之前。在一些早期的卷积神经网络研究,如 LeNet-5 中,激励函数在池化层之后。

2. 池化层(Pooling Layer)

在卷积层进行特征提取后,输出的特征图会被传递至池化层进行特征选择和信息过滤。池化层包含预设定的池化函数,其功能是将特征图中单个点的结果替换为其相邻区域的特征图统计量。池化层选取池化区域与卷积核扫描特征图步骤相同,由池化大小、步长和填充控制。

Lp 池化是一类受视觉皮层内阶层结构启发而建立的池化模型,其一般表示形式为

$$A_k^l(i, j) = \left[\sum_{x=1}^{f}\sum_{y=1}^{f} A_k^l(s_0 i + x, s_0 j + y)^p\right]^{\frac{1}{p}} \tag{4.41}$$

式中,步长、像素的含义与卷积层相同,p 是预指定参数。当 $p=1$ 时,Lp 池化在池化区域内取均值,被称为均值池化(Average Pooling);当 $p \to \infty$ 时,Lp 池化在区域内取极大值,被称为最大池化(Max Pooling)。均值池化和最大池化是在卷积神经网络的设计中被长期使用的

池化方法,二者以损失特征图的部分信息或尺寸为代价保留图像的背景和纹理信息。此外,$p=2$ 时的 L2 池化在一些工作中也有使用。池化计算如图 4.17 所示。

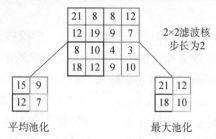

图 4.17 池化计算

混合池化(Mixed Pooling)和随机池化(Stochastic Pooling)是 Lp 池化概念的延伸。随机池化会在其池化区域内按特定的概率分布随机选取一值,以确保部分非极大的激励信号能够进入下一个结构。混合池化可以表示为均值池化和最大池化的线性组合。有研究表明,相比于均值和最大池化,混合池化和随机池化具有正则化的功能,有利于避免卷积神经网络出现过拟合。

3. 全连接层

卷积神经网络中的全连接层(Fully-Connected Layer,FCL)等价于传统前馈神经网络中的隐含层。全连接层位于卷积神经网络隐含层的最后部分,并只向其他全连接层传递信号。特征图在全连接层中会失去空间拓扑结构,被展开为向量并通过激励函数。

按表征学习观点,卷积神经网络中的卷积层和池化层能够对输入数据进行特征提取,全连接层的作用则是对提取的特征进行非线性组合以得到输出,即全连接层本身不被期望具有特征提取能力,而是试图利用现有的高阶特征完成学习目标。

在一些卷积神经网络中,全连接层的功能可由全局平均池化(Global Average Pooling)取代,全局平均池化会将特征图每个通道的所有值取平均,即若有 7×7×256 的特征图,全局平均池化将返回一个 256 维的向量,其中每个元素都是 7×7、步长为 7、无填充的均值池化。

4. 输出层

卷积神经网络中输出层的上游通常是全连接层,因此其结构和工作原理与传统前馈神经网络中的输出层相同。对于图像分类问题,输出层使用逻辑函数或归一化指数函数(Softmax Function)输出分类标签。在物体识别(Object Detection)问题中,输出层可设计为输出物体的中心坐标、大小和分类。在图像语义分割中,输出层直接输出每个像素的分类结果。Softmax 是一种特殊的激活函数,其输出总和为 1,利用 Softmax 函数将线性预测值转换为多类别对应的概率,其实就是先对每一个输入值 Z 取指数变成非负,然后除以所有项之和进行归一,如式(4.42)所示,式中,T 称为逻辑函数平滑系数,当 T 很大时,即趋于正无穷时,所有的激活值对应的激活概率趋近于相同(激活概率差异性较小);而当 T 很小时,即趋于 0 时,不同的激活值对应的激活概率差异也就越大。输出层的 Softmax 函数如图 4.18 所示。

$$q_i = \frac{\exp\left(\dfrac{z_i}{T}\right)}{\sum\limits_{j} \exp\left(\dfrac{z_j}{T}\right)} \tag{4.42}$$

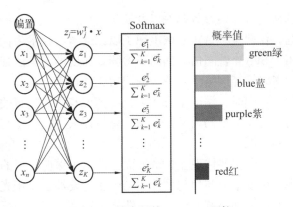

图 4.18 输出层的 Softmax 函数

4.1.5 深度学习应用进展

1. 无人驾驶

即时定位与地图构建(SLAM)是机器人搭载视觉、激光、里程计等传感器,对未知环境构建地图的同时实现自定位的过程,在机器人自主导航任务中起着关键作用。相对于激光传感器单一的空间结构感知信息,视觉传感器凭借其丰富的色彩和纹理等感知信息在提高帧间估计精度和闭环检测正确率方面有着巨大的优势和潜力。

视觉 SLAM(Visual SLAM)是以图像作为主要环境感知信息源的 SLAM 系统,可应用于无人驾驶、增强现实等应用领域,是近年来的热门研究方向。典型的视觉 SLAM 算法以估计摄像机位姿为主要目标,通过多视几何理论来重构 3D 地图。为提高数据处理速度,部分视觉 SLAM 算法首先提取稀疏的图像特征,通过特征点之间的匹配实现帧间估计和闭环检测,如基于 SIFT(Scale-Invariant Feature Transform)特征的视觉 SLAM 和基于 ORB(Oriented FAST and Rotated Brief)特征的视觉 SLAM。SLAM 技术如图 4.19 所示。

图 4.19 SLAM 技术

然而,人工设计的稀疏图像特征当前有很多局限性,一方面,如何设计稀疏图像特征最优地表示图像信息依然是机器视觉领域未解决的重要问题;另一方面,稀疏图像特征在应对光照变化、动态目标运动、摄像机参数改变以及缺少纹理或纹理单一的环境等方面依然有较多挑战。面对这些问题，在视觉 SLAM 领域出现了以深度学习技术为代表的层次化图像特征提取方法，并成功应用于 SLAM 帧间估计和闭环检测。深度学习算法是当前机器视觉领域主流的识别算法，其依赖多层神经网络学习图像的层次化特征表示，与传统识别方法相比，可以实现更高的识别准确率。同时，深度学习还可以将图像与语义进行关联，与 SLAM 技术结合生成环境的语义地图，构建环境的语义知识库，供机器人进行认知与任务推理，提高机器人服务能力和人机交互的智能性。

深度学习与 SLAM 的结合主要体现在 3 个方面，即基于深度学习的帧间估计、闭环检测和语义地图生成。首先，深度学习与帧间估计的结合，主要涉及基于光流图像的深度学习帧间估计。其次，深度学习与闭环检测的结合，主要涉及深度学习特征提取以及位置识别。最后，深度学习与语义地图生成的结合，主要涉及利用深度学习对静态场景和动态场景进行语义分割。

闭环(Loopclosure)检测是指机器人在地图构建过程中，通过视觉等传感器信息检测是否发生了轨迹闭环，即判断自身是否进入历史同一地点。闭环检测发生时可触发 SLAM 后端全局一致性算法进行地图优化，消除累积轨迹误差和地图误差。闭环检测问题本质上是场景识别问题。传统方法是通过将人工设计的稀疏特征和像素级别稠密特征进行匹配来判断场景是否出现过，从而完成场景识别任务，而深度学习则可以通过神经网络学习图像中的深层次特征，其识别率可以达到更高水平。因此，基于深度学习的场景识别可以提高闭环检测准确率。

在一篇题为 Unsupervised Neural Sensor Models for Synthetic LiDAR Data Augmentation 的文章中，指出了数据的稀缺性是制约机器学习感知算法性能的关键因素，现阶段一般使用合成数据的方法解决该问题。文章中提出了两种无监督式的神经网络算法模型，分别使用了非对应的文本信息融合技术和基于 CycleGAN 的风格迁移方法。文章中用 CARLA 作为仿真环境来获得模拟的激光雷达点云，使用注释的文本信息来扩充数据；此外，使用 KITTI 数据集作为训练数据，得到 CycleGAN 的激光雷达数据生成模型，从而生成出更多数据。该文还利用 YOLO 网络为激光雷达 Birdeye-View 投影点云提供定向边界盒，通过外部目标检测任务评估，为所开发的模型提供了一个评估框架。

2. 检测

随着视觉检测技术的发展与计算能力的巨大提升，深度学习网络已在图像分类、视觉检测任务中应用与发展，各种深度学习图像分类方法已经被广泛探讨。

2017 年，南京大学从强监督、弱监督两个角度对比不同的深度学习算法，讨论深度学习作为图像分类未来的研究方向所面对的挑战。美国宾夕法尼亚州立大学 2018 年研究视觉分析与深度学习的图像分类方法，总结图像分类网络经典架构并展望基于深度学习的图像分类方法的应用前景。上海理工大学的周明浩和朱家明使用卷积神经网络检测机械零件的表面缺陷，取得了极高的识别准确率，证明了其在零件表面缺陷检测方面的优势，赵海文等使用卷积神经网络对汽车轮毂的划痕、擦伤等表面缺陷进行了检测，结果表明该方法检测准确率高；陈隽文等使用深度卷积神经网络检测铁路接触网的悬臂连接件的缺陷，通过大量实验和比较，该方法在复杂环境下具有较高的检测率和良好的适应性和鲁棒性。

目前，基于深度学习图像分类框架的图像识别算法已广泛应用于医疗 CT 图像诊断、汽车辅助驾驶、制造产品质量检测等。在复杂多变的工业图像检测环境下，不同图像分类场景具有不同检测需求，如制造零部件质量检测有类内差小、图像对比度低等特点。经典图像分类方法难以满足复杂的工业检测应用要求，深度学习图像分类方法具备特征不变性描述能力、高维特征提取能力，能较好地解决上述问题。

近年来，在目标检测领域中涌现出许多优秀的目标检测算法。从2018年YOLOv3提出的两年后，俄罗斯的Alexey在2020年提出了YOLOv4。总体来说，YOLOv4对YOLOv3的各个部分都进行了改进优化，在COCO数据集上，FPS在83左右时，YOLOv4的AP是43%，而YOLOv3是33%，直接上涨了10%，如图4.20所示。图中，AP指的是模型的平均准确度，FPS指的是模型每秒检测的图片数量，代表算法模型的运行速度。

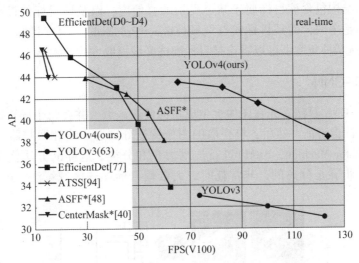

图4.20　YOLOv4在COCO数据集上的表现

4.2　深度学习与工业目标检测

目标检测，也叫目标提取，是一种基于目标几何和统计特征的图像分割，它将目标的分割和识别合二为一。目标检测的任务是找出图像中所有感兴趣的目标，确定它们的位置和类别。由于各类物体有不同的外观、形状、姿态，加上成像时光照、遮挡等因素的干扰，目标检测一直是计算机领域最具有挑战性的问题，其准确性和实时性是影响整个系统的重要指标。尤其是在复杂场景中，需要对多个目标进行实时处理时，目标自动提取和识别就显得特别重要。

目标检测将目标定位和目标分类结合起来，利用图像处理技术、机器学习等多方面的知识，从图像或视频中定位目标对象。这需要计算机在准确判断目标类别的同时，还要给出每个目标相对精确的位置。目标分类负责判断输入的图像中是否包含所需物体(Object)，目标定位则负责表示目标物体的位置，通常用外接矩形框表示。随着计算机技术的发展和机器视觉原理的广泛应用，利用计算机图像处理技术对目标进行实时跟踪的研究越来越热门。对目标进行动态实时跟踪定位在智能化交通系统、智能监控系统、军事目标检测、人脸识别、无人驾驶和医学导航手术中手术器械定位等方面具有广泛的应用价值。

目标检测要解决的3个核心问题：目标可能出现在图像的任何位置；目标有各种不同的大小；目标有各种不同的形状。基于深度学习的目标检测算法主要分为两类，一是Two-stage目标检测算法，其先进行区域建议框（Region Proposal，RP）的生成，再通过卷积神经网络进行分类。常见的Two-stage目标检测算法有R-CNN、Spp-Net、FastR-CNN、FasterR-CNN和R-FCN等。二是One-stage目标检测算法，其直接提取特征来预测物体类别和位置。常见的One-stage目标检测算法有OverFeat、YOLOv1、SSD和RetinaNet等。

4.2.1　静态目标检测的基本方法

针对图像中静态目标检测的任务是分类+定位，所以与CNN基础架构相比，需要针对性改进：一是输出结构包含该目标属于某个类别的置信度，以及该目标的最小外接矩形两部分；二是输入不是全图，而是目标候选区域（Object Proposal）。深度目标检测算法（网络架构）的发展历程从某种角度上可以看作是目标候选区域提取方式的发展史。

4.2.2　R-CNN

2014年，R-CNN算法首先在图像上生成目标候选区域，并在每个候选区域上运行卷积神经网络，提取图像特征。然后，将提取的图像特征分别送入线性回归器（Bbox）和支持向量机（Support Vector Machine，SVM）进行边框修正和分类。这样的方法优点是简单、易理解；缺点是各个步骤是分离的，非常耗时，太依赖目标候选区域算法。R-CNN结构如图4.21所示。

输入图像　候选目标区域　归一化　卷积网络　SVM分类

图4.21　R-CNN结构

4.2.3　FastR-CNN

FastR-CNN算法的过程和R-CNN基本一致，但中间很多细节有所不同。该方法只需要训练一次CNN进行特征提取，并且使用Softmax代替了多个SVM。算法对输入图像大小没有要求，不需要缩放操作。尤其是其将分类和检测的损失函数同时进行优化，使得彼此相互影响，但是仍然依赖目标候选区域算法进行特征提取。FastR-CNN算法中引入ROI Pooling（Region of Interest Pooling，感兴趣区域池化）层，它也是一种池化层，是将任意大小的输入经过池化，得到固定大小的输出。自然地，在池化过程中是按照输入输出比例，得到池化窗口的大小，使用最大池化得到最终固定大小的输出。

相比于R-CNN，FastR-CNN不再使用已经提取好的候选区域，而是将原始图片放入卷积神经网络中提取到整个图片的特征图，然后在特征图上利用感兴趣区域策略（Regions of Interest，ROIs）算法得到目标的候选区域，再使用ROI Pooling转化为固定大小的输出，再送入分类和检测网络中，共同优化。

4.2.4　FasterR-CNN

2015 年，FasterR-CNN 算法引入一个区域生成网络（Region Proposal Network，RPN），该子网络和分类检测网络共享 CNN 提取的特征图。RPN 的原理是为特征图的每个 3×3 区域，生成 k 个固定比例的候选区域锚框。通过 RPN 得到候选区域锚框后，将这些区域作用在之前得到的卷积神经网络的特征图上，进行与 FastR-CNN 相同的 ROI Pooling 操作，提取区域内的特征，最后将这些特征向量传入边框分类网络和边框回归网络，分别输出判断该区域是否是一个目标的置信度，以及输出 4 个表征该区域的边界框坐标参数。相比于 FastR-CNN，该算法检测精度更高，速度更快，但是对于小目标容易失效。FasterR-CNN 结构如图 4.22 所示。

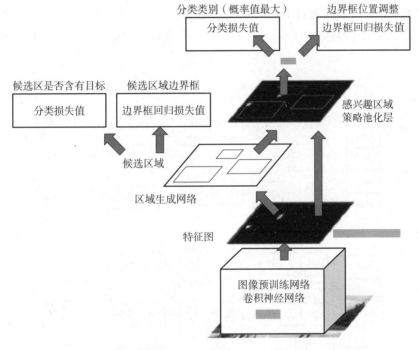

图 4.22　FasterR-CNN 结构

如上图所示，RPN 通过在特征图上做划窗操作，使用预设尺度的锚框映射到原图，得到候选区域。RPN 输入的特征图和全连接层中的特征图共享计算。RPN 的使用，使 FasterR-CNN 能够在一个网络框架之内完成候选区域、特征提取、分类、定位修正等操作。RPN 使得 FasterR-CNN 在区域建议阶段只需 10 ms，检测速度达到 5 帧/s，并且检测精度也得到提升，达到 73.2%。但是，FasterR-CNN 仍然使用 ROI Pooling，导致之后的网络特征失去平移不变性，影响最终定位准确性；ROI Pooling 后每个区域经过多个全连接层，存在较多重复计算；FasterR-CNN 在特征图上使用锚框对应原图，而锚框经过多次池化操作，对应原图一块较大的区域，所以导致 FasterR-CNN 检测小目标的效果并不是很好。

4.2.5　YOLO 系列

从 R-CNN 到 FasterR-CNN，目标检测始终遵循"区域建议+分类"的思路，训练两个模型必然导致参数、训练量的增加,影响训练和检测的速度。由此,YOLO提出了一种Single-Stage的思路。YOLO将图片划分为$S \times S$的网格(Cell),各网格只负责检测中心落在该网格的目标,每个网格需要预测两个尺度的边界框和类别信息,一次性预测所有区域所含目标的边界框、目标置信度以及类别概率完成检测。

YOLOv3的基本原理是通过Darknet-53的卷积神经网络作为特征提取器来对输入图像的特征进行提取,其去除池化层并加入残差层,使得参数量减少,提升了算法速度和准确率。YOLOv3采用多尺度融合的方法实现局部特征交互,对特征提取器提取到的3个不同尺度的特征图$Y1$、$Y2$和$Y3$进行融合预测。其中,不同尺度的特征图表示把输入图像划分成不同数量的网格,如果某个待检测目标的中心坐标落在某个网格中,那么就由该网格来预测该目标,每个网格都会预测B数量(B一般取3)的边界框,网格数量越多代表越容易检测小目标物体,因此YOLOv3可以实现对不同大小尺度的目标进行检测。YOLOv3算法结构如图4.23所示,图中的DBL是网络结构子模块的缩写,其构成有卷积层、批次归一化层和非线性激活层。

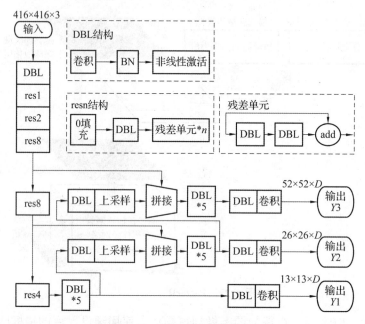

图4.23 YOLOv3算法结构

YOLOv4是以YOLOv3为基础,融合了多种深度学习的改进方法。YOLOv4是一个能够应用于实际工作环境中的快速目标检测算法,其能够被并行优化,且易于训练模型,在一块RTX 2080Ti的GPU上训练也可以得到一个较好的结果模型。

YOLOv4的主干网络是在YOLOv3主干网络Darknet-53的基础上加入CSPNet构成的CSPDarknet-53网络。CSPNet全称是Cross Stage Paritial Network,主要从网络结构设计的角度解决推理中梯度信息重复的问题,其将基础层的特征映射划分为两部分,然后通过跨阶段层次结构将它们合并,在减少了计算量的同时保证了准确率。CSPDarknet-53网络增强了算法的学习能力,使得在轻量化的同时保持了准确性,并且降低了计算量和内存成本,主干网络中采用了Mish激活函数,在ImageNet数据集上做图像分类任务时使用了Mish激活函数的

TOP-1 和 TOP-5 的精度比没有使用时都略高一些。YOLOv4 算法中还使用了 Mosaic 数据增强方法，该方法将 4 张输入图片以随机缩放、随机裁剪、随机排布的方式进行拼接，丰富数据集，特别是随机缩放增加了很多小目标，让网络的鲁棒性更好，并且不需要占用额外的 GPU 内存空间。YOLOv4 中使用了 Dropblock 方法来缓解过拟合，该方法可以随机删除被提取的特征信息，使网络变得更简单。在 YOLOv4 主干网络之后还加入了 SPP 模块，其在 COCO 目标检测任务中，以 0.5% 的额外计算代价将 AP 增加了 2.7%。

此外，YOLOv4 还借鉴了图像分割领域路径聚合网络（Path Aggregation Network，PAN）的方法。特征金字塔网络（Feature Pyramid Network，FPN）是自顶向下的，将高层的特征信息通过上采样的方式进行传递融合，得到进行预测的特征图。YOLOv4 结构中除了使用 FPN 外，还加入了两个（PAN），即在 FPN 层的后面还添加了自底向上的特征金字塔，这样 FPN 层自顶向下传达强语义特征，而 PAN 则自底向上传达强定位特征。YOLOv4 还引入了 CIoU 损失函数的度量指标，该方法考虑了目标框回归函数度量值的 3 个重要几何因素：重叠面积、中心点距离、长宽比。实验表明，采用了 CIOU 度量指标进行优化后的回归损失函数，使得预测框回归的速度和精度更高。

4.2.6 运动物体的检测与跟踪

1. 检测

运动物体的检测常用在视频监控领域，目的是从序列图像中将变化区域从背景图像中提取出来，运动区域的有效检测对目标分类、跟踪、行为理解等后期处理非常重要。根据摄像机与运动目标之间的关系，运动目标的检测可分为静态背景下的运动目标检测（摄像机静止）和动态背景下的运动目标检测（摄像机也同时运动）。

运动目标检测常用的方法一般分为两大类，一种是基于特征的方法，另一种是基于灰度的方法。基于特征的方法是依据图像的特征来检测运动目标，多用于目标较大、特征容易提取的场合。基于灰度的方法一般是依据图像中灰度的变化来检测运动目标。目前，基于视频的检测方法主要有帧间差分法、光流场法、背景差分法等。

（1）帧间差分法是基于运动图像序列中相邻两帧图像具有较强的相关性而提出的检测方法，具有很强的自适应性。该方法通过对序列图像中相邻帧做差分或相减运算，利用序列图像中相邻帧的强相关性做变化检测，从而检测出运动目标。它通过直接比较相邻帧对应像素点灰度值的不同，然后通过选取阈值来提取序列图像中的运动区域。在序列图像中，第 k 帧图像 $f_k(x, y)$ 和第 $(k+1)$ 帧图像 $f_{k+1}(x, y)$ 之间的变化可用二值差分图像 $D(x, y)$ 表示，即

$$D(x, y) = \begin{cases} 1, & |f_k(x, y) - f_{k+1}(x, y)| > T \\ 0, & \text{其他} \end{cases} \quad (4.43)$$

式中，T 为差分图像二值化的阈值。二值图像中为"1"的部分由前后两帧对应像素灰度值发生变化的部分组成，通常包括运动目标和噪声；为"0"的部分由前后两帧对应像素灰度值不发生变化的部分组成。如果物体灰度分布均匀，这种方法会造成目标重叠部分形成较大空洞，严重时造成目标分割不连通，从而检测不到目标。

（2）光流场法是基于对光流的估算进行检测分割的方法。光流中既包括被观察物体的运动信息，也包括有关的结构信息。光流场的不连续性可以用来将图像分割成对应于不同运动

物体的区域。但多数光流场法的计算复杂、耗时，难以满足实时监测的需求。

（3）背景差分法是运动目标检测中最常用的一种方法，它将输入图像与背景图像进行比较，直接根据灰度变化等统计信息的变化来分割运动目标。背景差分法一般计算量小、实用价值大，但受光线、天气等外界条件影响较大。其基本思想是将当前图像与背景相减，若像素差值大于某一阈值，则判断此像素为运动目标上的点，最重要的一步就是背景建模，需要估计出一个不带有运动目标的背景模型，通过计算当前帧与该背景模型的差来确定运动目标的位置。

2. 跟踪

对动态目标的检测是通过对每一帧图像中的目标进行检测，再通过不同帧的图像之间的运动变化关系标记多处运动目标，实现动态目标检测。然而在动态目标跟踪任务中，检测对象包含多个目标，多个目标有时具有较高的相似性，所以要求在实时检测时区分出不同的目标，实现动态目标跟踪。运动目标的跟踪方法如图 4.24 所示。首先，需要对每一帧进行运动目标检测。然后，对检测到的物体进行判断，判断是否是存在的运动目标，可以采用预测的方法，用检测到的运动目标与预测的位置进行比较，若在一定误差内就算已存在的目标，添加运动轨迹，视作跟踪成功，不是则当作新的目标。最后，画出目标的运动轨迹。

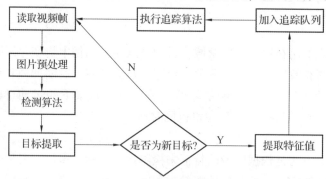

图 4.24 运动目标的跟踪方法

4.3 基于深度学习的机器视觉工业检测应用

机器视觉是与工业应用结合最为紧密的 AI 技术，通过对图像的智能分析，使工业装备具有了基本的识别和分析能力。随着工业数字化、智能化转型逐渐深入，智能制造的逐步推进，工业机器视觉逐渐形成规模化的产业，并随着 AI 技术在工业领域落地而逐渐深入工业生产的各种场景之中。

深度学习的发展攻克了很多传统机器视觉难以突破的问题，提高了人们对于图像认知的水平，加速了机器视觉领域和 AI 相关技术的进步。深度学习处理图像的过程与人类理解图像中信息的过程类似，通过对图像数据的不断抽象，提取出其属性或特征。最近几年，深度学习的研究不断深入，在物体识别、目标检测等领域中取得了很大的进展，并且随着 GPU 等硬件设备性能的提高，深度学习相关技术的运算速度也越来越快，很多深度学习的模型已经可以达到实时的处理速度。许多领域开始尝试利用深度学习解决本领域的一些问题，将深度学习技术应用到工业生产中是目前机器视觉的一个研究热点，并在很多传统的识别与检测任务上取得了识别率显著提升的效果。基于深度学习的机器视觉在智能制造工业检测中发挥着检测识别和定位分析的重要作用，为提高工业检测的检测速率和准确率以及智能自动化程度做出了巨大的贡献。

本节介绍基于深度学习的机器视觉在电子半导体行业、医药和包装行业、机械行业和汽车制造业上的应用。

4.3.1 基于深度学习的机器视觉在电子半导体行业的应用

1. 基于 Caffe 框架下的 LED 产品检测

在 LED 芯片的贴装过程中，即便有运动控制系统的引导、机械精度的保证和视觉系统的反馈，但在贴装吸嘴以及后期的运输存储中，仍然可能出现缺陷产品。例如，LED 芯片表面存在污点、划痕等缺陷，LED 芯片位姿角度或正负极性与 PCB 设计偏差过大，LED 芯片的漏贴，以及产品表面的污渍、破损等。为了确保 LED 产品的质量，需要对产品进行检测分类，筛选掉外观达不到合格标准的产品。

目前在 LED 产品视觉检测中，常用的方法为传统的模板匹配方法。使用模板匹配进行产品检测的一般步骤为，将待检测的 LED 产品进行数字图像采集，然后使用制作的标准模板图像在原始图像的各个区域中进行相似性比较。在与标准模板进行相似性比较之前，一般先将彩色图像转换为灰度图像，使用灰度图像进行比对。假设采集的 LED 产品图像经过灰度化处理后是大小为 $M \times N$ 的图像 F，其每一个像素点的灰度值为 $f(x, y)$，标准模板是大小为 $m \times n$ 的灰度图像 T，其对应每个像素点的像素值为 $t(x, y)$。利用模板在待匹配图像中移动，将两幅灰度图像对应像素点处的像素值相减，计算出图像中所有对应像素点的绝对差之和 $d(x, y)$

$$d(x, y) = \sum_{i=1}^{m} \sum_{j=1}^{n} |f(r+u, c+v) - t(u, v)| \quad (4.44)$$

通过相似度量函数 $s(r, c)$ 计算相似性

$$s(r, c) = s\{t(u, v), f(r+u, c+v); (u, v) \in T\} \quad (4.45)$$

如果两幅图像的相似性大于某一设定阈值时，即可判定待检测图像与标准模板相似，识别出模板中的物体，然后对识别出的物体进行角度、位姿的判定，进而决定产品合格与否。

基于模板匹配的检测方法在不同的工业场景，不同的光照环境等条件下，检测结果会出现较大的差异。如图 4.25 所示，使用图 4.25(a) 中两个不同的模板对图 4.25(b) 中的图像进行 LED 芯片的检测，通过图 4.25(b) 可知，当 LED 产品发生旋转时，模板匹配算法的检测效果就会变差，出现原本识别率高的算法失效的情况，即模板匹配的检测方法具有对旋转、光照环境敏感，鲁棒性差的缺点。深度学习的研究发展对机器视觉在物体识别、目标检测等领域的应用起到了很大的推进作用，深度学习可以使用多种类型的训练样本增加算法的鲁棒性。针对传统图像处理的 LED 产品检测算法的缺点，本小节以深度学习 Caffe 框架下的目标检测方法为基础，结合 LED 产品检测的特点，提出了一种高性能、适应性强的 LED 产品检测方法，将深度学习在目标检测方面的算法运用到 LED 产品检测中。

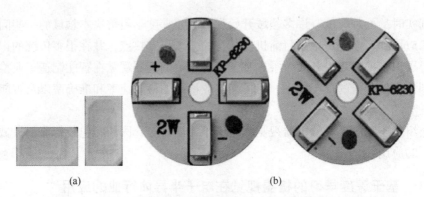

图 4.25 使用模板匹配算法的 LED 产品检测
(a)匹配模板；(b)采集图像的模板匹配结果

Caffe 框架是由伯克利视觉和学习中心开发的基于 C++/CUDA/Python 实现的卷积神经网络框架，提供了面向命令行、MATLAB 以及 Python 的绑定接口。Caffe 框架是深度学习开源框架中相对成熟和完善的一类，它实现了前馈卷积神经网络架构。Caffe 框架以层为单位对深度神经网络的结构进行了高度的抽象，通过一些精巧的设计，显著优化了执行效率，并且在保持高效的基础上实现且不失灵活性。Caffe 框架使用了 OpenBLAS、cuBLAS 等计算库，并且能够支持 GPU 加速，因此在计算大量的数据时拥有速度快的特点。Caffe 框架非常适合对二维图像数据进行特征提取，在图像处理过程中能够实现可视化操作，不仅如此，它还针对模型训练、微调、数据预处理等提供了一整套工具集。Caffe 框架的发布有助于开发人员对深度学习的研究和使用，它的出现也将深度学习的理论引入工业领域，使得在工业中使用深度学习变得简单。

SSD(Single Shot Multibox Detector)算法是刘伟在 2016 年提出的一种目标检测算法，是目前应用最为广泛的目标检测算法之一。SSD 相比于 FasterR-CNN 有明显的速度优势，相比于 YOLO 又有明显的 mAP(目标检测的准确率)优势。

1)SSD 对 LED 芯片的检测

以 5730 型号 LED 芯片(即 5.7 mm×3.0 mm 规格的 LED 贴片)作为目标检测物体，使用的网络模型为基于 SSD 的深度学习 Caffe 网络框架，如图 4.26 所示。SSD 网络采用全卷积代替普通分类网络(如 VGG)的最后几层全连接层，使得模型存储容量变得更小，检测速度更快。这些卷积层的尺寸大小逐层递减，在不同特征图的每一个点上选取不同尺度和高宽比的候选框，并对候选框进行回归和分类。利用多尺度特征，能够在输入为分辨率较低的图像时保证检测的精度。

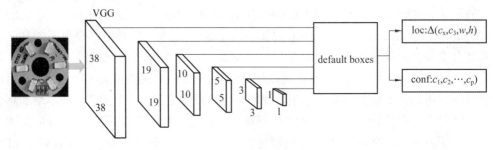

图 4.26 SSD 网络结构

SSD 目标检测的基础网络是一个前馈卷积神经网络,该网络会产生一系列固定大小的外接矩形框,并给出这些检测框属于某个分类的得分,然后通过紧接着的一个非极大值抑制来获得最终的检测结果。对于每一个候选框预测目标类别的置信度 (c_1, c_2, …, c_p) 和候选框的偏移量 $\Delta(c_x, c_y, w, h)$,用 $x_{ij}^p = 1$ 表示第 i 个候选框与类别 p 的第 j 个真实框相匹配;若不匹配,则 $x_{ij}^p = 0$。总的目标损失函数为目标分类的损失和回归位置偏移量损失的加权求和,即

$$L(x, c, l, g) = \frac{1}{N}[L_{\text{conf}}(x, c) + \alpha L_{\text{loc}}(x, l, g)] \tag{4.46}$$

式中,N 表示与真实框相匹配的候选框的个数;L_{conf} 表示 Softmax 损失;c 表示每类的置信度;L_{loc} 是平滑的 L_1 损失,用于回归框的中心位置以及高和宽;l 是预测框;g 表示真实框;α 表示权重项。

SSD 把检测和分类一体化,实现端对端的训练,训练过程包括以下步骤:

(1)将输入的数字图像在网络模型结构中进行前向传播,从图像中提取基本特征。抽取多层级的特征图并在这些特征图中的各个位置上选取不同大小、不同长宽比的候选区域。

(2)计算出每个候选区域的坐标位置偏移量,以及各个类别得分的情况。

(3)根据候选区域和坐标位置偏移量计算出最终区域,再根据类别得分计算候选区域的损失函数,累加得到最后的损失函数。

(4)由最终获得的损失函数经过网络模型反向传播,修正各层的权值。

2)目标检测区域的结果判断

将深度学习 SSD 目标检测算法检测出的所有 LED 芯片目标区域进行提取,并按像素坐标位置进行编号,然后对提取的 LED 芯片进行图像处理,处理的步骤如下:

(1)判定检测出的 LED 芯片的个数,如果检测到的 LED 芯片个数与产品中焊接的 LED 芯片个数不一致,直接判定为不合格产品,原因为漏贴。

(2)如果检测到的 LED 芯片个数与产品中焊接的 LED 芯片个数相同,则按照编号逐个对提取的 LED 芯片图像进行图像处理,处理过程如下:①在实际处理过程中,根据 LED 芯片的特点进行颜色空间的转换,由 RGB 颜色空间转换为 HSV 颜色空间,并选择 H 通道、S 通道、V 通道 3 个分量中的 V 分量作为其灰度化图像的灰度值,得到灰度图像。根据灰度直方图各灰度级像素的分布情况,选择合适的阈值进行二值化操作。②在二值图像中求取 LED 芯片的轮廓,并进行轮廓跟踪,保存轮廓。③求取轮廓中的最长边,使用最小二乘法拟合出该直线。④求取出该最长边直线的斜率即可获得 LED 芯片的位姿角度,并根据轮廓的长宽比获得 LED 芯片的缺损情况。如果提取出的 LED 芯片的位姿角度以及长宽比在设定的阈值范围内,则判定 LED 产品合格,否则为缺陷产品,并指出缺陷原因以及缺陷位置。

3)算法数据集制作

使用深度学习对 LED 产品进行检测,首先需要制作数据集对模型进行训练。本书采集了 LED 芯片(5730 型号)的训练图像 500 张,并经过顺时针 90°、180°和 270°的旋转,使图像的数量得到了扩充,因此共得到 LED 芯片的训练图像 2 000 张,采集测试图像 600 张。使用 SSD 算法时需要对数据集图像进行标注,即在含有待检测目标的图像中人工地将目标的

外接矩形框标出,并在相应的 xml 文件中记录检测目标在图像中的像素位置及其分类类别。在 Caffe 框架中通常使用的输入数据文件格式为闪存映射数据库格式(LMDB)或者是层次数据库格式(LEVELDB),使用这两种格式作为输入结果 xml 文件的目标文件夹 Annotations,然后选择图片集所在文件夹 JPEGImage 后,就可以对图片集进行标注。

4) 网络的训练

本小节使用的 SSD 的基础网络(网络的前半部分)为 VGG 结构,VGG 结构拥有较强的适应性,在人脸识别、目标物体检测等各种类型的任务和场景中得到了广泛的应用。VGG 通过使用 Caffe 框架中以 Python 文件形式编写的 Python 接口,生成 Caffe 框架所需要的网络结构 prototxt 文件。在该网络模型文件的基础上,根据需要修改文件中分类类别的个数,以及一些相关的参数,如文件的路径、训练迭代的次数、学习率,以及学习策略等。然后,利用制作的训练集对网络进行训练,并且训练数据集每迭代 500 次,使用测试数据集对模型进行一次测试,记录下测试数据集样本的损失值。训练过程如图 4.27 所示。

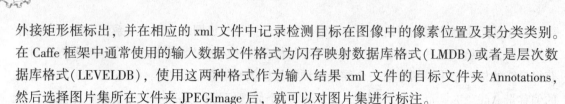

图 4.27 训练过程

图 4.28 为迭代过程中损失函数(Train Loss)和目标检测准确率(mAP)的变化情况,从图中可以看出损失函数起始值很高,但随着迭代的进行训练数据集损失不断下降,表明网络处于学习状态,到第 12 000 次迭代时损失函数的准确值为 1.323 94,mAP 也达到 0.9 以上,这说明数据集、训练方法和网络模型选取恰当,模型参数收敛,得到了较好的训练效果和训练模型。通过对学习损失曲线的分析,能够发现训练过程中的问题,降低 Caffe 框架的训练成本。

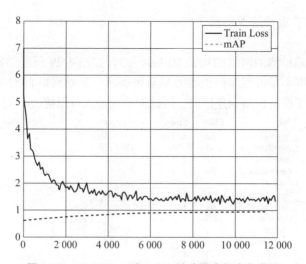

图 4.28　Train Loss 和 mAP 随迭代次数变化曲线

5）算法测试

将 Ubuntu 16.04 操作系统下的网络结构 prototxt 文件 led_deploy.prototxt 和训练出的 caffemodel 模型文件 VGG_LED_SSD_300x300_iter_12000.caffemodel 移植到 Windows 操作系统下调用，并使用 VS 中的 MFC 框架搭建出人机交互面进行测试。使用不同的 LED 产品进行多次实验后，得到如表 4.2 所示的实验结果。由表 4.2 可知，本书提出的基于 Caffe 深度学习框架和 SSD 算法的 LED 产品检测方法对合格产品和存在漏贴、位姿偏差、污损的残次品都能有很好的识别效果，相比于基于传统图像处理的 LED 产品检测具有良好的性能。尤其是在光照、环境不稳定的工业现场环境中，该方法在识别率上明显具有优势，并具有较强的鲁棒性，识别率波动范围较小。

表 4.2　LED 产品检测实验结果

产品类型	合格产品	漏贴	位姿偏差	污损
LED 产品个数	10	10	10	10
基于传统图像处理的 LED 产品检测	10	9	8	9
基于深度学习的 LED 产品检测	10	10	10	10

2. 基于 YOLOv3 的晶圆表面缺陷检测

现今，半导体元器件在各个方面为我们服务，已经成为我们生活中不可或缺的一部分。中国与美国等一些发达国家在半导体方面还有很大差距，但是这个差距正在缩小。目前，中国正在加大对半导体技术的投入，"棱镜门事件"让中国对半导体行业更加重视；美国制裁中兴事件反映了中国在半导体行业上的薄弱，也唤醒了企业对自主研发芯片的重视。到 21 世纪 20 年代，中国在集成电路方面与国外的差距缩小，在某些重要方面跑在国际前沿，半导体制程工艺差距缩小。半导体制程工艺比较复杂，要保证半导体产品生产的高效，需要有特定的检测环节。按照摩尔定律，集成电路的关键尺寸变得越来越小，虽然现在速度有所减慢，但这个定律还是生效的，目前某些领域的芯片已经使用 7 nm 工艺。这也就导致了缺陷的尺寸也相应有所缩小，加大了检测的难度。中国高端的生产、检测设备非常依赖西方发达国家。为了缩短与西方发达国家的差距，中国需要攻克半导体设备的关键技术，晶圆表面缺陷检测的研究也就有着重要的现实意义。

1) YOLOv3 结构

用于晶圆表面缺陷检测的网络结构是 Darknet-53,如图 4.29 所示。网络结构借鉴了残差网络的思想,使其速度不是慢很多但检测效果显著提高。基础网络有 53 个卷积层,卷积层全部使用批标准化。由于没有使用全连接层,因此网络的输入可以接收不同尺寸的图片。

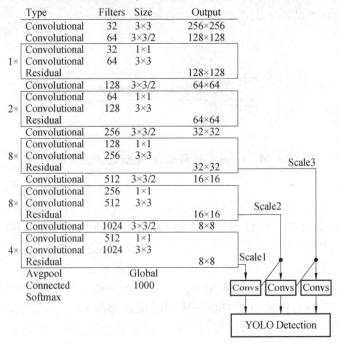

图 4.29 YOLOv3 结构

Darknet-53 使用了多尺度预测,每种尺度预测 3 个框,锚框的设计方式使用聚类,得到 9 个聚类中心,将其按照大小均分给 3 种尺度。

(1) 尺度 1:在基础网络之后添加一些卷积层再输出检测结果,输出 13 × 13 的特征图。

(2) 尺度 2:从尺度 1 中的倒数第二层添加一个卷积层再上采样(×2),然后与网络中的一个 26 × 26 大小的特征图连接,通过多个卷积后输出检测结果,相比尺度 1 变大两倍。

(3) 尺度 3:与尺度 2 类似,从尺度 2 的倒数第二层添加一个卷积层再上采样(×2),然后与网络中的一个 52 × 52 的网络相连接,连接之后经过几个卷积层,输出 52 × 52 的特征图。顶层的特征图上使用了底层的特征图,使其对小目标的检测效果更好。网络输出 3 个三维矩阵,每个矩阵的尺寸为 $N × N × [3 × (4 + 1 + C)]$。$N$ 是输出的网格大小,本小节网络的输入图像大小为 224 × 224,输出的网格大小分别是 7、14、28;C 是检测的类别数,本小节介绍的晶圆有污染和划痕两种缺陷,C 的值为 2;3 是锚框的个数,4 用来表示矩形框的尺寸,1 表示置信度。

2) YOLOv3 网络输出目标获取

网络的输出是 3 个 $N × N$ 网格,对于每个网格输出的方框,并不是所有的方框都是物体,只有当置信度和类别的概率相乘后大于阈值的方框才是预测成功的物体,同时可以获得预测的类别。神经网络输出的矩形坐标 t_x、t_y、t_w、t_h 不是直接的结果,需要经过变换,如式(4.47)~式(4.50)所示。由于实际输出的方框已经缩放到输出网格的大小,因此输出的网络需要除以步幅，3种不同的尺度步幅大小分别为7、14和28。

$$b_x = \sigma(t_x) + c_x \tag{4.47}$$
$$b_y = \sigma(t_y) + c_y \tag{4.48}$$
$$b_w = p_w e^{t_w} \tag{4.49}$$
$$b_h = p_h e^{t_h} \tag{4.50}$$

式中，t_x、t_y、t_w、t_h为网络输出的矩形坐标；b_x、b_y、b_w、b_h为实际输出的矩形坐标。

类别预测使用的是逻辑回归预测。如果当前预测的边界框能更好地与正确标注的对象重合，那它的分数是最高的。如果当前的预测不是最好的，但它和正确标注的对象重合到了一定阈值以上，神经网络会忽视这个预测。

3）YOLOv3损失函数

损失函数主要由4部分组成，分别是矩形框坐标的损失、类别的损失、包含物体的损失和不包含物体的损失。

(1) 矩形框坐标的损失：坐标预测主要由两个部分组成，分别是矩形的位置坐标和矩形的长和宽。

(2) 类别的损失：若网格中包含物体，预测正确类别的分数越高越好，而错误类别的分数越低越好。若C为正确类别，则输出网络预测C类别的网格值接近1，若非正确类别，则该类别对应的网格值接近0。这部分使用二值交叉熵损失。

(3) 包含物体的损失：若有物体落入边界框中，则计算预测网格含有物体的置信度C_i和真实物体在网格中（$\hat{C}_i = 1$）的误差，两者差值越小损失值越低。

(4) 不包含物体的损失：若没有任何物体中心落入边界框中，则$\hat{C}_i = 0$。其中，包含物体的损失和不包含物体的损失的误差可以总结为交并比误差，损失函数公式为

$$loss = \sum_{I=0}^{s^2} coordError + iouError + classError \tag{4.51}$$

式中，$coordError$为坐标误差；$iouError$为交并比误差；$classError$为类别误差。

4）锚框的聚类

实际输出方框的宽和高是在锚框的基础上偏置获得的，如果锚框的大小和目标的大小接近，则预测效果较好。网络中的锚框需要先进行K-means聚类，获得与实际缺陷大小接近的锚框。K-means聚类的计算步骤如下：

(1) 获得每个人工标记方框的宽和高(w, h)；

(2) 随机选取9个方框作为中心点；

(3) 遍历所有方框数据，将每个数据根据距离划分到最近的中心点中；

(4) 计算9个聚类里(w, h)的中心，并作为新的中心点；

(5) 重复步骤(3)和步骤(4)，直到这9个中心点不再变化，或执行了足够多的迭代。这里，K-means的距离计算不是使用欧式距离，而是使用基于交并比的距离公式，即

$$d(box, centroid) = 1 - IoU(box, centroid) \tag{4.52}$$

式中，box表示待聚类的方框，也就是输入的所有方框；$centroid$表示聚类的中心，由于有9种锚框，所以聚类的中心有9个；IoU表示计算两个方框的交并比；d表示方框到聚类中心的距离。

晶圆表面的缺陷尺寸与VOC数据集有一定的出入，需要使用K-means对缺陷的实际矩形尺寸进行聚类。在VOC数据集上K-means聚类后的尺寸为(10, 13)(16, 30)(33, 23)

(30, 61)(62, 45)(59, 119)(116, 90)(156, 198)(373, 326)。本书使用的数据集 K-means 聚类后的结果为(6, 6)(8, 8)(9, 6)(11, 8)(14, 17)(14, 12)(21, 13)(28, 24)(46, 33)。两种数据集锚框的大小相差比较大，于是选用基于晶圆缺陷样本聚类的锚框。将 9 个锚框均分给 3 个尺度，大的锚框分配给小的输出尺度。本书把(21, 13)(28, 24)(46, 33)分配给输出为 7×7 的网络，(11, 8)(14, 17)(14, 12)分配给 14×14 的网络，(6, 6)(8, 8)(9, 6)分配给 28×28 的网络。从聚类得出的缺陷大小可知，目标缺陷比较小。

5) 模型的训练

该模型由 Keras 实现，后端为 Tensorflow。图像标注使用的是 LabelImg 软件，该软件用矩形框标记缺陷，每张图片标记后将生成带有原图像信息和缺陷信息的 XML 文件，再转成 YOLO 输入的文本文件。

由于训练样本较少，本文使用 YOLOv3 在 ImageNet 上训练得到的预训练权重，在其基础上进行训练。网络先使用迁移学习训练最后两层，训练完后再对所有的节点权重进行微调。

训练的样本尺寸为 215×65，样本总共有 1 738 张晶粒图片，包含污染和划痕两种缺陷，污染的样本数量比较多，划痕的样本数量(271 张)比较少。将训练、测试样本数按 6∶4 的比例划分，划分后，其中划痕的样本中训练、测试比例也是接近 6∶4。划分后的结果，训练集有 1 112 张图片，测试集有 626 张图片。其中划痕的样本，训练集有 175 张图片，测试集有 96 张图片。训练时，输入网络的图片需要调整分辨率为 224×224。训练使用 Adam 优化器，其公式为

$$W_{t+1} = W_t - \frac{\eta}{\sqrt{\hat{v}_t} + \varepsilon} \hat{m}_t$$

$$\hat{m}_t = \frac{m_t}{1 - \beta_1^t}$$

$$\hat{v}_t = \frac{v_t}{1 - \beta_2^t} \quad (4.53)$$

$$m_t = \beta_1 m_{t-1} + (1 - \beta_1) g_t$$

$$v_t = \beta_2 v_{t-2} + (1 - \beta_2) g_t^2$$

式中，g_t 为第 t 次迭代代价函数关于权重的梯度大小，g_t^2 是对应元素的平方；m_t 为一阶动量项；v_t 为二阶动量项；β_1 为一阶动量项动力值大小；β_2 为二阶动量项动力值大小；$\hat{m}_t$ 为 m_t 修正值；$\hat{v}_t$ 为 v_t 修正值；η 为初始学习率；W_t 为第 t 次迭代的权重。

第一次训练的初始学习率为 10^{-3}，训练过程中学习率不变，训练批次大小为 32，共训练 100 轮。第二次训练网络的所有权重参数，训练的初始学习率为 10^{-4}，当训练集上的损失值在 15 轮内没有减小，学习率乘以 0.95；训练的批次大小为 24，共训练 1 100 轮。

第一次训练损失值的变化如图 4.30 所示，这部分训练结束后，损失值为 53.04。100 轮之后，进行第二次训练，训练网络的所有权重参数，训练的损失值变化如图 4.31 所示，训练过程中学习率的变化如图 4.32 所示，训练到第 1 200 轮之后损失值达到了 17.83。损失值相对比较高，可能的原因是缺陷比较复杂不容易标记，每张图像的目标缺陷较多。

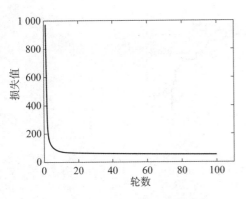

图 4.30 第一次训练损失值的变化　　　　图 4.31 第二次训练损失值的变化

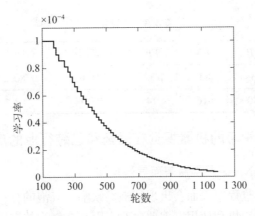

图 4.32 第二次训练学习率的变化

6) 实验分析

对于采集到的数据,需要分析检测效果。检测效果的评价指标主要有 3 个:精确率、召回率、综合评价指标。公式分别为

$$Precision = \frac{TP}{TP + FP} \tag{4.54}$$

$$Recall = \frac{TP}{TP + FN} \tag{4.55}$$

$$F_1 = \frac{2 \times Precision \times Recall}{Precision + Recall} \tag{4.56}$$

式中,TP 表示将缺陷目标预测为缺陷目标;FN 表示将缺陷目标预测为其他目标或背景;FP 表示将其他缺陷或背景预测为缺陷目标;$Precision$ 表示精确率;$Recall$ 表示召回率;F_1 表示综合评价指标。

测试时,网络的输入图像大小为 224 × 224,测试的 PR 曲线如图 4.33 所示。设置分数阈值为 0.62,精确率、召回率、综合评价指标的结果如表 4.3 所示。测试数据集上的污染缺陷目标,人工标定的缺陷数量总共有 4 219 个,正确检测到的缺陷有 3 384 个,检测错误的目标个数有 1 337 个,精确率为 71.68%,召回率为 80.21%,综合评价指标为 75.70%。测试数据集上的划痕缺陷目标,人工标定的缺陷数量总共有 96 个,正确检测到的缺陷有 80 个,检测错误的目标个数有 14 个,精确率为 85.11%,召回率为 83.33%,综合评价指标为

84.21%，该样本上的缺陷大部分被检测出来。

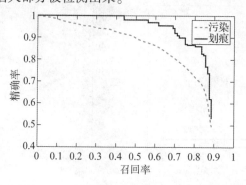

图 4.33　PR 曲线

表 4.3　实验结果

缺陷类型	TP + FN	TP	FN	FP	精确率/%	召回率/%	综合评价指标/%
污染	4 219	3 384	835	1 337	71.68	80.21	75.70
划痕	96	80	16	14	85.11	83.33	84.21

4.3.2　基于深度学习的机器视觉在医药和包装行业的应用

1. 基于改进的 RetinaNet 医用空瓶表面气泡检测

医用空瓶在生产制造过程中表面会出现气泡类缺陷。气泡的存在不仅会影响产品外形的美观，而且会影响产品的销售和使用。因此，对表面存在气泡的空瓶进行检测在工业生产过程中有着重要意义。传统的检测往往由人工来完成，不仅工作量大、劳动强度高，而且容易受到检测人员主观的影响，不能保证良好的检测效率和检测精度。基于机器视觉的检测系统由于检测精度高等优点已经被广泛应用于瓶体表面缺陷检测领域，但在实际应用中也遇到许多问题和挑战。传统特征提取算子提取的特征通常处于较低水平，在复杂的场景变化，如光照变换、透视失真、遮挡、物体变形等情况下，所提取的特征通常不足以应对情况变化，因此许多算法在实际环境中并不适用。除此之外，医药空瓶在拍摄过程中，由于气泡缺陷自身的透明特性和瓶身位置的不确定性，使其在图片上成像并不明显，给传统的特征提取带来很大的挑战。

本小节将针对传统算法在医用空瓶表面缺陷检测中存在的局限性进行简单分析，提出将深度学习目标检测算法 RetinaNet 应用于空瓶表面缺陷检测，并对 RetinaNet 网络进行改进，大大提高检测精度，主要内容如下：

（1）对 FPN 进行改进。传统的 FPN 仅将高层和底层输出网络进行简单的合并，并未考虑对融合后特征图的语义特征进行提取。针对这种情况，本小节在特征融合过程中增加膨胀卷积操作，增强对语义特征的提取，提高特征的判别性和鲁棒性。

（2）本小节以 RetinaNet 作为基础检测算法，在训练和测试过程中，仅利用 FPN 中 P_3、P_4、P_5 和 P_6 等 4 个阶段的特征图来分类和定位缺陷，并去除原网络中用来检测较大目标的网络结构，降低网络的计算量，加快模型的训练速度。

（3）对 ResNet50 网络结构进行优化。在 ResNet50 骨干网络中增加 Layer5，并使用膨胀瓶颈模块替换 Layer4 和 Layer5 中的普通瓶颈模块。这样，可以保证在特征图尺寸不变的基础上增大特征图的感受野。

1）RetinaNet 网络结构

本小节采用 RetinaNet 算法实现对医药空瓶表面缺陷的检测，其具体结构如图 4.34 所示。RetinaNet 算法由 ResNet 网络、FPN 和分类定位子网络构成，ResNet 网络主要用来提取特征；FPN 将提取的特征进行重新组合，实现特征的精细化提取；分类定位子网络用于目标的分类和定位。输入图片首先经过 ResNet 网络提取特征，然后通过 FPN 实现高层特征和低层特征之间的融合，最后使用分类定位子网络完成分类和定位。

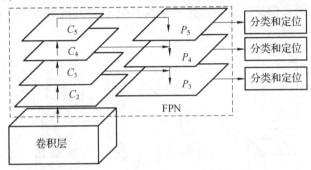

图 4.34　RetinaNet 网络结构

2）膨胀瓶颈模块

随着网络层数的增加，使用标准卷积层将要训练大量的参数，模型参数越多，运行所需要的资源越多。针对这种现象，常用的解决方法是将标准卷积层和 1×1 的卷积相结合，在中间产生一个瓶颈层，达到减少参数和计算量、加快网络模型的收敛的目的，如图 4.35(a)所示。在本小节中，为了扩大特征图的感受野，引进了一种新的瓶颈模块结构，即卷积核为 3×3，膨胀系数为 2 的膨胀卷积，形成了膨胀瓶颈模块，如图 4.35(b)所示。除此之外，在膨胀卷积模块的分支中加入 1×1 的卷积映射得到 1×1 卷积映射的膨胀瓶颈模块，如图 4.35(c)所示，这种模块结构可以在不增加参数量的条件下，有效地扩大特征图的感受野。

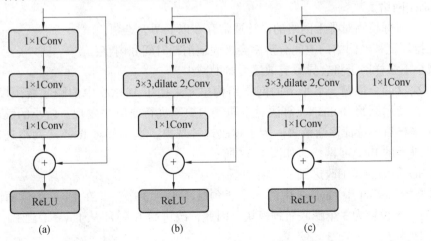

图 4.35　网络基本结构模块

(a) 普通瓶颈模块；(b) 膨胀瓶颈模块；(c) 1×1 卷积映射的膨胀瓶颈模块

3)改进 FPN

FPN 通过自顶向下的路径和横向连接可以实现网络特征提取的精细化,从单分辨率输入图像中可以有效地构建一个丰富的多尺度的特征金字塔。FPN 的设计思想就是同时利用低层特征和高层特征,在不同的层上同时进行预测。因此,其检测过程是在原始图像上先进行深度卷积,然后分别在不同的特征层上面进行预测。传统 FPN 的低层特征和高层特征融合方式简单地将高层语义特征和低层细节特征相加,但这种方式获得的特征鲁棒性不强,都是一些弱特征。为了提取到尺度和形状不变的强特征图,本小节在特征融合之后增加了特征增强模块(Feature Enhance Module),通过采用具有不同扩张率($r=1、3、5、7$)的膨胀卷积来捕获不同感受野的语义信息。然后,让不同膨胀卷积得到的特征与 1×1 卷积后特征组合起来,得到最终用于检测的特征图,如图 4.36 所示。

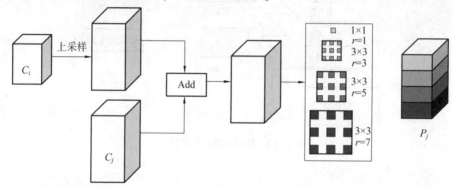

图 4.36 改进的 FPN 特征融合方式

定义改进后的 FPN 计算方式为

$$P_j = f_{concat}(f_{dilation}(f_{add}(C_j, f_{up}(C_i)))) \tag{4.57}$$

式中,C_i 表示高层特征图;C_j 表示低层特征图;$f_{up}(\cdot)$ 表示特征图 C_i 上采样函数;$f_{add}(\cdot,\cdot)$ 表示特征融合函数;$f_{dilation}(\cdot)$ 表示膨胀卷积操作;P_j 表示经过上采样、特征融合以及膨胀卷积后得到的特征图;f_{concat} 表示组合的意思。

4)ResNet 网络

深度学习目标检测对骨干网络的设计通常存在以下两大难题:

(1)保持深度神经网络的空间分辨率会极大地消耗时间和内存;

(2)减小下采样因子将会导致有效感受野的减少。

为了解决这两个难题,本小节的网络结构单元采用了 DetNet 中的膨胀瓶颈模块结构。除此之外,在使用原始 RetinaNet 算法对空瓶气泡缺陷进行研究中发现,较小的气泡缺陷在经过多次下采样后,特征逐渐消失。为了解决这种现象,本小节对 ResNet 网络进行重新组合,形成改进后的 ResNet 网络,如图 4.37 所示。

对 ResNet 网络的详细改进细节说明如下。

(1)将原始 ResNet 中 Layer 3 中的 6 个瓶颈层减小为 3 个,并在 Layer 4 后面增加一个 Layer 5,Layer 5 设置为 3 个膨胀瓶颈模块。因此,改进后 ResNet 从 Layer 1 到 Layer 5 的瓶颈模块数依次为 3、4、3、3、3。

(2)保持前 3 个 Layer 的瓶颈模块类型不变,对 Layer 4 和 Layer 5 中的瓶颈模块使用膨胀瓶颈模块进行替换,这样可以有效地扩大感受野。为了减小膨胀卷积带来的时间损耗,本小节的网络设置 Layer 4 和 Layer 5 拥有和 Layer 3 相同的输入通道数(256 个输入通道)。

(3) 修改 ResNet 网络每一阶段输出特征图的空间尺寸。相较于原始的 ResNet 的输出步长 [2,4,8,16,32],修改后的 ResNet 的输出步长为[2,4,8,16,16,32],保持 Layer 3 和 Layer 4 有着相同的特征图输出尺寸,有效地防止因下采样而造成感受野的减小。

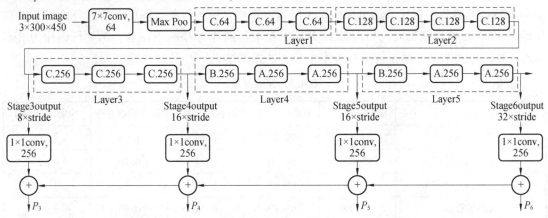

A—膨胀瓶颈模块;B—带 1×1 卷积映射的膨胀瓶颈模块;C—原始瓶颈模块改进。

图 4.37 改进后的 ResNet 网络详细结构

5) 实验结果

实验设置数据集为在线采集的瓶身气泡缺陷图片,对图片缺陷使用 LabelImg 进行标注,对被标注后的数据集进行训练测试设置,如表 4.4 所示。在训练设置中,训练集和验证集均为带有气泡缺陷的图片,而测试数据集中含有 500 张正常图片。

表 4.4 训练测试数据详细设置

训练设置	测试设置	图片尺寸
3 000 张训练集和 5 000 张验证集	2 500 张测试,其中 500 张为正常图片	300 × 450 × 3

为了评估检测的效果,我们使用准确率(Accuracy)、漏检率、误检率和平均精度均值(mAP)等性能评价指标对检测效果进行评估。

$$Accuracy = \frac{TP + FN}{TP + FP + TN + FN} \quad (4.58)$$

$$AP = \int_0^1 precision(recall) \quad (4.59)$$

$$mAP = \frac{\sum AP}{N(class)} \quad (4.60)$$

式中,TP 表示被正确预测为缺陷的数目;FP 表示被错误预测为背景的数目;FN 表示被错误预测为缺陷的数目;TN 表示正确预测背景的数目;AP 表示平均精度;$precision$ 表示精准率;$recall$ 表示召回率。

本小节实验基于 PyTorch 实现,所有实验均使用 Xavier 初始化方法对网络模型进行初始化。输入图像大小为 300 × 450 × 3。训练过程中,采用多尺度训练方法,并对图片进行随机旋转、平移、剪切等数据增强操作。训练时使用随机梯度下降优化方法进行迭代优化,设置动量为 $momentum = 0.9$,权重退化率为 $weight\text{-}decay = 0.000\,5$,输入批次 $batchsize = 16$,初始学习率为 learningreat=0.000 01。每经过 60 次迭代后,学习率下降为原来的 1/10,总共迭代次数为 200 次。

为了验证改进后的模型结构对医药空瓶表面气泡检测的有效性,本小节分别对原始 RetinaNet 模型、RetinaNet+改进 FPN、RetinaNet+改进 ResNet 网络以及本小节算法在测试集上的检测效果进行了对比,结果如表 4.5 所示。算法在医药空瓶数据集上的部分检测结果和原始 RetinaNet 检测结果对比如图 4.38 所示,第 1 行图片为 GroundTruth;第 2 行图片为 RetinaNet 算法检测结果;第 3 行图片为本小节算法检测结果。

表 4.5 实验结果

方法	mAP/(%)	准确率/(%)	漏检率/(%)	误检率/(%)	检测时间/ms
RetinaNet	97.13	98.12	0.84	1.04	41.6
RetinaNet+改进 FPN	99.03	99.40	0.32	0.28	45.3
RetinaNet+改进 ResNet	97.64	98.48	0.60	0.92	31.8
本小节算法	99.49	99.72	0.12	0.16	35.7

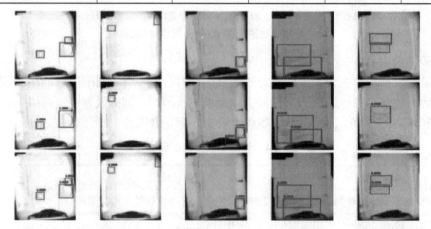

图 4.38 算法检测结果和原始 RetinaNet 检测结果对比

由表 4.5 可知,在检测精度方面,改进后的模型相比改进前的模型 mAP 提升接近 2.4%,准确率提高了 1.6%,漏检率和误检率分别降低到 0.12% 和 0.16%;在检测速度方面,改进后的模型速度提升了 14.18%。由图 4.44 可知,相较于原始 RetinaNet 网络,本小节算法有更好的定位能力,尤其对于粘连气泡缺陷。从检测结果可以看出改进后的特征金字塔网络相较于原始特征金字塔网络有更好的特征提取能力。对比 ResNet 网络,改进后的网络也有较小幅度的提升。

2. 基于深度学习电线产品包装缺陷在线检测

受各种因素的影响,工业生产中不可避免地会出现产品包装缺陷。随着经济的发展、生产效率的提高,基于传统的人工包装缺陷检测方法,不仅检测速度慢、效率低,而且检测过程中容易出错,难以满足现在高效的工业自动化生产要求。对此,部分学者在包装缺陷检测方面提出了不同的方法,如利用小波变换改进算法对图像边缘的检测;基于图像配准的食品包装印刷缺陷检测方法;基于特征提取 SURF 算法、视觉词汇 BOW 算法和一类 SVM 算法的缺陷检测模型,实现了药品包装缺陷识别。这些检测方法虽然实现了包装缺陷自动检测,但是在多目标和复杂背景检测场景下受到限制。由于人工特征提取不能有效覆盖缺陷全部特征,模型的准确率有待提高,当被检测物体发生变化,所有的规则和算法都需要重新设计,很难满足工业生产实际需求。

近年来,深度学习技术得到了快速发展,已广泛应用于交通、医疗、气象等多个领域。然而,深度学习在包装缺陷检测方面应用还较少。本小节基于深度学习的工业自动化包装缺陷检测方法,设计基于 gRPC、Redis 和 MQTT 的模块化包装缺陷检测系统,并将其应用到某工厂自动化生产中的电线产品包装缺陷在线检测问题上,取得了较好的效果。

1) 系统结构

本小节介绍的包装缺陷检测系统整体结构如图 4.39 所示,主要包括图像数据采集服务、图像识别服务、系统报警服务、数据转发服务、数据存储服务等 5 个部分,它们共同完成了缺陷检测工作。图像数据采集服务:由部署在树莓派上的采集程序调用摄像头进行图像采集,经 YOLOv3 模型处理得到可疑缺陷区域,将一个或者多个可疑区域截取后发送到图像识别服务器上。图像识别服务:由 InceptionV3 模型提供图像识别服务,对接收的可疑缺陷区域进行检测,依据检测结果决定是否触发报警系统和下发控制状态指令。系统报警服务:根据接收的控制状态指令,触发相关设备的控制单元 PLC 执行相应程序,控制声光报警装置和相应设备动作,同时将报警信息推送到设备管理群中。数据转发服务:数据转发主要采取两种方式,图片数据转发采用 redis 的分布式的发布订阅机制;PLC 装置、报警装置的状态控制信息,采用了 mqtt 协议消息发布订阅机制。数据存储服务:记录缺陷检测服务中产生的图片数据和报警与控制数据,以满足后续研究和模型更新训练需要。

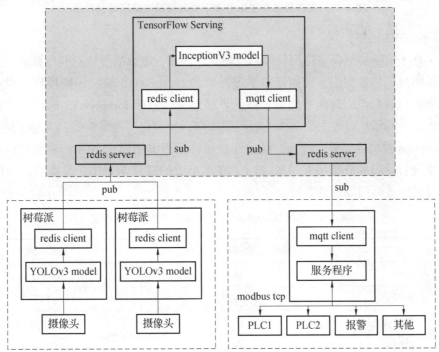

图 4.39 系统结构

2) YOLOv3 缺陷区域检测

为实现待检测图片中的缺陷区域识别，采用 YOLOv3 目标检测算法，网络中没有 RPN（Region Proposal Network）过程，将物体类别和位置检测统一为回归问题。缺陷特征提取网络采用 Darknet-53，共有 53 层卷积层，其包含的 ResNet 的残差结构，提高了网络特征表达能力。

YOLOv3 网络中共有 75 层卷积层，用卷积操作替换全连接层，减少了模型参数，可使用不同输入大小的图像；网络中没有最大池化层，用步长为 2 的卷积操作达到降维的效果。在多目标和复杂背景下检测可疑缺陷区域的效果如图 4.40 所示。

图 4.40 在多目标和复杂背景下检测可疑缺陷区域的效果

3) InceptionV3 缺陷识别

经 YOLOv3 缺陷检测模型检测后得到可疑缺陷区域，截取后分别对其作数据增强，得到一组或多组可疑区域数据组，使用迁移学习得到的 InceptionV3 缺陷识别模型，对这些可疑区域数据组进行缺陷识别后取平均值，得到识别结果。原始 InceptionV3 的训练测试数据详细设置如表 4.6 所示。首先 3 个 3×3 的卷积层串联，经池化层连接 3 个 3×3 卷积层，然后利用 3 类 Inception 模块继续提取特征，最后经过和特征图谱相同大小的 8×8 卷积核池化操作转换成一维进行回归和分类[13, 15, 21]。在本小节的迁移学习中，需要将最后的分类层根据样本集替换成新问题的分类层。

表 4.6 原始 InceptionV3 的训练测试数据详细设置

类型	卷积核/步（或注释）	输入尺寸
卷积	3×3/2	299×299×3
卷积	3×3/1	147×147×32
池化	3×3/2	147×147×64
卷积	3×3/1	73×73×64
卷积	3×3/2	71×71×80

续表

类型	卷积核/步（或注释）	输入尺寸
Inception 模块	inception model×3	35×35×288
Inception 模块	inception model×3	17×17×768
Inception 模块	inception model×3	8×8×1 280
池化	8×8	8×8×2 048
线性	逻辑回归	1×1×2 048
Softmax	分类	1×1×2 048

将 InceptionV3 网络最后的 dropout 层、全连接层和 Softmax 层替换为与缺陷样本集相符合的全连接层、Softmax 层。包装缺陷合格 1 类，不合格 3 类，新增全连接层需要 4 个输出神经元表示 4 个分类结果。根据实际需求，不需要对缺陷类别分类，故可以简化为合格和不合格两种情况。

迁移学习有两种方式，当样本数据不足时，固定 Bottleneck feature 之前特征提取部分参数不变，训练修改后的全连接层的网络参数。当样本数据充足时，首先固定 Bottleneck feature 之前特征提取部分参数不变，训练修改后的全连接层的网络参数，训练几轮后，"解冻"部分或全部特征提取网络部分的参数，设置较小的学习率，微调整个网络。本小节考虑的不合格样本数量有限，选用了第 1 种迁移学习方式。

4）模型训练及实验结果

为适应实验数据集，通过 K-means 聚类分析获取先验框尺寸，修改 YOLOv3 的先验框尺寸，减小训练模型时微调先验框到实际位置的难度，使模型快速收敛。实验数据 $k=9$ 时，聚类点分别为（109，146）（157，73）（180，160）（204，218）（242，117）（254，170）（285，240）（292，215）（440，295）。同 13×13 尺度上的默认先验框尺寸（116，90）（156，192）（373，326）相近，属于大目标，这和实验中使用原参数时只有 13×13 尺度上能检测到目标，其他尺度上未检测到目标的情况一致。实验发现，比使用自己聚类得到的多个尺寸，在多尺度上训练模型效果要好，这是由于实验数据集较小，线盘目标均属于大目标，相比 26×26 和 52×52 尺度，13×13 尺度上的特征图上包含的分辨率信息较少，语义信息大，能更好地区分目标和背景，因此实验最终采用模型默认参数，能满足检测需求。

实验机为 Ubuntu 16.04 系统，设置批次大小 16，迭代次数 5 000，学习率策略：0 ~ 3 000 轮为 0.01，2 000 ~ 3 000 轮为 0.001，3 000 ~ 5 000 轮为 0.000 1。训练结果如图 4.41 和图 4.42 所示，分别为模型训练平均损失变化曲线、13×13 尺度上的平均 IoU 曲线。平均损失曲线在迭代时开始损失较大，随着迭代次数增加损失快速降低，约在 2 000 次基本处于稳定状态，在 0.004 5 左右波动。平均 IoU 曲线同样在 2 000 次后处于稳定状态，在 0.88 左右波动。

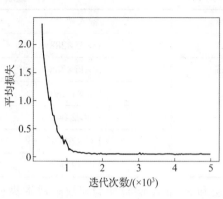

图 4.41　平均损失曲线

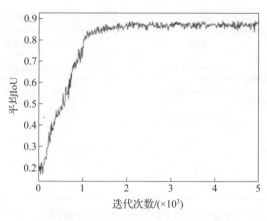

图 4.42　13×13 尺度上的平均 IoU 曲线

对 InceptionV3 迁移学习的训练，首先将 InceptionV3 的数据集，经训练好的 YOLOv3 模型处理并整理得到新的训练和验证数据集。如对图 4.43 中的样本缺陷区域进行检测，线盘均被精确地用黄色矩形框标出（图 4.43(d) 中线盘面积太小未被检测到），对可疑区域进行截取如图 4.44 所示。

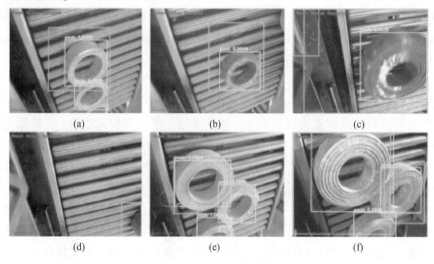

图 4.43　缺陷区域检测

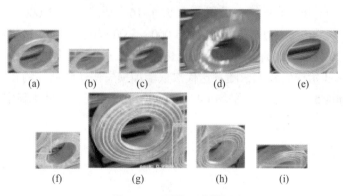

图 4.44　可疑区域截取

由于图 4.43(e)中最下面的线盘矩形框太小,未达到设定的阈值 80×80,在程序中被滤除。采用迁移学习训练 InceptionV3 缺陷识别模型,训练参数设置:批次大小为 100,迭代次数为 800,学习率为 0.01。未使用和使用 YOLOv3 处理得到的 InceptionV3 模型在训练集、验证集上的准确率和交叉熵损失曲线及对比如图 4.45~图 4.47 所示。观察训练集和验证集上的曲线,两模型均没有出现明显过拟合迹象。对比两模型曲线可看出,采用 YOLOv3 处理得到的 InceptionV3 缺陷识别模型在 400 步后准确率稳定在 99.49%,其方差为 0.000 050 6,未使用 YOLOv3 处理获得的模型准确率为 97.70%,方差为 0.000 251,曲线波动幅度均比较小,前者总体更加平稳,收敛速度更快。

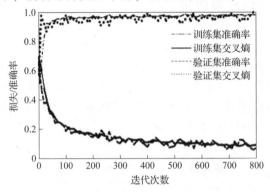

图 4.45　InceptionV3 模型曲线　　　　　图 4.46　YOLO-InceptionV3 模型曲线

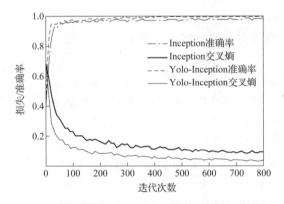

图 4.47　InceptionV3 模型和 YOLO-InceptionV3 模型曲线对比

为体现 YOLO-InceptionV3 检测方法在多目标和复杂景景下的优势,在原测试集[100,100]基础上增加了 50 张同时包含缺陷和合格线盘的图片,50 张没有线盘目标的图片,得到新测试集[100,100,50,50],如表 4.7 所示(其中 Y 表示合格,N 表示缺陷)。

表 4.7　模型在测试集上运行的结果

模型类型	合格	缺陷		其他
	只有合格线盘 (100 张)	只有缺陷线盘 (100 张)	合格缺陷 (50 张)	不含有线盘 (50 张)
InceptionV3	93(Y),7(N)	5(Y),95(N)	23(Y),27(N)	29(Y),21(N)
YOLO-InceptionV3	98(Y),2(N)	0(Y),100(N)	0(Y),50(N)	滤除

实验结果表明，YOLO-InceptionV3 检测方法在只包含合格或者缺陷线盘图片上的识别准确率更高，对"均有"（既有合格图片也有缺陷图片，即表 4.7"合格"列）的图片能准确将图片识别为缺陷图片，对"其他"图片能完全过滤掉无目标线盘图片；而 InceptionV3 检测方法对"均有"类型的图片会将部分图片识别为合格，如实验中将 50 张"均有"缺陷图片中 23 张识别为合格，对无目标的"其他"图片无法进行过滤，实验中 50 张"其他"图片中 29 张识别为合格。因此，本小节提出的 YOLO-InceptionV3 检测方法能应用于复杂和多目标检测场景，可对不含检测目标的图片进行过滤，提高了检测效率和准确率。

4.3.3 基于深度学习的机器视觉在机械行业应用

1. 基于 RPN 和 R-CNN 的零部件检测

工业零部件是组成产品的重要组成部分，出厂前必须确保没有任何错装、漏装现象。目前，很多零部件的检测还处于人工检测阶段，检测的效率和质量还有待提高。随着机器视觉在工业上的快速应用，有很多基于机器视觉的检测算法应用到工业生产线零部件检测。但是，工业检测环境复杂且有很多不稳定的因素，一是待检测零部件种类繁多且形状大小不一，二是待检测的工业零部件表面纹理特征较少很难提取有效特征，并且检测的背景和待检测目标较为相似易存在漏检问题。因此，基于机器视觉的工业零部件检测仍有众多问题待解决。

传统的工业零部件检测方法主要基于零部件的形状和颜色特征建立模板，利用模板对待检测零部件进行匹配检测。如基于形状匹配的检测方法，该方法需要根据纹理特征准确提取零部件轮廓，对光照要求比较高，受外界因素影响较大，不能保证检测效率并且对较小零部件的检测效果很差。近几年，深度学习在目标检测领域得到了快速发展。本小节介绍基于 RPN 和 R-CNN 的零部件检测应用。工业生产线上零部件排布密集，且形状大小不一，现有目标检测方法主要针对较大目标进行检测，对零部件检测结果不是很稳定，网络训练时有较多的参数，训练速度比较慢。RPN+R-CNN 的检测网络，可以改变卷积层滤波器核参数和滤波器个数以适应对工业零部件目标特征的提取，并且两个子网络共享前 5 段卷积层参数，采用端到端的训练方法减少训练时间。RPN 子网络主要根据标注的训练样本集产生可能包含目标的候选框；R-CNN 子网络对候选框进行多任务分类和输出候选框位置坐标，将得分大于设定阈值的候选框通过非极大值抑制方法合并成目标所在位置的精确区域。

RPN 是一个全卷积神经网络，使用卷积神经网络直接产生区域目标建议候选框（Region Proposal），其本质是一种滑动窗口方法，其网络结构如图 4.48 所示。网络进行 5 层卷积层操作后，得到最后一层卷积特征图，在这个特征图上使

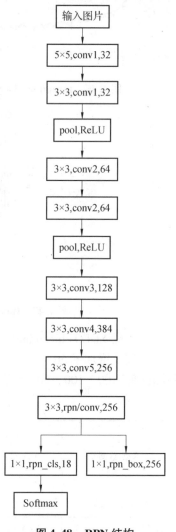

图 4.48　RPN 结构

用 3×3 的滤波器窗口进行滑动，遍及整个特征图。为适应网络，可以使用相同的 Anchor 结构检测不同形状的零部件，即在最后的一个卷积特征图的每个位置上，用 3×3 滑动窗口的中心位置同时预测 9 个长宽比大小不同的候选框。网络的最后两个全卷积层，一个用于候选框分类，另一个用于候选框回归。其中，候选框分类是判断得到的边框属于前景还是背景，候选框回归主要获取边框位置坐标信息（边框左上角坐标和边框的宽度、高度）。

R-CNN 是一个带有全连接层的神经网络，网络结构如图 4.49 所示，通过和 RPN 网络共享卷积层对产生的目标候选框进行多任务分类。共享卷积层方法是定义了一个 ROI Pooling，把 RPN 产生的候选框映射到最后一个卷积特征图上。这样，在用 R-CNN 进行多任务分类时不用重复进行卷积计算提取目标特征，通过卷积层的共享提高检测的效率和速度。网络最后接入全连接层实现多任务分类。ROI Pooling 需要将大小不一的候选框归一化到同样大小，这样得到待检测目标的粗选区域，对这些粗选区域窗口进行回归运算，微调窗口得到待检测目标的精确位置。

R-CNN 网络结构的前 5 段卷积层和 RPN 一样，两者通过共享卷积层减少网络训练参数。第 5 段卷积层（conv5）后接 ROI Pooling 实现卷积层共享并进行网络端到端训练。ROI Pooling 的输入是 RPN 产生的预测目标的候选框和最后一层卷积特征图，其输出接入一个 512 维全连接层（fc6）。最后，全连接层连接两个输出层，分别预测待检测零部件的类别数和位置坐标。

RPN+R-CNN 检测网络由两个卷积网络构成，通过共享卷积层进行网络参数共享，采用端到端的训练方式直接输出检测结果，如图 4.50 所示。即不用两个网络互相初始化参数交替训练，而是先训练 RPN，选取产生的候选框和标注样本区域重叠比例大于 0.7 的候选框作为网络训练的正样本，选取重叠区域比例小于 0.3 的候选框作为训练的负样本，重叠比例大于 0.3 小于 0.7 的候选框舍去。R-CNN 的训练直接把 RPN 输出的大小不一的候选框和特征映射图输入 ROI Pooling，并将候选框归一化到同样大小，然后送入 R-CNN，使用 Softmax 进行多任务分类训练，最终输出待检测零部件的类别和微调后的精确位置。

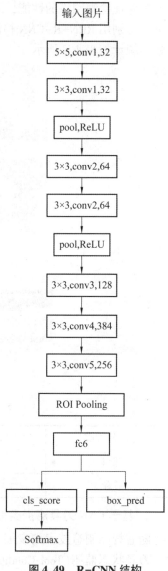

图 4.49 R-CNN 结构

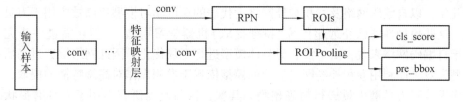

图 4.50 端到端的训练方式框架

为验证检测网络的性能，随机选择几种产品中易错检、漏检的零部件，在相同的检测环境下，分别用 RPN+R-CNN 检测网络进行检测，检测效果如图 4.51 和图 4.52 所示，测试结果数据统计如表 4.8 所示。

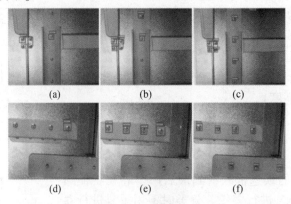

图 4.51　螺钉检测

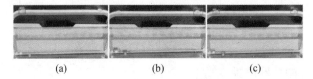

图 4.52　金属框胶粒检测

表 4.8　RPN+R-CNN 方法测试结果数据

零部件种类	测试样本/张	检测时间/s	检测准确率/（%）
螺钉	5 000	0.22	97.7
胶粒	5 000	0.22	97.8

2. 基于 CNN 刀具磨损类型的智能识别

随着智能制造技术的发展，工艺系统需要进一步提高主动感知、自主决策的能力。为此，刀具状态监测（Tool Condition Monitoring，TCM）再次成为加工领域的研究热点。由于传统在线监测方式人为观察主观性强、仪器测量遮挡严重，故间接监测方式被广泛采用，其主要利用传感器采集加工过程中的切削力、振动、声发射信号，经过预处理和敏感特征提取后，采用模糊推理系统、隐马尔可夫模型、模糊神经网络、支持向量机、贝叶斯网络等机器学习模型对刀具磨损量进行监测。该类方法受制于特征提取的质量。为了提取到与刀具磨损状态强相关的特征，研究人员不仅要善于观察和发现，还需要一定的技巧和经验，且提取到的特征可解释性和通用性弱，不能排除更敏感的特征已被遗漏的情况。

近几年，以自编码网络及卷积神经网络为代表的深度学习模型逐渐被应用于刀具磨损状态监测。这些模型性能已经远超传统"特征提取+机器学习模型"，但还需进一步完善。首先，对于自编码网络来说，由于没有对整体模型进行全局优化，因此网络层数过高后可能会导致模型失效，而利用卷积神经网络构建的模型依赖于卷积操作对高维特征的提取，少量的卷积操作无法对刀具磨损量进行精确预测。其次，目前此类研究多用于刀具磨损状态的分类，属于定性监测，用于磨损状态回归和定量监测较少。最后，以上模型都将信号转换到频域或时域进行分析,可能造成一定程度上信息的损失。

因此,本节介绍一种基于CNN的刀具磨损在线监测方法,从原始的时域信号中自适应地提取刀具加工信号特征,防止数据预处理与人工提取特征可能带来的信息丢失,利用密集连接的方式搭建层数更深的网络,建立对当前时刻刀具磨损量的监测模型,进一步挖掘信号中隐藏的微小特征,划分训练集与验证集,对模型进行训练和验证,以防止过拟合现象的发生,简化模型并进一步保证其精度和泛化性能。

1)基于CNN的刀具磨损在线监测模型

基于CNN的刀具磨损监测模型如图4.53所示。数控加工中心加工工件过程中利用传感器收集信号,模型输入为某一切削行程中传感器采集到的刀具加工信号,包括力信号(F_x、F_y、F_z)、加速度信号(a_x、a_y、a_z)及声发射信号,输出为后刀面磨损量。原始信号将x、y、z方向上的切削力,x、y、z方向的加速度,以及声发射共7种时域信号经二次采样裁剪为5 000个采样点组合成为(5 000,7)的张量。DenseNet初始状态下连接权重未确定,需利用历史数据中训练样本的预测值与真实值之间的均方误差作为目标函数训练模型,确定各层连接权重,得到最优监测模型。神经网络架构采用训练后的DenseNet连接结构卷积神经网络,输入当前行程采集到的数据张量,先经过卷积层和规范层处理信号数据,再经过9个密集连接块(Dense Block),在激活函数的作用下连接均值池化层和全连接层,输出后刀面磨损量。其中,密集连接块包括4次卷积操作和1次池化操作,跨层连接,卷积核生长因子(Growth Rate)定为12,用来表示每个密集连接块中每层输出的特征个数。

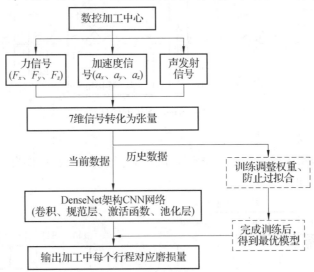

图4.53 基于CNN的刀具磨损监测模型

密集连接块的结构如图4.54所示。在传统卷积神经网络中,层数与连接数一一对应。在DenseNet架构中,l层会产生$\frac{l(l+1)}{2}$个连接,即每一层的输入来自前面所有层的输出。在图4.54中,X_0为密集连接块的初始输入,则模型接收层H_1的输入为X_0,H_2层的输入是X_0和X_1,H_3层的输入是X_0、X_1和X_2。第l层的输出结果表达式为

$$X_l = H_l([X_0, X_1, \cdots, X_{l-1}]) \tag{4.61}$$

这样的连接方式使得每一层都直接连接输入信息和梯度信息,充分利用每层输出的特

征,从而减轻梯度弥散。

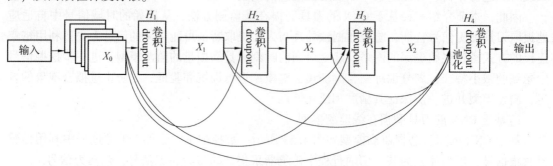

图 4.54 密集连接块结构

为保证密集连接块中输入张量形状不变,在每个密集连接块后连接传导块(Transitionblock),设置传导块中的卷积、池化操作步长大于1,以减小神经网络中传导张量的大小,减小连接权重数量。DenseNet 网络结构如图 4.55 所示,为保证模型输入不会因数据预处理而产生不必要的信息损失,网络输入为(5 000,7)的时域信号张量,经过卷积、归一化、激活函数、池化等操作提取高维信息。其中,密集连接块中信号张量大小不变,维度增加,传导块中卷积和池化操作每次将张量大小缩减为一半。经过9个密集连接块及8个传导块后,张量大小变为(1,244),连接到全连接层,通过不同权重线性求和,输出当前时刻的刀具磨损量。

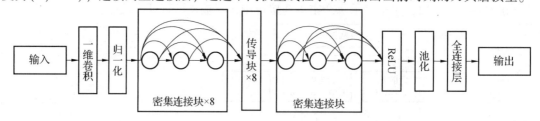

图 4.55 DenseNet 网络结构

2)特征提取与训练

特征提取是传统机器学习方法的难点,本小节介绍使用卷积操作自适应地提取加工信号中的特征,基本原理如图 4.56 所示。

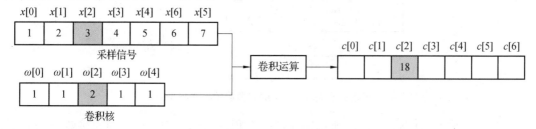

图 4.56 一维卷积示意图

卷积层主要通过一维卷积运算的方式来将每一维的时域信号进行邻域滤波。为了提取特征,卷积神经网络使用了式(4.62)所示的卷积运算替代一般的矩阵乘法运算

$$c(t) = x \times \omega = \sum_{p=0}^{P} x[p] \cdot \omega[q-p] \tag{4.62}$$

式中,对输入采样信号 x 与不同的卷积 ω 进行卷积运算,p 和 q 分别代表采样总数和卷积核

大小,得到输出 $c(t)$ 使信号的特征得到凸显。在图 4.56 中,通过卷积核中 $\omega[2]$ 的不同,使采样信号中的 $x[3]$ 在输出 $c(2)$ 中占有更大比重。卷积层是基于 CNN 的刀具磨损监测模型的核心,是使其超越传统刀具磨损特征提取的关键手段。

因此,输入(5 000,7)的原始加工时域信号张量,经过卷积与池化运算后,最终输入全连接层的张量为(1,244)的高维特征,即卷积层最终自适应地提取到的刀具磨损特征。选取不同维度的特征,利用皮尔逊相关系数、最大信息系数和互相关系数计算特征相关性,如表 4.9 所示。

表 4.9 高维特征相关性

降维方法	第 90 维特征	第 96 维特征	第 212 维特征	第 231 维特征	第 47 维特征
皮尔逊相关系数	0.900 2	0.917 7	0.932 3	0.938 5	0.965 7
最大信息系数	0	0	0	0	0
互相关系数	0.745 2	0.927 7	0.999 9	0.999 9	0.879 7

皮尔逊相关系数和互相关系数越接近 1 表示相关性越强,而 P-value 与之相反,常规机器学习特征选皮尔逊相关系数阈值为 0.5。从表 4.9 可以看出,卷积后提取的高维特征在不同维度与刀具磨损量表现出强相关性,证明卷积操作提取特征的有效性。

此外,为进一步提高性能,规范层对每个信号数据重新规范化,使其输出数据的均值接近 0、标准差接近 1,以便加速收敛,降低网络对初始权重的敏感性。激活函数选择 ReLU 函数,使一部分神经元在传播的过程中输出为 0。这种稀疏性会减少参数的相互依存关系,提高网络的泛化能力。Dropout 层从所有神经元连接中随机隐藏一部分神经元,以达到防止过拟合的目的。

模型的训练过程如图 4.57 所示。将数据样本按照 8∶2 的比例划分为训练集和验证集,验证集全程不参与训练,只作为模型是否进入过拟合的评判依据。

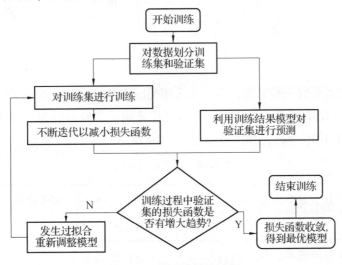

图 4.57 模型的训练过程

将训练集样本中的数据输入 DenseNet 网络中以训练权重,则每层的输出为

$$x^l = f(\prod_{n=1}^{l} W^n x^{n-1}) \tag{4.63}$$

式中，f 表示 ReLU 激活函数；W^n 表示第 n 层的权重。

使用 Adam 优化算法，以均方误差（Mean Squared Error，MSE）作为损失函数，表示监测值与真实值之间的均方误差，计算公式为

$$J_{\text{MSE}} = \frac{1}{n}\sum_{i=1}^{n}(y_i - \hat{y}_i)^2 \tag{4.64}$$

式中，y_i 表示第 i 个样本的实际磨损量；$\hat{y}_i$ 表示第 i 个样本的监测到的磨损量；n 表示监测样本总数。

利用链式求导法则计算损失函数对每个权重 W 的梯度，更新方式为

$$W_{\text{new}}^l = W_{\text{old}}^l - \eta \frac{\partial J_{\text{MSE}}}{\partial W_{\text{old}}^l} \tag{4.65}$$

式中，η 表示学习率，W^l 表示第 l 层的权重。

批次选取样本对权重进行更新，使预测值与真实值不断逼近。最终，在训练结束后，保存训练集及验证集损失函数最小的模型作为最终监测模型。

为进一步表现模型的优势，选用平均绝对百分比误差（Mean Absolute Percent Error，MAPE）和决定系数 R^2（Coefficient of Determination）作为评价标准。MAPE 是相对误差绝对值的均值，其计算公式为

$$MAPE = \sum_{i=1}^{n}\left|\frac{y_i - \bar{y}_i}{y_i}\right| \times \frac{100}{n} \tag{4.66}$$

式中，$\bar{y}$ 为所有的实际值的均值。

决定系数 R^2 表现了磨损量预测值和实际值之间的拟合程度，R^2 越接近 1，表明模型的拟合程度越好，其计算公式为

$$R^2 = \frac{\sum(\hat{y}_i - \bar{y})^2}{\sum(y_i - \bar{y})^2} = 1 - \frac{(y_i - \hat{y}_i)^2}{(y_i - \bar{y})^2} \tag{4.67}$$

3）实验结果

为了便于与同类研究进行对比，本小节采用美国 PHM 协会在 2010 年的刀具磨损的比赛数据。实验机床为 Roders-TechRFM760 高速数控铣床，实验刀具为三刃碳化钨球头铣刀，切削材料为不锈钢（HRC-52），切削参数如表 4.10 所示。

表 4.10　实验切削参数

主轴转速/(r·min⁻¹)	进给速度/(mm·min⁻¹)	径向切深/mm	轴向切深/mm	铣削方式
10 400	1 555	0.125	0.2	顺铣

实验中，通过力传感器、加速度传感器、声发射传感器采集加工过程中的力信号、振动信号和声发射信号等原始时域信号。力与加速度传感器应放置于工件或夹具上，声发射传感器应紧贴工件侧面。信号采样频率为 50 kHz，每次走刀沿 X 方向切削 108 mm，记为一个切

削行程，每把刀具切削 315 个行程，每个切削行程结束后，记录刀具每个切削刃的后刀面磨损量，共采集 945 次，形成 945 个样本。其中，随机选取 756 个训练样本、189 个验证样本。每个样本包含 7 维信号和 3 个切削刃的后刀面磨损量，为防止不同刀刃磨损量之间的相互干扰，只保留 3 个刀刃磨损量中的最大值。实验软件平台利用 Keras 深度学习库进行运算，使用 TensorFlow 后端进行数据分析。实验硬件平台为 IntelXeon 处理器，主频 2.1 GHz，32 GB 内存，NVIDIA Quadro M2000 GPU。

将上述训练样本批次输入监测模型，自适应地提取切削信号中的敏感特征，计算监测值与真实值之间的均方误差，利用 Adam 算法使均方误差下降并更改网络权重，使模型监测值更加接近真实值。训练过程中训练集和验证集的损失函数变化曲线如图 4.58 所示。其中，不同层数模型的损失函数下降曲线用不同线型表示，X 轴表示训练次数，Y 轴表示训练集或验证集的损失函数。可以清楚地看到，随着训练次数的增多，磨损量监测值与真实值之间的均方误差不断减小，并最终收敛，说明本模型可以自适应地挖掘隐藏在信号中的切削信号特征，更加准确地识别刀具磨损量。

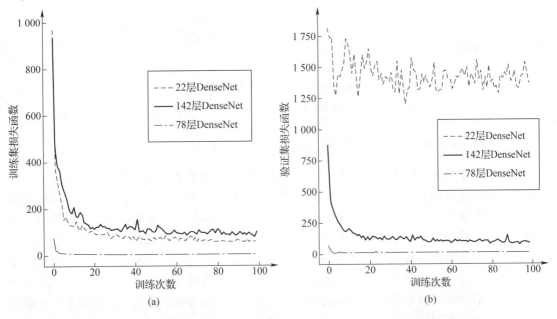

图 4.58　训练损失函数曲线

通过尝试不同深度的网络可以看出，深层网络与浅层网络相比，能更好地提取信号中的特征，使得监测值与真实值之间的均方误差不断下降。但随着网络加深到一定程度，则会出现梯度弥散现象，使损失函数保持在一个较高的值无法继续下降。经过大量尝试，选择含有 9 个密集连接块，每个连接块含有 5 次卷积运算，共计 78 层的模型作为监测模型。由图 4.58(a)可以看出，随着训练的进行，78 层的模型收敛效果最好，没有发生过拟合现象，表明这一模型的精度和泛化性最好。磨损量监测的结果如图 4.59 所示，3 个图分别表示 3 个切削刃后刀面磨损量的预测值和真实值。可以看出，刀具磨损量只在初期磨损局部存在偏差，在正常磨损和过量磨损区间监测结果较为精准。

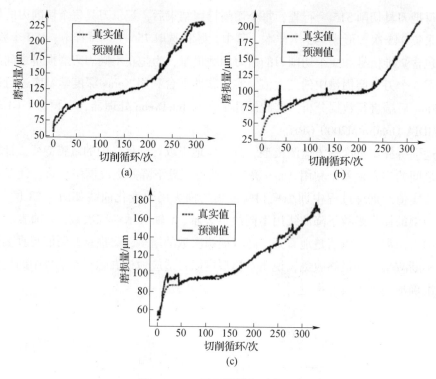

图 4.59　刀具磨损量监测结果

(a)第一把刀；(b)第二把刀；(c)第三把刀

4.3.4　基于深度学习的机器视觉在汽车制造业的应用

随着人们生活水平的提高，汽车成为家庭的消费品，消费者越来越看重汽车的质量。汽车重要零部件质量的好坏直接影响产品的外观，甚至驾驶人的生命安全，所以对零部件的检测就显得非常重要。传统的检测方法主要有渗透检测、涡流检测、磁粉检测、图像检测、目视检测和人工检测。这些方法要么有污染，要么检测工艺复杂，要么检测速度慢，很难实现零部件的自动化检测，导致生产效率低，检测效果不理想。因此，随着深度学习的不断发展，基于深度学习的机器视觉在汽车智能制造工业检测中发挥着检测识别和定位分析的重要作用，本小节分别从汽车轮毂表面缺陷检测和汽车高度调节器缺陷检测来论述基于深度学习的机器视觉在汽车制造业的应用。

1. 基于 YOLOv3 的汽车轮毂表面缺陷检测

在汽车轮毂的生产中，通过对汽车轮毂焊缝的缺陷进行检测来判断轮毂产品是否合格，这是保障汽车轮毂质量的重要手段。汽车轮毂的焊缝缺陷多为表面缺陷，在实际生产中多采用人工目测的方法进行缺陷检测，但此方法存在检测效率低，依赖检测人员水平，并且检测人员容易疲劳等问题，因此易出现漏检或误检的情况。下面介绍基于 YOLOv3 算法的网络模型对汽车轮毂焊缝的缺陷进行识别检测与分类，实现汽车轮毂焊缝缺陷的智能检测。

1）检测平台及检测流程

检测平台的主要构成有输送装置、图像采集装置和缺陷工件顶出装置，其检测流程如下：在实际生产过程中，轮毂是由输送装置从上一工序传送到检测平台上的，当轮毂到达预定位置并触发光电传感器时，图像采集装置开始获取焊缝图像，在完成旋转取像后，获取到的图像信息会通过接口传输到计算机，由计算机进行处理并判断轮毂焊缝是否合格，若其结果是焊缝无缺陷轮毂合格，则检测结束，传输至下一生产工序；若结果是焊缝存在缺陷轮毂不合格，则在轮毂经过第二个光电传感器时启动顶出装置，将不合格轮毂顶出到缺陷工件回收滚道上，回收缺陷工件。检测平台结构设计简图如图 4.60 所示。

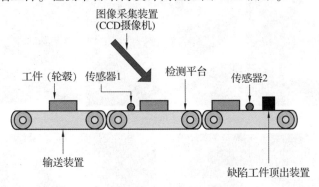

图 4.60　检测平台结构设计简图

输送装置使用步进电动机驱动和 PLC 控制，以胶带作为传送带，将轮毂传送至各工位，图像采集装置采用面阵 CCD 摄像机。装置启动后，待检测轮毂会不断从上一工位传送至检测平台，在检测平台上进行取像，保证系统通过摄像机可以对每条焊缝进行检测，一般一个轮毂有 4 条焊缝。通过 PLC 来严格控制电动机的启停，实现对待测轮毂的准确限位并保证摄像机位于轮毂正上方，以确保正确采集图像信息。整个过程中如果速度太低，会影响生产效率，速度太快会影响图像的清晰度，从而影响检测准确率，故既要满足生产速度要求又要尽量准确无误，检测平台具有可靠的稳定性也是一个重要的考量目标。

实验流程大体可分为图像数据采集、制作数据集、训练模型、测试模型和对比分析。实验首先需要采集轮毂焊缝图像，然后对采集的图像做预处理，调整图像大小以及对图像进行分类筛选。接着使用图像标注工具对各类图像进行标注，并且制作轮毂焊缝缺陷的数据集，数据集包含用于算法训练检测模型的训练集、用于评价模型性能的验证集和用于模拟真实检测试验的测试集。实验分别采用 YOLOv3 算法和改进后的 YOLOv3 算法进行训练，最后进行识别检测实验，对检测结果数据进行分析，通过检测结果分析进一步调整参数，优化基于 YOLOv3 的轮毂焊缝检测算法来得到更高的检测准确率。其整体实验流程图如图 4.61 所示。

2）图像采集与标注

图像数据采集使用摄像机拍照获取，保证图像中的轮毂焊缝清晰完整，采集的图像来源于工厂中

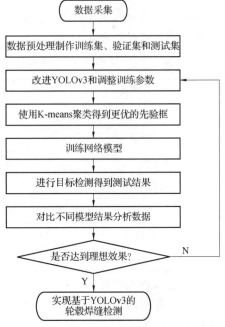

图 4.61　轮毂焊缝检测实验流程图

的缺陷轮毂样本，然后对训练集和验证集的图像进行人工标注。通过对轮毂常见的焊缝缺陷类型进行分析研究后，将焊缝缺陷划分为断弧、焊瘤、偏焊、起弧不良和气孔，并作为不同类别进行分类标注，用于训练和检测，图4.62展示了这5种常见焊缝缺陷。

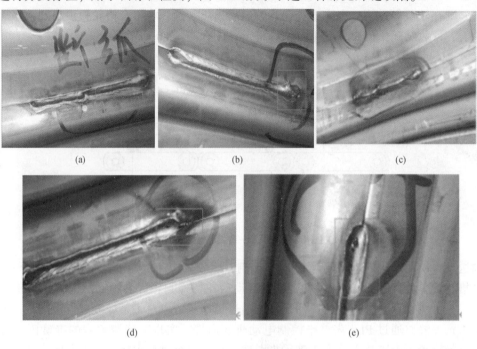

图 4.62　轮毂常见的焊缝缺陷类型
(a)断弧；(b)焊瘤；(c)偏焊；(d)起弧不良；(e)气孔

拍摄一定数量的图片制作数据集，按照一定比例分配训练集、验证集和测试集，数据集中各类别图片数量如表4.11所示。

表 4.11　数据集中各类别图片数量

图片类型	训练集	验证集	测试集
断弧	219	57	31
焊瘤	213	63	31
偏焊	203	70	31
起弧不良	188	66	28
气孔	209	68	31
无缺陷	0	0	602
总计	1 032	324	754

3）算法及模型训练

本小节介绍的算法是 YOLOv3-GIoU，即通过引入广义交并比（GIoU）损失函数计算方法来优化 YOLOv3。

本小节介绍的轮毂焊缝检测系统所训练和测试的 YOLOv3 模型均是用台式计算机进行的，该计算机的配置为英特尔 Xeon Silver4110@2.10 GHz CPU，32 GB 内存，GPU 为

NVIDIA GeForce RTX 2080Ti。该模型调用了 GPU 进行计算，另外还调用了 CUDA、Cudnn 和 Opencv 等软件，使用 3.0 版本的 Python，运行环境为 Windows 10 操作系统。

训练前，在参数文件中调整参数值，不同参数会影响训练收敛速度和模型效果，通过模型验证结果反馈选择最优参数值。每次训练模型迭代 15 000 次，用时在 20 h 左右，训练过程中参与计算的样本图片共计 192 万张。在开始训练后，每迭代 1 000 次会生成一个权重文件，所以在模型训练完成后共计产生 15 个权重文件，即结果模型。对这些模型在拖拉机轮毂焊缝验证集上进行检测，用检测结果来调整训练参数，最终得到较优模型，并用该模型进行测试集检测。

使用平均损失函数 Loss、平均精度均值 mAP、平均交并比作为文中训练出来的模型的评判标准指标。选用以下 3 种算法模型进行对比：一是使用较优的训练参数的 YOLOv3 算法，但是没有优化先验框，用 YOLOv3-1 表示；二是使用相同的训练参数的 YOLOv3 算法，同时优化了先验框，用 YOLOv3-2 表示；三是使用同样的训练参数和优化了先验框的 YOLOv3 算法，用 YOLOv3-GIoU 表示。其训练结果如图 4.63～图 4.65 所示。

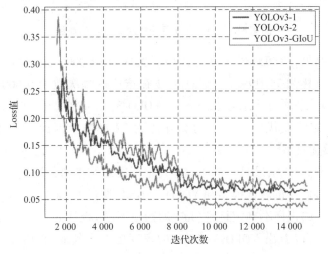

图 4.63　Loss 值随着迭代次数变化的曲线

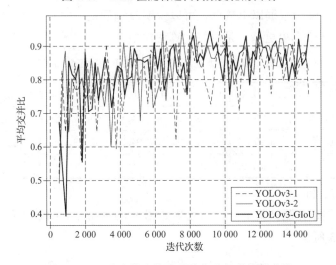

图 4.64　平均交并比值随着迭代次数变化的曲线

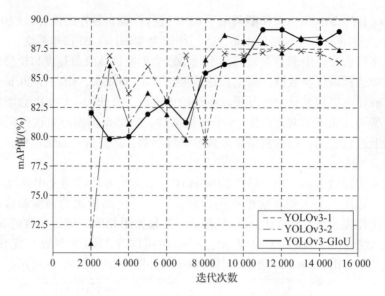

图 4.65 mAP 值随着迭代次数变化的曲线

根据实验统计结果,YOLOv3-1 在迭代训练次数为 12 000 时得到 mAP 值为 87.66% 的较优模型,平均交并比为 71.39%。YOLOv3-2 在迭代训练次数为 9 000 时得到 mAP 值为 88.64% 的较优模型,平均交并比为 72.53%。YOLOv3-GIoU 在迭代训练次数为 12 000 时得到 mAP 值为 89.16% 的较优模型,平均交并比为 72.69%。因此,优选出 YOLOv3-2 和 YOLOv3-GIoU 的较优模型。

在验证集上检测 mAP 结果时,正样本的判定标准对结果值的影响较大,因此分别使用 YOLOv3-2 迭代 12 000 次的较优模型和 YOLOv3-GIoU 迭代 12 000 次的较优模型对验证集进行检测,并且以不同的正样本判定标准(IoU 的阈值不同)统计 mAP 值,其检测结果统计如表 4.12 所示。明显可以看出 YOLOv3-GIoU 的表现更好,其 mAP 值在阈值为 0.3、0.35、0.6、0.7、0.75 和平均值上都较 YOLOv3-2 的 mAP 值要高,尤其是在 0.7 和 0.75 时,相对提升了 3.26% 和 3.7%。根据以上数据,可以说明改进后的 YOLOv3-GIoU 的较优模型的定位检测精度更高,准确率也更高,是更好的算法模型。

表 4.12 不同模型在不同 IoU 阈值下的验证集 mAP

IoU 阈值	0.3	0.35	0.4	0.5	0.55	0.6	0.7	0.75	平均值
YOLOv3-2 的 mAP 值/(%)	99.68	99.68	99.68	94.81	92.47	88.64	60.85	47.52	85.41
YOLOv3-GIoU 的 mAP 值/(%)	99.71	99.71	99.50	94.81	92.23	89.16	62.83	49.28	85.9
相对误差/(%)	+0.03	+0.03	-0.18	0	-0.26	+0.59	+3.26	+3.7	+0.57

4)测试结果与分析

5 种焊缝缺陷类型在测试集上的检测效果如图 4.66 所示,YOLOv3-GIoU 在测试集上的检测结果如表 4.13 所示。

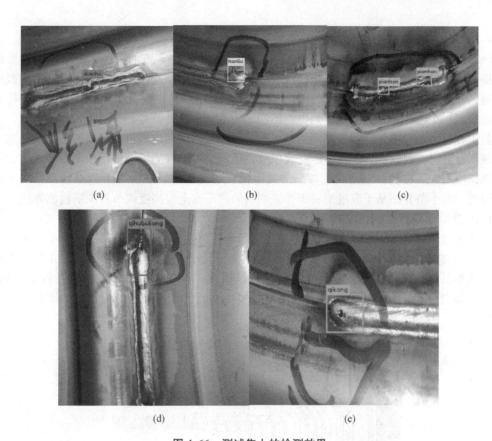

图 4.66　测试集上的检测效果

(a)断弧；(b)焊瘤；(c)偏焊；(d)起弧不良；(e)气孔

表 4.13　YOLOv3-GIoU 在测试集上的检测结果

检测结果	检测出该类别缺陷	未能或错误检测出该缺陷类别	正确率/(%)
断弧	31	0	100
焊瘤	31	0	100
偏焊	31	0	100
起弧不良	28	0	100
气孔	31	0	100
无缺陷	591	11	98.17
总计	743	11	98.54

检测实验结果表明，由于置信度阈值设置较低，各缺陷类别都能全部检测出来，改进后的结果模型在验证集检测的综合评价指标值为 0.92，mAP 值达到了 89.16%，在测试集上检测的总体正确率为 98.54%，单张检测速度不超过 22 ms，这体现了该模型拥有较高的精度、较快的效率与较好的鲁棒性，说明基于 YOLOv3 的算法模型可以在实际应用中实现自动、快速、准确地识别、分类与定位轮毂焊缝缺陷，实现焊缝缺陷的智能检测。

2. 基于改进型卷积神经网络的汽车安全带高度调节器缺陷检测方法

汽车制造业中的安全带高度调节器，能调节安全带上固定点的高度，配合座椅高度的调节，提高不同身高、性别、体形的乘员在佩戴安全带时的舒适性，有效避免乘员在佩戴时出现脱肩、压颈、压胸等不舒适现象，属于汽车安全配件。其一般由金属导轨、调节按钮、螺栓、滑块（拖板）、导向环安装螺母和螺栓、饰盖等配件组成。

员工在拼装过程中，经常会出现错装、漏装等失误，使用这些拼装错误的工件会让汽车运行出现严重隐患。因此，当工件生产完成以后，还需要对工件的形态进行检测。传统上，这些检测都是使用人工检测，但是人工检测的效率低、实时性差、准确率不高而且花费的工时很长。因此，本小节介绍基于改进型卷积神经网络的汽车安全带高度调节器缺陷检测方法。

1）改进型卷积神经网络结构

卷积神经网络结构一般由卷积层、池化层、全连接层和分类层组成，经典卷积神经网络 VGG16 也是如此。VGG16 包含 13 个卷积层、5 个池化层和 3 个全连接层，其结构如图 4.67 所示。虽然其结构简单，但是所包含的权重数目很大，导致训练时间过长，参数不易调整，同时需要的内存也很大，不利于部署到工业环境。而且为了提高精度，在此基础上单纯提高网络深度时，容易造成梯度爆炸或者梯度消失，并且计算量很大。

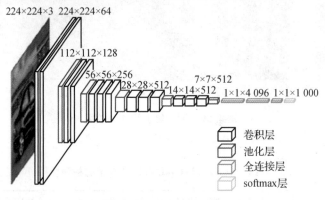

图 4.67　VGG16 结构

针对传统检测方法适用性差、耗时和不易于推广的问题，实现安全带高度调节器缺陷识别的实用化，本小节介绍一种改进型卷积神经网络，其中使用了卷积层、池化层、Softmax 层，并且借鉴了残差网络、批标准化层和可分离卷积。

整个网络的输入为两个摄像头采集到的样品左右侧照片，然后通过数据预处理将图片尺寸变为 224×224，经过归一化将 RGB 值转到 [0，1] 范围里。归一化后的图片被输入第 1 层卷积层，第 1 层卷积层有 64 个 3×3 步长为 2 的卷积核，再经过批标准化层后输入到第 2 层卷积层，第 2 层卷积层有 64 个 3×3 的卷积核，然后再经过批标准化后进行最大池化。接下来特征图将被送入 11 个残差模块，残差模块的输入是上一轮卷积的特征图，特征图同时被两条支路的卷积操作。一方面，特征图经过 ReLU 激活函数→可分离卷积层→批标准化→ReLU 激活函数→可分离卷积层→批标准化→最大池化得到特征图 A。另一方面，特征图经过可分离卷积层→批标准化后得到特征图 B。最后，特征图 A 与特征图 B 通过融合层相叠加，这就是本小节的一个残差模块，其能以更少的参数量提取到更多的特征。特征图先经过 11 个残差模块，再经过两层的可分离卷积；然后通过 1×1 的卷积核后所得特征被送入平均池化层，以减少参数量和过拟合；最后再接入带有 Softmax 的全连接层进行分类。实际网络结构参数如表 4.14 所示。

表 4.14 网络结构参数

类型	输出特征图大小	卷积核大小
输入层	224×224×3	—
卷积层	111×111×64	3×3
批标准化	111×111×64	—
卷积层	109×109×64	3×3
批标准化	109×109×64	—
残差模块×11	14×14×512	—
可分离卷积	14×14×1 024	3×3
批标准化	14×14×1 024	—
可分离卷积	14×14×2 048	3×3
批标准化	14×14×2 048	—
平均池化层	2 048	—
输出	11	—

设计的程序主要流程如下：首先，通过摄像头采集安全带高度调节器缺陷样本和合格品样本的图像，按照 8∶2 的比例将图像划分为数据集和训练集，并对训练集进行数据扩展。然后，创建改进型卷积神经网络的模型，导入训练集和测试集训练网络，通过前向传播计算损失，再通过反向传播算法更新网络参数，当网络满足一定条件后停止训练并保存模型。最后，将训练好的模型部署在工业主机中，每次输入照片时 Softmax 分类器就会输出一个分类结果。

在实际生产中，工厂每生产一个高度调节器，PLC 就会与程序通信。计算机程序控制摄像头对安全带高度调节器两端进行拍摄，再将拍摄后的照片送入模型后得到缺陷结果。程序将结果发送给 PLC，PLC 再控制机械臂将安全带高度调节器放入对应的区域。安全带高度调节器产品结构如图 4.68 所示，检测装置现场如图 4.69 所示。

图 4.68 汽车安全带高度调节器产品结构

图 4.69 检测装置

2）数据集制作

本小节用于实验和测试的数据集中包括右侧合格、右侧多装弹垫验证件、右侧多装纸垫验证件、右侧漏装弹垫验证件、右侧钩子变形验证件、右侧错装弹垫验证件、左侧合格、左侧多装弹垫验证件、左侧多装纸垫验证件、左侧漏装弹垫验证件、左侧错装弹垫验证件共11类图像样本。安全带高度调节器左、右侧缺陷样本分别如图4.70和图4.71所示，各800张，其中以8∶2划分为训练集和测试集。

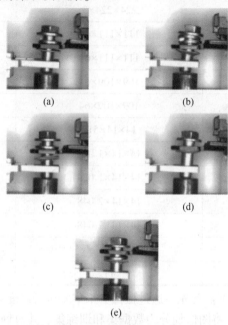

图4.70 安全带高度调节器左侧缺陷
(a)合格；(b)多装弹垫；(c)多装纸垫；(d)漏装弹垫；(e)错装弹垫

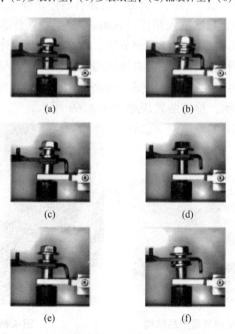

图4.71 安全带高度调节器右侧缺陷
(a)合格；(b)多装弹垫；(c)多装纸垫；(d)漏装弹垫；(e)钩子变形；(f)错装弹垫

由于缺陷识别采用的是卷积神经网络,学习效果高度依赖数据样本的规模和多样性,而安全带高度调节器并没有公用图像库,因此只能采用人工方式对不同型号安全带高度调节器的缺陷进行拍摄作业,并使用 Keras 中的图片数据增强模块对训练集进行如下数据处理。

(1)图像归一化:将图像 RGB 值缩放到[0,1]区间。

(2)图像水平、垂直平移:水平或垂直方向平移 10 个像素点,空白处 nearest 补齐。

(3)图像水平、垂直对称:在水平或垂直方向翻转。

(4)缩放:缩放比例为 0.9~1,空白处使用 nearest 算法补齐。

(5)旋转:随机选择 0°~20°,空白处使用 nearest 算法补齐。

在每轮训练中,训练集都会进行一轮预处理,这样大大扩充了数据样本,可以有效防止过拟合。

3)网络的训练及结果

程序设计将每轮的当前模型训练集和测试集的准确率和损失值写入 TensorFlow 的可视化工具 Tensorboard 中,训练结束后,会保存最低测试集损失值的模型。以下分别为本小节提出模型和经典卷积网络模型 VGG16 在同一数据集和同一优化器、损失函数、学习策略下的训练结果,模型的准确率和损失值变化如图 4.72 和图 4.73 所示。

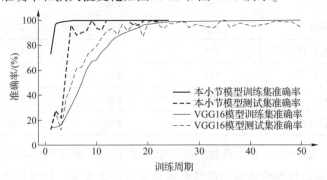

图 4.72 模型的准确率

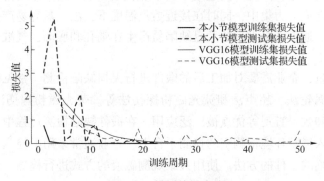

图 4.73 模型的损失值

由图 4.72 和图 4.73 可以看出,VGG16 模型作为经典的网络模型,其在网络的训练过程中准确率的上升速度和损失值的下降速度是缓慢的。在 20 轮左右时,网络的训练集准确率接近 100%,但是测试集的准确率在 90% 上下浮动,模型测试集的准确率基本无法提升了,在 50 轮停止了训练。而本文提出的模型前 5 轮左右准确率上升速度很快,损失值下降速度也很快。在 10 轮左右,网络的训练集准确率接近 100%,网络测试集的准确率也接近

100%，此时训练集和测试集效果已经达到了一个很高的水平。

完成模型的训练之后，PC 端利用 Python 程序读取模型结构及参数并与 PLC 通信，将设备整体放在实际安全带高度调节器生产车间测试，对每种缺陷类型设置了 500 个样品，对样品分别测试 3 次，最后得到的缺陷识别测试结果如表 4.15 所示。表 4.15 中示数为 3 轮检测中被正确检测出缺陷的样品个数。由此可知，本文设计的改进型卷积网络模型对汽车安全带高度调节器缺陷识别的总体准确率极高，各类的准确率都在 99% 以上。

表 4.15 实际车间安全带高度调节器缺陷识别测试结果

缺陷类型	第 1 轮测试结果	第 2 轮测试结果	第 3 轮测试结果	识别率/%
右侧错装弹垫验证件	499	499	497	99.7
右侧多装弹垫验证件	498	497	497	99.4
右侧多装纸垫验证件	497	499	499	99.7
右侧钩子变形验证件	498	498	500	99.7
右侧合格	497	499	498	99.6
右侧漏装弹垫验证件	496	498	498	99.4
左侧错装弹垫验证件	499	496	497	99.4
左侧多装弹垫验证件	495	497	496	99.5
左侧多装纸垫验证件	495	497	496	99.2
左侧合格	495	499	496	99.4
左侧漏装弹垫验证件	499	499	500	99.8

3. 基于改进 EfficinentNet 卷积神经网络的法兰盘和气缸盖锻件磁粉探伤缺陷检测

法兰盘和气缸盖锻件是使用锻造设备对棒料进行锻造成型，其组织结构比较致密、强度高、可靠性好、结构完整，因此广泛应用于要求较高的部件加工。其缺点是在锻造过程中，由于不均匀收缩会造成应力集中，同时在接近熔点温度下，法兰盘容易产生裂纹，其产生缺陷的位置较为固定。通常情况下，法兰盘缺陷易产生在轴孔和底面，气缸盖缺陷易产生在底面边缘。

为保证锻件质量，企业需要对加工后的锻件进行无损缺陷检测。常见的铁磁性金属工件的无损检测方法有涡轮法、超声法和荧光磁粉探伤法等。荧光磁粉探伤法因为具有价格低廉、识别灵敏度高和效果直观等优点被广泛应用。在锻件缺陷检测过程中，待检测锻件经磁化设备磁化后，送入黑暗环境检测室的检测平台上，企业通常采用由检测人员人工目测，然后手动分拣存在缺陷的工件的方法。使用人眼观测磁痕的方式进行检测，效率低下，检测结果不稳定。

基于深度学习的智能化缺陷检测方法相比传统机器视觉方法有更为强大的特征自动提取能力，尤其是卷积神经网络更适合处理缺陷检测中的目标识别问题。卷积神经网络具有良好的容错能力、并行处理能力和自学习能力，能够在环境信息复杂、背景知识模糊、推理规则不明确的情况下工作。向宽等使用改进的 FasterR-CNN 模型处理铝材表面缺陷检测问题，并利用感兴趣区域校准(ROI Align)代替 ROI Pooling，提高了小目标的检测能力，为工业铝材质量检测提供了一种有效的应用参考价值。向伟等使用了一种基于 AlexNet 的 CNN 模型进行磁粉探伤检测，检测速度达到 0.34 s/张。蔡彪等提出一种基于 MaskR-CNN 的铸件 X 射线 DR 图像缺陷检测算法，在目标识别候选框和目标混淆的方面具有很好的抗干扰能力，检测效果较好。韩航迪等提出一种基于改进 YOLOv3-Tiny 网络的焊点缺陷主动红外检测方法，在保留原模型轻量化、快速检测特点的基础上，提高了高级语义特征提取能力，使多目标及非典型目标识别得到强化。该方法避免了传统目标检测中复杂的图像处理过程，可实现端到端实时检测。当前，针对磁粉探伤检测问题的研究多数基于传统视觉方法，不具有较好的泛化能力，并且在复杂工作场景中易受干扰，稳定性和准确率较低。目前，利用深度学习的方法处理磁粉探伤缺陷检测的研究较少。

工业缺陷检测常用的深度学习模型有 FasterR-CNN、YOLOv3、YOLOv4、YOLOv4-Tiny、CenterNet 等。其中，FasterR-CNN 是二阶段检测模型，其余 4 种为单阶段检测模型。以上模型在标准数据集中(如 COCO 数据集等)皆有亮眼表现，但针对具体检测问题，也有其自身的局限性。

为实现锻件缺陷的智能检测，本小节设计并搭建了智能检测实验台。实验台主要由固定支架、黑光灯和 CCD 工业摄像机组成。为保证黑光灯效果，在室内亮度较高的情况下往往在外侧覆盖遮光罩。其中，黑光灯选用 S4560-6K 悬挂式 LED 黑光灯，UV(Light)-FLUX ≥ 6 000 μW/cm^2；CCD 工业摄像机选用 FLIRBFS-U3 工业摄像机，分辨率为 4 096×2 160，成像范围为 207.8 mm×106.4 mm；法兰盘和气缸盖两种锻件的缺陷尺寸一般小于 70 mm，能够满足成像要求。检测过程如图 4.74 所示。

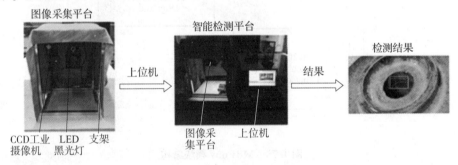

图 4.74 锻件表面缺陷检测平台

实验得到原始图像 450 张，由于缺陷形貌特征较为相近，因此检测效果不佳。由于企业检测过程中只需判定工件是否存在缺陷，而无须区分缺陷种类，因此在进行数据集标注时将所有缺陷归为一类裂纹。数据集中目标缺陷的特征存在以下问题：

(1)缺陷尺度大小不一，形貌特征复杂；

(2)目标分布在图像中各区域，且缺陷背景(缺陷的背景为不同的工件)复杂多变；

(3)光线条件不佳，导致图像质量较差。

为保证检测效果，本小节采用水平翻转增强、垂直翻转增强等 8 种增强方法，将数据集扩展为 1 500 张图片。经过数据增强后的数据集扩充了图片数量，引入了噪声干扰，丰富了缺陷姿态和尺度，有利于后期训练出更稳定的模型。随机选取 80% 的图像为训练集，10% 为测试集，10% 为验证集。

EfficientNet 是一组基于卷积神经网络的主干特征提取网络，该系列共有 8 个不同的模型（EfficientNet-B0 ~ EfficientNet-B7），根据实际检测需求，本小节选用其中的 EfficientNet-B2 模型作为主干特征提取网络。此外，本小节针对 EfficientNet-B2 的改进使模型对图像细节的敏感度提高，能更好地适应光照较差的环境。

EfficientNet-B2 内部选用移动翻转瓶颈卷积（Mobile Inverted Bottleneck Convolution，MBConv）模块，MBConv 模块使用压缩与激发（Squeeze-and-Excitation Network，SENet）模块，即 SE 模块来引入注意力思想。MBConv 模块采用了类似残差连接（Skip Block）的结构，由 SE 模块和深度可分离卷积（Depthwise Convolution）模块组成，如图 4.75 所示。SE 模块关注不同通道之间的关系，通过全连接网络根据损失函数去自动学习特征权重，使得有效通道的权重增大，通过学习不同通道特征的重要程度来实现注意力机制。在全局池化层后的 1×1 卷积为全连接层，作用是将特征图降维。

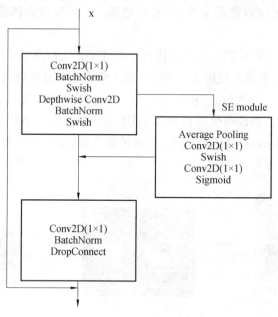

图 4.75　MBConv 模块结构

降维后的特征图利用激活函数激活。改进前的 SE 模块的激活函数使用 ReLU 激活函数，但 ReLU 激活函数存在过拟合和强制稀疏处理导致的神经元坏死的局限性。为缓解这一问题，本小节使用 Swish 激活函数改进 SE 模块。Swish 激活函数是 Sigmoid 激活函数的变形。Sigmoid 和 Swish 激活函数图像如图 4.76 所示。Sigmoid 函数表达式为

$$\text{Sigmoid}(x) = \frac{1}{1+e^{-x}}$$

而 Swish 激活函数的表达式为

$$\text{Swish}(x) = x \cdot \text{Sigmoid}(x)$$

Swish 激活函数具有无上界、有下界，平滑且非单调的特点。其一般在浅层网络的表现并不突出，但随着网络深度的增加，性能会变得越来越突出。本小节使用的 EfficientNet-B2 模型具有较为复杂的网络结构，相比 Sigmoid 和 ReLU，更加适合 Swish 激活函数。

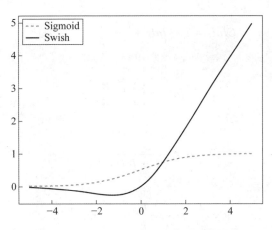

图 4.76 Sigmoid 和 Swish 激活函数图像

由于 EfficientNet-F 模型较为复杂，在训练过程中易产生过拟合现象，为防止此类问题发生，在模型中引入 DropConnect。DropConnect 与常用的 DropOut 的不同之处在于训练过程中，DropConnect 不是对隐含层节点的输出进行随机丢弃，而是对隐含层的输入进行随机丢弃。DropConnect 和 DropOut 都能防止模型产生过拟合的现象，但相比之下，DropConnect 的效果更优。并且，随着 EfficientNet 系列模型缩放参数的增大，模型更容易出现过拟合，DropConnect 的丢弃率也逐渐增大。

针对缺陷尺度大小不一，且目标分布在图像各个区域的问题，引入 FPN 作为多尺度特征融合网络。在以往的 CNN 目标检测任务中，常使用顶层特征进行回归预测，这在大尺度的目标检测任务中效果较好，但对于小目标，这样的预测语义信息较少，并不能取得良好的效果。针对法兰盘和气缸盖的缺陷检测过程中，尺度大小不一的特点，若仅使用顶层特征进行回归预测，会丢失小尺度和特征较弱的目标。因此，为应对多尺度预测任务，本小节使用 FPN 在多个独立特征层中进行预测。FPN 融合了具有高分辨率的浅层特征层和具有丰富语义信息的深层特征层，实现了多尺度特征融合。

在 EfficientNet-F 中，FPN 提取 EfficientNet 的 Stage4、Stage6 和 Stage9 等 3 个特征层。对应的特征图分辨率分别为 52×52、26×26 和 13×13，如图 4.77 所示。这 3 个特征层经过多次卷积运算后，一部分用于输出特征层对应的结果，另一部分进行反卷积后与其他特征层融合。

为了使目标定位的损失函数更加精准，并加快训练时的收敛速度，EfficientNet-F 算法中定位损失函数的交并比损失函数使用的是 CIoU(Complete Intersection over Union)。交并比损失函数是用来度量预测框与真实框重合度的损失函数。常用的交并比损失函数有 IoU、GIoU(Generalized Intersection over Union)和 DIoU(Distance Intersection over Union)等。IoU 存在收敛慢的问题，且预测框与真实框没有交集时，则 IoU 恒为 0，不能准确反映真实框和预测框之间的关系。GIoU 虽然弥补了预测框与真实框没有交集时 IoU 恒为 0 的缺陷，但是收敛速度更为缓慢。DIoU 的收敛速度有所提高，但预测框的回归没有考虑纵横比，收敛的精度仍然不够精确。CIoU 在 DIoU 的基础上，进一步将纵横比考虑进去，收敛效果更佳。CIoU 的表达式为

$$CIoU = 1 - IoU + \frac{\rho^2(b, b_{gt})}{c^2} + \alpha v$$

式中，IoU 的表达式为

$$IoU = \frac{|A \cap B|}{|A \cup B|}$$

α 的表达式为

$$\alpha = \frac{v}{(1 - IoU) + v}$$

v 的表达式为

$$v = \frac{4}{\pi^2}(\arctan \frac{w_{gt}}{h_{gt}} - \arctan \frac{w}{h})^2$$

$\rho^2(b, b_{gt})$ 分别代表预测框和真实框的中心点之间的欧式距离；c 代表能够同时包含预测框和真实框的最小区域的对角线距离；w_{gt} 和 w 分别为真实框和预测框的宽；h_{gt} 和 h 分别为真实框和预测框的高。

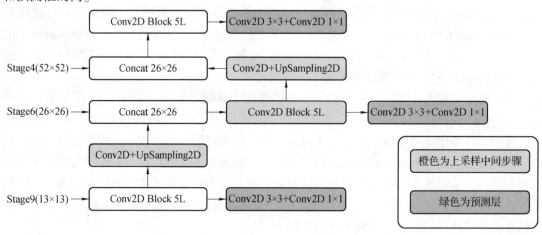

图 4.77　FPN 结构

EfficientNet-B2 模型根据模块划分为 9 个阶段，将 Stage4、Stage6 和 Stage9 的特征图接入 FPN。调整后的 EfficientNet-B2 模型结构如表 4.16 所示。

表 4.16　调整后的 EfficientNet-B2 模型结构

Stage i	Operator	Resolution $\hat{H}_i \times \hat{W}_i$	#Channels $\hat{C}_i$	#Laters $\hat{L}_i$
1	Conv3×3	208×208	32	1
2	MBConv1, k3×3	104×104	16	1
3	MBConv6, k3×3	104×104	24	2
4	MBConv6, k5×5	52×52	48	2
5	MBConv6, k3×3	26×26	88	3
6	MBConv6, k5×5	26×26	120	3

Stage i	Operator	Resolution $\hat{H}_i \times \hat{W}_i$	#Channels $\hat{C}_i$	#Laters $\hat{L}_i$
7	MBConv6, $k5\times5$	13×13	208	4
8	MBConv6, $k3\times3$	13×13	352	1
9	Conv1×1&Pooling&FC	13×13	1 408	1

实验通过模型验证结果反馈,选择最优超参数,每次训练迭代 100 个世代。

为了对训练出的模型进行客观评价,需要使用一些评价指标:准确率表示在所有预测为真的样本中正样本数的比例;召回率表示在所有真实情况为正的样本中预测为真的样本数的比例;平均精度 AP 是不同召回率下的准确率的平均值;均值平均精度 mAP 表示不同类别的 AP 值的平均值;辅助评估值 F_1 是准确率与召回率的综合值;浮点运算数 FLOPs(Floating Point of Operations)用来衡量模型复杂度,也间接表示模型在检测时的速度。

选用以下 5 种算法模型与 EfficientNet-F 进行对比:YOLOv3、YOLOv4、YOLOv4-Tiny、CenterNet 和 FasterR-CNN。连同 EfficientNet-F 模型在内的 6 种模型,使用完全相同的数据集,经过 100 次迭代训练后,比较最优模型的验证集检测结果。

图 4.78 为 6 种模型的 PR 曲线对比图,曲线与 x 轴之间的面积越大表示模型准确率越高;曲线越平稳表示模型在正负样本不均匀的样本下表现越好,EfficientNet-F 为 6 种模型中最优。

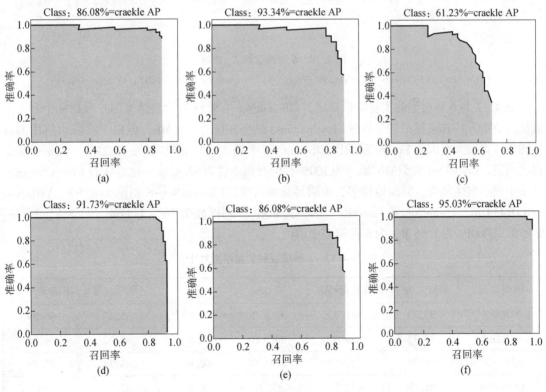

图 4.78　6 种模型的 PR 曲线

(a)YOLOv3;(b)YOLOv4;(c)YOLOv4-Tiny;(d)CenterNet;(e)FasterR-CNN;(f)EfficienNet-F

图 4.79 为 6 种模型的 F_1 曲线, F_1 值是召回率与准确率的调和平均数。F_1 曲线越接近 1 且越平稳表示检测性能越好, EfficientNet-F 为 6 种模型中最优。

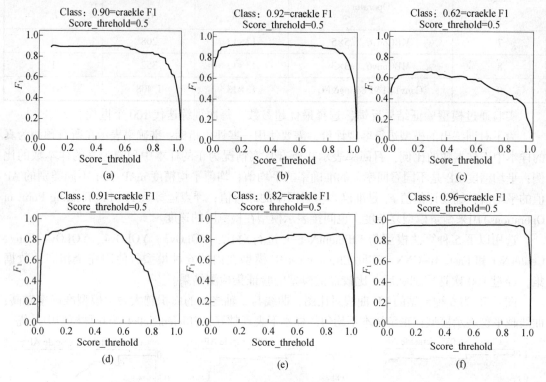

图 4.79　6 种模型的 F_1 曲线

(a) YOLOv3; (b) YOLOv4; (c) YOLOv4-Tiny; (d) CenterNet; (e) Faster-RCNN; (f) EfficienNet-F

表 4.17 为 6 种模型的实验结果对比, EfficientNet-F 验证集检测结果的 6 项指标中有 4 个最优。YOLOv4-Tiny 模型的参数量(Totalparams)最小, 仅为 5.9 MB, 但由于在隐含层中的特征图分辨率较大, 因此 FLOPs 反而比 EfficientNet-F 略大, 且 mAP 仅为 61.23%, 远不能满足检测所需。CenterNet 模型的准确率为 100%, 但召回率仅为 82.93%。这意味着 CenterNet 在验证集中没有发生错检, 但漏检较多, 不满足检测需求。EfficientNet-F 相比 YOLOv3、YOLOv4、YOLOv4-Tiny、CenterNet 和 FasterR-CNN, 其 mAP 分别提高 7.7%、1.71%、33.8%、3.3%、8.95%; FLOPs 为 1.86 B, 为 6 种模型中最优。

表 4.17　6 种模型的实验结果对比

模型类别	mAP/(%)	参数量/MB	FLOPs	F_1	召回率/(%)	准确率/(%)
YOLOv3	87.33	61.9	32.8 B	0.90	85.37	95.89
YOLOv4	93.32	64.0	29.9 B	0.92	89.02	94.81
YOLOv4-Tiny	61.23	5.9	3.41 B	0.62	46.34	92.86
CenterNet	91.73	32.7	3.8 B	0.91	82.93	100
Faster-RCNN	86.08	43.2	23.9 M	0.82	84.88	80.22
EfficientNet-F	95.03	10.7	1.86 B	0.96	95.12	97.50

图 4.80 为 6 种模型 mAP 和 FLOPs 值的散点图，越靠近右下方表示模型越准越快。EfficientNet-F 为 6 种模型中最优，其检测精度较高且检测速度较快，能够满足实际检测需求。

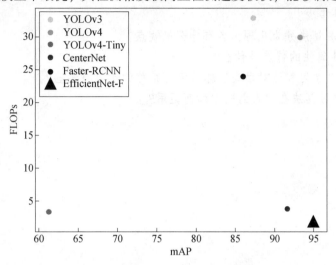

图 4.80　6 种模型 mAP 和 FLOPs 值的散点图

本小节通过使用 EfficientNet 模型作为主干特征提取网络，FPN 作为特征融合层，并引入 CIoU 和注意力机制等方法提高模型的检测精度，提出一种新的锻件缺陷智能检测模型 EfficientNet-F，实现了对法兰盘和气缸盖两种典型锻件的智能检测。EfficientNet-F 模型在快速检测的基础上实现了精准检测，避免了传统目标检测中复杂的图像处理过程，可实现端到端的实时检测。通过检测实例和对比实验，主要结论如下：

（1）本小节提出的基于改进 EfficientNet 主干特征提取网络的锻件缺陷检测模型，针对复杂高级语义特征，具有强大的特征提取能力；引入的 Swish 激活函数结合 SE 注意力模块，有效提升了模型的检测性能。

（2）将高级语义特征引入 FPN 特征融合层，有效地增强了模型的多尺度目标检测能力。

（3）引入 CIoU，对目标框重叠的描述相比传统计算方法更加准确，有效地优化了目标框的收敛速度和精度。

EfficientNet-F 模型的检测结果证实了不同零件的相似缺陷可标注为同一类。因为这样标注，EfficientNet-F 模型的检测结果能满足对算法性能的要求。但在检测结果中发现极少数样本出现两个预测框重叠的现象，可能是因为非极大值抑制模块的 IoU 阈值没有合理优化，还需要进一步深入研究，以便更好地满足实际锻件检测需求。

习题与思考题

4.1　机器视觉与深度学习之间的关系是什么？

4.2　卷积神经网络包含哪几层，每层各有什么作用？

4.3　如何使卷积层输入和输出相同？

4.4　假设输入的是一张 300×300 的彩色 RGB 图像，使用全连接神经网络，如果第一个隐含层有 100 个神经元，请问这个隐含层共有多少个参数？

4.5　是否可以这样理解：一个 $M \times N$ 的二维矩阵与一个 $A \times B$ 的卷积核做卷积运算，得

到的仍然是一个 $M \times N$ 的矩阵，矩阵的值就是提取的特征值？

4.6 对于 32×32×6 的输入特征图，使用步长为 2，核大小为 2×2 的最大池化，请问输出特征图的大小是多少？

4.7 目标检测算法分为几种，各有什么优缺点？

4.8 YOLOv3 算法的特点是什么？

4.9 采用深度学习算法对动态物体检测与跟踪的优势有哪些？

4.10 深度学习算法在无人驾驶中如何运用？

第5章 机器视觉其他技术应用与展望

5.1 智能移动机器人组成、视觉导航工作原理

移动机器人是机器人学中的一个重要分支,早在20世纪60年代,人们就已经开始研究移动机器人了。关于移动机器人的研究涉及许多方面,从移动方式考虑,可以分为轮式的、履带式的、腿式的,对于水下机器人,则是推进器;从驱动器的控制考虑,可以采用不同驱动方式以使机器人达到期望的效果;从导航或路径规划考虑,有更多的因素需要考虑,如传感融合、特征提取、避碰及环境映射等。因此,移动机器人是一个集环境感知、动态决策与规划、行为控制与执行等多种功能于一体的综合系统。

对移动机器人的研究,存在许多新的具有挑战性的理论与工程技术课题,以及广阔的应用前景,其引起了越来越多的专家学者和工程技术人员的兴趣,在世界各国受到普遍关注。1969年,美国斯坦福研究院成功研制出了世界上首个真正意义上的智能移动机器人,命名为Shakey,其借助自身配备的摄像头、测距仪和碰撞传感器,能够进行较为简单的环境感知、路径规划和运动控制,可以在结构化的环境下完成移动目标物体、自动避障等任务。虽然受当时的计算机软硬件性能限制,只能完成简单的任务并且运算需要很长时间,但Shakey的研制成功对后来的研究产生了深远的影响。1979年,日本机械技术研究所成功研制出的首辆陆地自主移动车成功以30 km/h的速度完成了历史上首次无人驾驶实验。1997年,美国研发出的Valkyrie火星探测机器人,可以通过配备的多传感器感知火星环境,完成火星探测任务。2005年,LeCun等人成功研制出的DAVE无人车,通过一个6层的卷积神经网络,输入双目摄像机采集的图像直接输出转向角度,完成了端到端的自动避障任务。2017年,瑞士公司ANYbotics研制出ANYmal系列四足机器人,2019年公布的ANYmal C型机器人可以借助激光雷达和深度摄像机捕捉高精度环境信息,实现实时运动规划和障碍躲避功能。

虽然我国在移动机器人领域的研究晚于国外,但通过持续的研究也已取得较多成果。1994年,清华大学成功研制出配备了激光雷达、CCD摄像机以及GPS系统的THMR-V智能车,通过多台计算机来分别处理视觉感知、路径规划等子任务,可以完成车道线跟踪、自动避障等功能。2003年,中科院自动化研究所研制出CASIA-I移动机器人,该机器人同时配备了单目摄像机、雷达、超声波传感器，各传感器可以通过各自独立的 DSP 实现传感器数据的实时处理。2018 年，百度公司与金龙客车合作研制出了第一辆商用级无人驾驶电动车，通过已知的高精度地图，可以在特定场所内实现全局导航、自动避障等任务。近年来，国内各企业、高校积极参与投入移动机器人领域，我国在该领域与国外的差距正逐步减小。

为了使移动机器人得到更广泛的应用，其必须具备良好的运动系统、可靠的导航系统、精确的感知能力和既安全又友好的人机交互能力。随着 AI 及大数据的发展，智能移动机器人应运而生，作为一个集环境感知、动态决策与规划、行为控制与执行等多功能于一体的综合系统，它集中了传感器技术、信息处理、电子工程、计算机工程、自动化控制工程以及 AI 等多学科的研究成果，代表机电一体化的最高成就，是目前科学技术发展最活跃的领域之一。随着机器人性能不断地完善，智能移动机器人的应用范围大为扩展，不仅在工业、农业、医疗、服务等行业中得到广泛的应用，而且在城市安全、国防和空间探测等领域得到很好的应用。如图 5.1 所示，无论是帮助家庭室内清扫的扫地机器人，还是提高农业生产效率的农业机器人和为生产生活提供便利的服务机器人，以及近些年深受关注的自动驾驶汽车，都给人们的日常生活和工业生产带来巨大帮助。

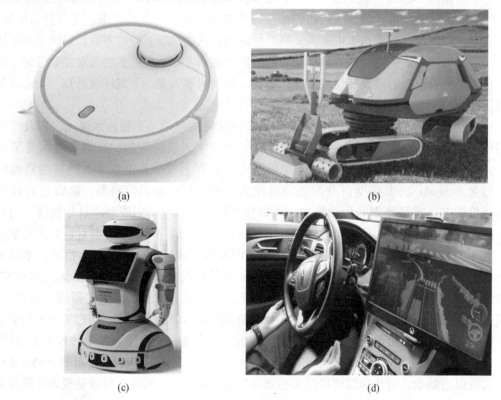

图 5.1　各类智能移动机器人
(a)扫地机器人；(b)农业机器人；(c)服务机器人；(d)自动驾驶汽车

5.2 视觉导航智能移动机器人

5.2.1 智能移动机器人的组成

智能移动机器人是集环境感知、动态决策与规划于一体的多功能综合系统,也是集传感器技术、信息处理、电子工程、计算机工程、自动化技术于一体的 AI 学科,是目前科学技术发展最活跃的领域之一。智能移动机器人具有像人一样的感知与决策能力,可以根据外界环境的变化,进行自主识别、推理和判断,一定程度上能自行修改程序以达到最终设定的目标。其主要由以下几个部分组成,如图 5.2 所示。

图 5.2 智能移动机器人的组成

(1)中央控制器:类似于人类的大脑,有计算、分析和决策能力,可以进行路径动态避障,通过对地图的网格像素点进行计算,实时寻找最短路径。

(2)传感器:类似于人的五官,包括激光雷达传感器、超声波传感器、视觉传感器、红外传感器等。近年来 SLAM 技术发展十分迅速,这种定位同时构造环境模型的方法,可用来解决机器人定位导航的问题。随着传感技术、AI 技术和计算机技术等不断提高,智能移动机器人将在生产和生活中扮演人的角色。

(3)底盘驱动:类似于人的脚,通过双轮差速或多轮全向,来响应中央控制器发送的速度消息,实时调节移动速度与运行方向,灵活转向以精确地到达目标点。

5.2.2 定位导航的基本概念及工作原理

智能移动机器人的导航方式有很多,发展有先有后,都有各自的缺点和优势,实际使用时需要因地制宜。导航方式从最初的有轨导航到无轨导航,对特定标志物的依赖逐渐较少,对环境的适应性逐渐增强。

下面是各种导航方式的具体介绍和应用场景。

1. 电磁导航

电磁导航是比较传统的导航方式,实现形式是在自动导航车的行驶路径上埋设金属线,并在金属线上加载低频、低压电流,产生磁场,通过车载电磁传感器对导航磁场强弱的识别和跟踪实现导航,通过读取预先埋设的金属线来完成指定任务,如图 5.3 所示。

电磁导航的主要优点为金属线埋在地下,隐蔽性强,不易受到破坏,导航原理简单可靠,无声光干扰,制造成本低;缺点是金属线的铺设麻烦,且更改和拓展路径困难,电磁感应容易受到金属等铁磁物质的影响。

电磁导航在路线较为简单,需要 24 h 连续作业的生产制造(如汽车制造)业有比较广泛的应用。

图 5.3　磁条导航移动机器人

2. 磁带导航

磁带导航与电磁导航原理较为相近，也是在自动导航车的行驶路径上铺设磁带，通过车载电磁传感器对磁场信号的识别来实现导航，如图 5.4 所示。

图 5.4　磁带导航移动机器人

磁带导航主要的优点为技术成熟可靠，成本较低，磁带的铺设较为容易，拓展与更改路径相对电磁导航较为容易，运行线路明显，无声光干扰。缺点为路径裸露，容易受到机械损伤和污染，需要人员定期维护，容易受到金属等铁磁物质的影响，机器人一旦执行任务只能沿着固定磁带运动，无法更改任务。

3. 磁钉导航

磁钉导航和磁条导航一样都需要车载电磁传感器来定位机器人相对于路径的左右偏差，磁钉导航与磁条导航的差异就是磁条是连续铺设的，磁钉是离散铺设的，如图 5.5 所示。如果完全使用磁钉导航，则需要铺设大量磁钉。磁钉导航的优点是成本低，技术成熟，隐蔽性好，较磁带导航美观，抗干扰性强，耐磨损，抗酸碱。磁钉导航的缺点是机器人路径易受铁磁物质影响，更改路径施工量大，磁钉的施工会对地面产生一定影响。磁钉导航在码头机器人上应用较多。

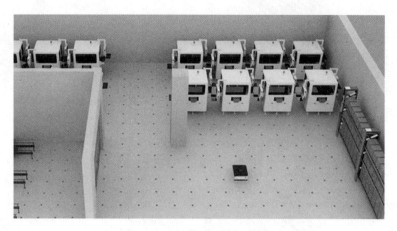

图 5.5　磁钉导航移动机器人

4. 二维码导航

二维码导航，地面上的二维码充当了标志物的角色。二维码导航与磁钉导航较为相似，只是标志物不同。二维码导航的原理是自动导航小车通过摄像头扫描地面二维码，通过解析二维码信息获取当前的位置信息，如图 5.6 所示。二维码导航通常与惯性导航相结合，实现精准定位。

图 5.6　二维码导航移动机器人

二维码导航目前在市场上十分火热，主要原因是亚马逊高价收购了 KIVA 二维码导航机器人，其类似棋盘的工作模式令人印象深刻，国内电商纷纷将二维码导航机器人应用于智能仓库领域，能够安全稳定地实现搬运操作。二维码导航的移动机器人的单机成本较低，但是在项目现场需要铺设大量二维码，且二维码易磨损，维护成本较高。

5. 色带导航

色带导航是在移动机器人的行驶路径上设置光学标志（粘贴色带或涂漆），通过车载光学传感器采集图像信号并识别来实现导航的方法，如图 5.7 所示。色带导航与磁带导航较为类似，主要的优点是路面铺设较为容易，拓展与更改路径相对磁带导航容易，成本低。缺点是色带较为容易受到污染和破坏，对环境的要求高，导航的可靠性受制于地面条件，定位精度较低。色带导航适用于工作环境洁净，地面平整性好，定位精度要求不高的场合。

图 5.7 色带导航移动机器人

6. 激光导航

激光导航一般指基于反射板定位的激光导航,具体原理是在移动机器人行驶路径的周围安装位置精确的反射板,在移动机器人车体上安装激光扫描器,激光扫描器随移动机器人的行走发出激光束,发出的激光束被多组反射板直接反射回来,触发控制器记录旋转激光头遇到反射板时的角度,控制器根据这些角度值与实际的这组反光板的位置相匹配,计算出移动机器人的绝对坐标。基于这个原理就可以实现非常精确的激光导航,如图 5.8 所示。

图 5.8 激光导航移动机器人

激光导航的方式使得移动机器人能够灵活规划路径,定位准确,行驶路径灵活多变,施工较为方便,能够适应各种实用环境。由于激光导航的反光板处于较高的物理位置,因此其不易受到破坏。正常工作时不能遮蔽反光板,否则会影响其定位情况。激光导航由于成本较高,在目前移动机器人市场上占用率不是很高,但由于其优越性,将会逐渐取代一些传统的导航方式。

7. 视觉导航

视觉导航为核心的导航技术,主要包括信标定位技术、视觉 SLAM 技术、自主导航技术等。视觉导航较明显的优势是被动信息导航,对工作环境友好无损;成本低,高速高精度,能实现智能自主导航,与激光导航相比,对特定的工作场景有非常高的性价比优势。

视觉导航定位系统主要包括摄像机或 CCD 图像传感器、视频信号数字化设备、基于 DSP 的快速信号处理器、计算机及其外设等。现在有很多机器人系统采用 CCD 图像传感器,其基本元件是一行硅成像元素，在一个衬底上配置光敏元件和电荷转移器件，通过电荷的依次转移，将多个像素的视频信号分时、顺序地取出来，如面阵 CCD 传感器采集的图像的分辨率可以从 32×32 像素到 1 024×1 024 像素等。

移动机器人视觉系统基本由硬件(视觉传感器、图像采集卡、计算机、机器人)和软件(计算机软件、机器人控制软件、视觉处理软件)组成，如图 5.9 所示。

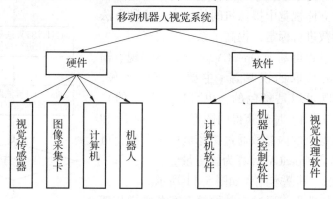

图 5.9　移动机器人视觉系统结构

移动机器人视觉导航定位系统的工作原理，简单来说就是对机器人周边的环境进行光学处理，先用摄像头进行图像信息采集，将采集的信息进行压缩，然后将它反馈到一个由神经网络和统计学方法构成的学习子系统，再由学习子系统将采集到的图像信息和机器人的实际位置联系起来，完成机器人的自主导航定位功能。移动机器人视觉导航图像处理子系统结构如图 5.10 所示。

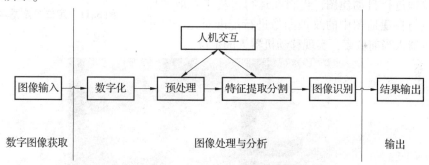

图 5.10　移动机器人视觉导航图像处理子系统结构

移动机器人视觉导航图像处理子系统涉及摄像机标定算法、机器视觉与图像处理、定位算法等三部分内容。

(1)摄像机标定算法：2D-3D 映射求参。

传统摄像机标定主要有 Faugeras 标定法、Tsai 两步法、直接线性变换方法、张正友平面标定法和 Weng 迭代法。自标定包括基于 Kruppa 方程自标定法、分层逐步自标定法、基于绝对二次曲面的自标定法和 Pollefeys 的模约束法。视觉标定包括马颂德的三正交平移法、李华的平面正交标定法和 Hartley 旋转求内参数标定法。

(2)机器视觉与图像处理：包括预处理、特征提取、图像分割和图像描述识别操作。

(3)定位算法：基于滤波器的定位算法主要有 KF、SEIF、PF、EKF、UKF 等，也可以使用单目视觉和里程计融合的方法。以里程计读数作为辅助信息，利用三角法计算特征点在当前机器人坐标系中的坐标位置，这里的三维坐标计算需要在延迟一个时间步的基础上进行。根据特征点在当前摄像头坐标系中的三维坐标以及它在地图中的世界坐标，估计摄像头在世界坐标系中的位姿。这种方法降低了传感器成本，消除了里程计的累积误差，使得定位的结果更加精确。此外，相对于立体视觉中摄像机间的标定，这种方法只需对摄像机内参数进行标定，提高了系统的效率。

定位算法基本过程可基于 OpenCV 进行简单实现。输入：为通过摄像头获取的视频流（主要为灰度图像，OpenCV 中的图像既可以是彩色的，也可以是灰度的）。记录摄像头在 t 和 $(t+1)$ 时刻获得的图像为 $Image(t)$ 和 $Image(t+1)$，摄像机的内参数通过摄像机标定获得，可以通过 MATLAB 或者 OpenCV 计算为固定量。输出：每一帧图像的位置+姿态。其基本流程如图 5.11 所示。

视觉导航移动机器人，通过自动导航车车载视觉传感器获取运行区域周围的图像信息来实现导航，如图 5.12 所示。硬件上需要下视摄像头、补光灯和遮光罩等来支持该种导航方式的实现，可利用丰富的地面纹理信息，并基于相位相关法计算两图间的位移和旋转，再通过积分来获取当前位置。该方式通过移动机器人在移动过程中，摄像头拍摄地面纹理进行自动建图，再将在运行过程中获取的地面纹理信息与自建地图中的纹理图像进行配准对比，以此估计移动机器人当前位姿，实现移动机器人的定位。

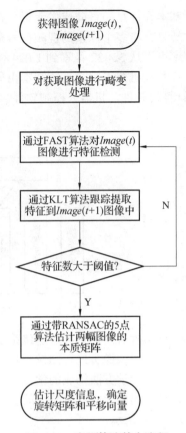

图 5.11　定位算法基本流程

图 5.12　视觉导航移动机器人

视觉导航的优点是硬件成本较低，定位精确；缺点是运行的地面需要有纹理信息，当运行场地面积较大时，绘制导航地图的时间比激光导航长。但随着图像处理算法迅速发展及深度学习方法的引入，基于视觉导航的地图绘制时间已大幅度下降。移动机器人各种导航方式的比较如表 5.1 所示。

表 5.1　移动机器人各种导航方式的比较

导航方式	成本	地面施工	维护成本	抗铁磁	灵活性	技术成熟
电磁导航	成本低	施工大	较低	否	最弱	成熟
磁带导航	成本低	施工大	较高	否	弱	成熟
磁钉导航	成本低	施工大	较高	否	弱	成熟
二维码导航	成本低	施工较大	较高	否	弱	成熟
色带导航	成本低	施工较大	较高	是	弱	成熟
激光导航	成本高	施工较小	低	是	强	成熟
视觉导航	成本较低	施工最小	低	是	强	一般

总之，移动机器人作为先进的智能工厂工具，已经被越来越多的行业和企业使用。移动机器人的导航方式有很多，发展有先有后，都有各自的缺点和优势，实际使用时需要因地制宜。其中，基于视觉的移动机器人导航方式，随着图像处理算法和视觉传感器等硬件设备的迅速发展，以及深度学习方法的引入，提高了精度和效率，降低了成本，成为移动机器人导航方式的优选项。

基于视觉导航的智能移动机器人，成为智能工厂的重要组成部分，随着"中国制造2025"的推进，智能工厂加速建设，使得其功能呈现出多样化的趋势，并已经成为智能工厂在数字化改造过程中优先考虑的目标。智能工厂中的智能移动机器人如图 5.13 所示，增高式自动叉车可搬运货物，复合机器人可拣选货物，搬运机器人可在生产线上搬运货物，智能巡检机器人可巡视整个工厂的情况。

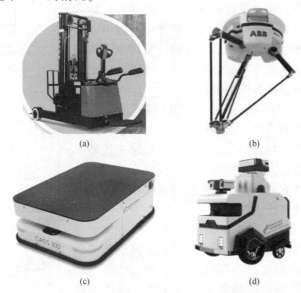

图 5.13　智能工厂中的智能移动机器人
(a)增高式自动叉车；(b)复合机器人；(c)智能搬运机器人；(d)智能巡检机器人

5.2.3　智能移动导航机器人路径规划

智能移动导航机器人(AGV)的使用在工业生产过程中是非常重要的一个环节，能够实现快速转运，大大减少企业生产的成本和时间。传统的路径规划方法不仅效率低下，而且耗时耗力，已经无法满足现代化生产需要。此外，目前智能移动机器人导航路径规划，无法适应复杂的场景。机器视觉技术具有自动化、客观、非接触和高精度等特点，在重复和机械性的工作中具有较大的应用价值，将机器视觉和智能优化算法应用到智能移动机器人导航路径规划过程中能有效提高工作效率。

近年来，基于智能优化算法的路径规划方法得到了广泛应用。例如，吕文壮等人提出将改进蚁群算法（Improved Ant Colony Algorithm，IACA）用于焊接机器人路径规划中，该算法利用粒子群算法（Particle Swarm Optimization Algorithm，PSOA）对蚁群算法（Ant Colony Algorithm，ACA）产生的若干组较优解进行交叉和变异操作。通过实验，验证了该算法能有效缩短焊接路径，但是该算法的后期收敛速度较慢。魏博等人提出了一种基于离子运动的人工蜂群（Ion Motion-Artificial Bee Colony，IM-ABC）算法用于路径规划，该算法在基本人工蜂群算法模型（Artificial Bee Colony，ABC）的基础上引入一种模拟离子运动规律来更新蜂群的策略，通过实验数据和仿真计算验证了改进算法的有效性，表明该算法具有快速寻优的特点。谭燕等人针对机械臂避障的同时保证轨迹最短的问题，在遗传算法（Genetic Algorithm，GA）的基础上使用种群分布熵和适应度方差改进交叉操作，该算法缩短了轨迹长度，减少了关节角变化量。将智能优化算法应用于零部件自动分拣中，利用其迭代特性，有利于提高系统规划路径的速度，缩短机械臂运动轨迹的长度。

GA是模拟自然界中生物进化的过程，根据优胜劣汰原理，通过种群进化得到最优解。GA求解过程：首先对每个目标零件进行编码，各个编码在基因序列中出现的先后顺序作为个体，即一个机械手分拣路径。编码完成后，随机产生一个有规模限制的种群，相当于各种分拣路径的集合。适应度函数在寻优过程中有着重要作用，在路径优化过程中以路径最短为目的，在确定适应度函数后，开始计算每个个体的适应度，对种群进行多次选择、交叉以及变异操作，输出适应度最高的个体，即机械手分拣的最优路径。

天牛须搜索（Beetle Antennae Search，BAS）算法是根据天牛觅食的原理而开发的算法。天牛长有两只触角，在天牛搜寻食物时，两只触角感知食物气味的浓度，如果右边触角感受到的气味浓度比左边大，则往右移动，反之亦然。天牛须搜索算法具有全局搜索速度快、求解精度高等特点，目前已在各工业领域中得到广泛应用。

GA中的变异算子是以一定的概率改变种群中个体的某些基因的值，具有较大的随机性，容易产生适应度较差的子代，影响算法的效率和速度。为提高算法效率，结合BAS算法思想设计了一种启发式变异算子，即在每个操作回路中，只能选择距离最近的相邻目标零件作为下一个到达的位置。改进后的变异算子保证了变异后的子代具有更高的适应度，从而以更快的速度找到最优解。BAS-GA算法流程如图5.14所示。

基于BAS-GA算法对某移动机器人的移动路径进行优

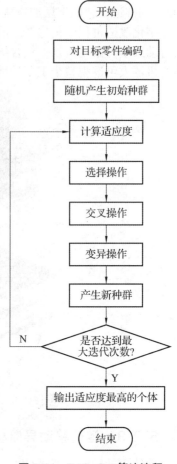

图5.14　BAS-GA算法流程

化,原始路径如图 5.15 所示,优化后的路径如图 5.16 所示。

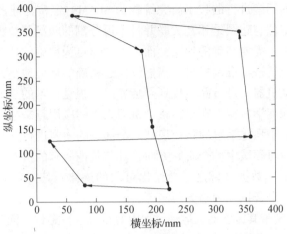

图 5.15 原始路径

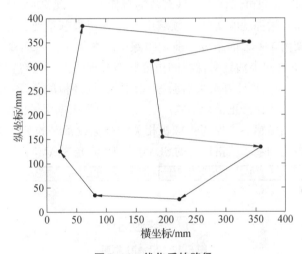

图 5.16 优化后的路径

5.3 机器视觉与深度学习技术在智能移动机器人中的应用

无论哪种智能移动机器人,为了能够实现各自在不同环境下的功能,均需要解决以下 3 个问题:定位问题、建图问题、路径规划问题。

定位问题:确定智能移动机器人在环境中的确切位姿。通过编码器或视觉里程计确定机器人自身的位移,进而确定相邻帧间机器人自身的位姿变化,包括相对位置、绝对位置以及机器人自身的姿态。

建图问题:智能移动机器人在陌生环境中运行的同时,根据传感器观察到的信息建立周围环境地图,根据地图种类的不同可以分为二维栅格地图、二维拓扑地图、三维网格地图、三维点云地图等,具体的地图类型取决于智能移动机器人在不同环境下的任务需求。

路径规划问题:在解决定位问题与建图问题的基础上,根据智能移动机器人在环境中的任务要求进行导航路径规划，赋予智能移动机器人自主进行目的性移动的能力。

对定位问题与建图问题进行的技术研究统称为 SLAM，定位与建图在 SLAM 系统中必须是同步进行的，因为定位与建图是相互关联并且不可分割的两部分。为了实现智能移动机器人在环境中的精确定位，需要精确的地图，而为了构建更为精确的地图则需要机器人对环境中出现的物体与自身位置进行准确描述。当能够构建精确的环境地图并在运行过程中进行定位时，可以对智能移动机器人进行路径规划。随着机器视觉技术的迅速发展和深度学习技术的出现，机器视觉与深度学习技术在智能移动机器人中的应用越来越广泛，下面主要对基于深度学习的 SLAM 和基于强化学习的路径规划两个部分的内容进行介绍。

深度学习是机器学习领域中一个研究方向，其与其他所有的机器学习算法本质上都是一种"拟合"机制，在大量的数据基础之上总结出可用的规律。其主要应用于图像识别、物体检测、自然语言处理、语音识别和趋势预测等。

SLAM 是指智能体携带其传感器在运动过程中对自身进行定位，同时以合适的方式描述周围的环境，其能够比传统的文字、图像和视频等方式更高效、直观地呈现信息。在 GPS 不能正常使用的环境中，SLAM 也可以作为一种有效的替代方案实现实时导航。SLAM 技术在服务机器人、无人驾驶汽车、增强现实等诸多领域中发挥着越来越重要的作用。如图 5.17 所示，一个完整的 SLAM 框架由 4 个方面组成：前端跟踪、后端优化、回环检测、地图重建。前端跟踪即视觉里程计，负责初步估计摄像机间位姿状态及地图点的位置；后端优化负责接收视觉里程计测量的位姿信息，并计算最大后验概率估计；回环检测负责判断机器人是否回到了原来的位置，并进行回环闭合修正估计误差；地图重建负责根据摄像机位姿和图像，构建与任务要求相适应的地图。当传感器主要为摄像机相关的视觉设备时的 SLAM 称为"视觉 SLAM"；当传感器主要为激光雷达和毫米波雷达时的 SLAM 称为"激光 SLAM"。

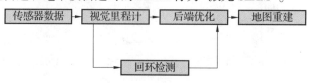

图 5.17 SLAM 框架

激光 SLAM 通过激光扫描快速得到点云图像，其在工业界应用十分广泛。激光 SLAM 主要基于扫描匹配方法，能够提供非常精确的 2D 或 3D 环境信息，但通常很耗时，不能像视觉 SLAM 那样处理路标。激光在处理平面光滑特征时能体现出优势，但它依赖简单的扫描匹配方法，稳定性不高。激光 SLAM 的环境特征不明显，对于导航来说并不可靠，因此往往需要与惯性导航单元（Inertial Measurement Unit，IMU）融合。同时，由于激光 SLAM 在动态复杂环境下的性能不佳，重定位能力差，往往需要借助 IMU 进行去失真处理。工业级 IMU 的成本很高，这也阻碍了激光 SLAM 的发展。激光 SLAM 按实现算法可分为占据栅格法和基于深度学习的 SLAM 算法。其中，占据栅格法的优点是容易理解、准确度高、适合 2D 激光雷达，而其缺点是只能用于 2D 地图构建、内存消耗高、回环检测困难。基于深度学习的 SLAM 算法的优点是适合大规模建图、数据使用量少、回环检测简单，但是其也存在着需要高精度数据的缺点。

SLAM 技术是机器人技术、自动驾驶和增强现实领域的关键技术之一。它是智能移动平台感知周围环境的基本技术。基于单目视觉传感器、双目视觉传感器、RGB-D 视觉传感器和其他摄像机的 SLAM 技术包括基于稀疏特征的 SLAM、密集/半密集 SLAM、语义 SLAM 和基于深度学习的 SLAM。随着 AI 技术的发展,深度学习与传统几何模型相结合的方法正在形成,这将推动视觉 SLAM 技术向长期大规模实时语义应用的方向发展。定位和地图构建是机器人导航和控制研究领域的两个基本问题,机器人研究领域的 SLAM 技术是解决这两个基本问题的有效解决方案之一。由于图像或视频可以提供丰富的环境信息,因此大多数关于定位和地图构建的研究都集中在视觉 SLAM 算法上。然而,由于其复杂性,它对潜在的定位和地图构建应用提出了严峻挑战。在过去十年中,视觉 SLAM 算法取得了重大进展,在一定的环境下,它可以非常准确地估计移动平台的状态和周围环境。

5.3.1 视觉 SLAM

经典的视觉 SLAM 流程可分为以下几步。

(1)传感器信息读取:常见 SLAM 传感器如图 5.18 所示,其在视觉 SLAM 中主要进行摄像机图像信息的读取和预处理。

图 5.18 常见 SLAM 传感器

(a)单目摄像机;(b)双目摄像机;(c)深度摄像机

(2)视觉里程计测量:视觉里程计(Visual Odometry,VO)又称为前端,能够通过相邻帧间的图像估计摄像机运动,并恢复场景的空间结构。

(3)后端优化:后端接收不同时刻视觉里程计测量的摄像机位姿,以及回环检测的信息,对它们进行优化,得到全局一致的轨迹和地图。

(4)回环检测:判断机器人是否曾经到达过先前的位置,主要解决位置估计随时间漂移的问题,如果检测到回环,它会把信息提供给后端进行处理,如图 5.19 所示。

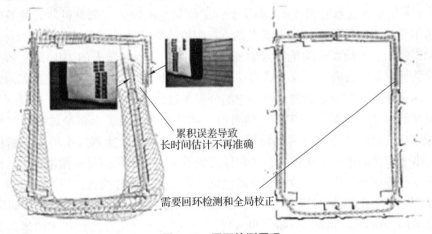

图 5.19 回环检测原理

(5)建图：根据估计的轨迹，建立与任务要求对应的地图，各种 SLAM 地图如图 5.20 所示。

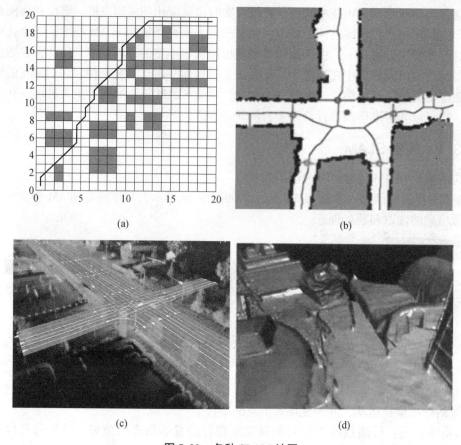

图 5.20　各种 SLAM 地图
（a）2D 栅格图；（b）2D 拓扑图；（c）3D 点云图；（d）3D 网格图

视觉 SLAM 涉及的主要技术如下。

（1）基于卡尔曼滤波器的 SLAM：本质上，定位和地图构建问题是机器人领域的状态估计问题，卡尔曼滤波或粒子滤波是主流工具。有些传感器提供了作为时间函数的身体姿态的数据驱动动态模型，如地面移动机器人的光学编码器、飞行机器人的 IMU 等。然而，由此产生的定位估计移动平台有累积误差或漂移。一些外部传感器，如摄像机或激光测距仪，可以通过积分动态模型中的分布和测量模型中的分布来提供角度或距离测量，扩展卡尔曼滤波器或粒子滤波器以估计分配上一步传播到当前的估计分布。由于卡尔曼滤波器仅更新增加量，因此可以在大规模环境中长时间使用，并且某些结果可以达到远小于 1 的累积相对误差。但是，由于算法的增量工作模式，累积漂移仍然太大，采用的环境图很稀疏，构造的图有限。由于这些方法不使用回环检测和全局优化，它们有时被称为视觉惯性里程表。

（2）基于优化的 SLAM：与机器人研究领域的 SLAM 技术并行的是机器视觉研究领域中的运动恢复结构（Structure from Motion，SFM）技术。它通过优化算法估计本体运动和环境结构，也可以称为基于优化的 SLAM。

首先，它提取一些视觉特征，然后在两个图像之间进行特征匹配，然后利用匹配特征优化局部，以估计移动平台的位置和方向。位置和方向变化的累积产生估计的位置和方向。当它执行位移累积时，也会产生累积误差或漂移。起初，SFM 技术主要用于在离线模式下构建环境地图，因此它可以回环检测，即检测移动平台是否在一段时间后返回到先前访问过的环境。回环检测通过特征匹配来执行，随着时间的推移和图像的累积，需要越来越长的时间。一旦检测到回环，SFM 技术优化估计局部结果的全局估计，从而大大减少了累积误差或漂移，因此估计的准确性非常高。但是，由于回环检测及其全局优化，其实时性能在大规模环境中受到限制。随着计算机性能的提高和实现算法的改进，卡尔曼滤波和基于优化的 SLAM 相结合，大大提高了准确性和实时性。基于优化的 SLAM 现在更受欢迎，例如，SLAM 算法 PTAM 由两个线程实现，一个是用于估计移动平台位置和方向的实时跟踪线程，另一个是用于优化组合的非实时组合线程。每帧图像执行回环检测需要花费太多时间，而许多图像不包含有用信息或具有冗余，所以仅选择关键帧进行回环检测，可以提高速度并减少存储。

视觉传感器因价格低廉、能够采集大量信息、测量范围大等优点，一直以来都是 SLAM 问题的主要研究方向。视觉 SLAM 的原理很简单，即通过对图像序列特征像素的运动感知来顺序估计摄像机运动。实现视觉 SLAM 的方法主要有两种，一是基于特征提取的视觉 SLAM 方法，即检测和跟踪图像中的特征点。二是使用整个图像而不提取特征，称为直接法 SLAM。近年来也产生了一些使用特殊类型摄像机的视觉 SLAM 方法。由于视觉传感器对光照变化或低纹理环境敏感，在缺乏光照和纹理特征的环境中，视觉 SLAM 表现较差，甚至无法完成任务。RGB-D 摄像机工作依赖红外光，环境光线会严重干扰检测，因此在室外环境中的性能表现不佳，只在室内场景下表现良好。另外，单目摄像机也存在尺度不确定性、尺度漂移、需要初始化等缺点。为了克服在室内环境中缺乏特征的缺点，研究者们对环境中的几何特征进行了研究，如直线、线段或物体边缘，这些环境中的几何特征被称为路标。

5.3.2 视觉 SLAM 算法研究现状

1. 基于稀疏特征的 SLAM

视觉特征的提取是此类技术的关键。好的特征应该具有比例和旋转的不变性。其适用的环境应具有大量的视觉特征，如特征点、角度、线条等。在一致的环境，如空房子或高速公路中，其很难做出很好的估计。

2. 密集的 SLAM 和半密集的 SLAM

某些环境没有重要功能，有时稀疏功能可能会丢失大量视觉信息。直接或密集的 SLAM 方法可以在某种程度上适应这种环境。

直接或密集的 SLAM 方法不提取特征，而是通过直接比较两帧图像的所有像素的光强度差异来优化移动平台的位置和方向变化的估计，即最小化光学测量误差，以定位摄像机。

地图的构建是使用一些特殊函数来表示环境的三维表面，并通过估计所有图像像素的深度来执行密集重建。由于密集重建需要大量的计算和存储，因此通常需要 GPU 加速计算。早期算法（如 DTAM）的应用程序环境有限且精度有限。并非图像中的所有像素都是有用的信息，为了减少计算和存储量，半密集的 SLAM 不使用图像中的所有像素，而是使用具有不可忽略的图像梯度的像素。

3. 语义 SLAM

语义 SLAM 大多被应用在实时 SLAM 系统中。语义 SLAM 需要存储大量的低级特征点、线、斑块或非参数表示（如深度图）的特征，所以不适合应用在大规模环境中；而构造的地图是稀疏或密集的点图，这些都不利于机器人对环境的理解。研究语义 SLAM 的目的是使用环境中的高级功能或对象（如墙壁、地板、桌子及椅子等）来估计移动平台的位置和方向，以及 3D 点的场景语义标记云图像。

4. 基于深度学习的 SLAM

深度学习在图像处理的一些应用中取得了巨大的成功，如图像识别或图像分割，其可以自动提取并有效地表示视觉特征。视觉 SLAM 还需要提取和表示有效的视觉特征，因此出现了基于深度学习的 SLAM。基于稀疏特征的 SLAM 或密集的 SLAM 使用机器视觉几何模型，是一种基于模型的方法；基于深度学习的 SLAM 是一种基于数据的方法。

大多数基于模型的方法不会从原始图像中自主学习，也不会从不断增加的数据集中受益，其中一些数据在具有挑战性的情况下很容易受到攻击。基于数据的 SLAM 首先自动提取功能，而不是手动提取功能，特别是当有非常大的数据集可用时，这样可以获得更高效和可靠的功能，从而提高 SLAM 的稳健性。基于深度学习的 SLAM 已经出现并表现出良好的性能，特别是在系统稳健性方面取得了一些重大改进。但是，大多数基于深度学习的方法需要在标记数据集中进行监督学习，而标记大量数据非常困难且昂贵，这一要求限制了基于深度学习方法的潜在应用。因此，具有无监督学习机制的 SLAM 似乎有更好的应用前景。最新的无监督学习 SLAM 已经接近具有监督学习的 SLAM 的性能，通过学习越来越多的未标记数据集，无监督学习 SLAM 将提高系统性能。

Deep SLAM 是一种基于无监督学习的新型可视 SLAM 系统。它的训练过程完全没有监督，但需要深度数据恢复深度。Deep SLAM 测试需要一系列单目图像作为输入，因此它属于单目 SLAM 范例。Deep SLAM 由映射网络、跟踪网络、回环网络和图形优化单元组成。具体地，映射网络是描述环境结构的代码解码结构；跟踪网络是用于捕获摄像机运动的递归卷积神经网络结构；闭环网络是用于回环检测的预处理二进制分类器。Deep SLAM 可以生成姿势估计、深度图和 3D 点云图像。

目前，基于深度学习的 SLAM 在估计精度方面，已接近世界上最先进的 SLAM 算法。但是，由于训练数据集有限，其泛化能力需要进一步提高。但它确实表现出强大的稳健性，并且在一些具有挑战性的场景中比一些基于模型的 SLAM 更好。基于深度学习的 SLAM 也非常灵活，它不仅可以估计位置、构建三维点云图，还可以生成估计不确定性，为后续决策服务，也可以与语义 SLAM 结合构建场景语义图。

5.3.3 基于深度学习的视觉 SLAM

1. 基于深度学习的视觉里程计

（1）基于监督学习的 DeepVO 算法：能够从序列原始图像直接映射出其对应的位姿，几乎不涉及几何计算，通过 CNN 可以学习图像的特征，如图 5.21 所示。

图 5.21 通过 CNN 学习图像的特征

斯坦福大学针对人类微波食物这一活动,采用循环神经网络(Recurrent Neural Network,RNN)结构体系进行了实验分析,如图 5.22 所示。底部为人类微波食物的活动,对这一问题进行建模,需要同时进行时间和空间的推理。中间部分为人与物体之间的空间和时间相互作用。上面部分为 RNN 体系结构的原理图,表示从 $(t-1)$ 时刻的图中捕获了结构,以丰富可伸缩的方式进行时间和空间的交互,自动推导出 t、$(t+1)$ 时刻图。

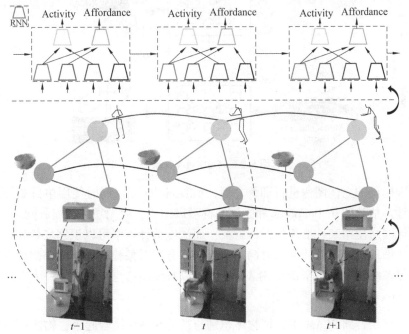

图 5.22 使用 RNN 方法的微波食物活动分析

通过 CNN 可以学习图像的特征,而通过 RNN 可以学习图像间的时间和空间的内在联系。相较于传统的视觉里程计方法,基于深度学习的方法无须特征提取,也无须特征匹配和复杂几何运算，使得整个计算过程更加直观简洁。

（2）基于无监督 UnDeepVO 的单目视觉里程计：为避免使用大量人工标记的数据集进行训练，无监督框架在深度学习领域中兴起。在 SLAM 中，无监督的深度学习方法最初用于深度估计，后来开始尝试在六自由度姿态估计方面及两者相结合方面的应用。UnDeepVO 是估计单目摄像机的六自由度姿态和深度卷积神经网络的典型案例。UnDeepVO 有两个显著特点：通过利用空间和时间的几何约束以无监督方式实现；绝对规模的恢复。网络输入立体图像进行训练，通过连续的单目图像进行测试。网络的损失函数是通过基于空间和时间的光度一致性、视差一致性、姿态一致性、几何配准一致性来定义的。由于旋转具有很高的非线性，因此与平移相比更难以训练，损失函数中对旋转给予更大的权重。网络基于 VGG 卷积神经网络结构，为了更好地训练，在最后一个卷积层之后将平移和旋转解耦为两组完全连接的层。使用双目视觉摄像机采集的图像训练 UnDeepVO 来恢复尺度，然后使用连续的单目图像进行测试。UnDeepVO 是一个单目系统，训练网络的损失函数是基于时间和空间稠密信息定义的。图 5.23 是系统的概览图。基于 KITTI 数据集的实验表明 UnDeepVO 在位姿估计方面，准确性高于其他的单目 VO 方法。

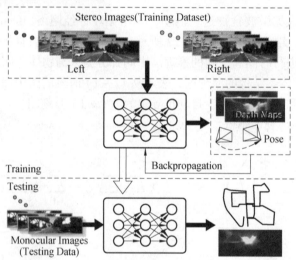

图 5.23 UnDeepVO 系统

在使用未标记的立体图像进行训练之后，UnDeepVO 可以同时使用单目图像执行视觉测距和深度估计。估计的 6-DoF poses 和景深图都可以缩放，而无须进行缩放处理。

位姿估计网络使用某种形式的图像特征，而深度估计网络可以识别场景和对象的共同结构特征，更详细地研究图像特征，对网络执行新任务如对象检测和语义分割很有效果。将无监督深度学习系统扩展到一个视觉 SLAM 系统里以减少漂移也是发展的一大方向。

2. 语义 SLAM

将物体信息结合到 SLAM 中，把物体识别与视觉 SLAM 结合起来，构建带物体标签的地图，可以给环回检测带来很多方便，如图 5.24 所示。语义帮助 SLAM：运动过程中的图片都带上物体标签，就能得到一个带有标签的地图。物体信息可为回环检测带来更多的条件。SLAM 帮助语义：自动地计算物体在图像中的位置，自动生成高质量标注的样本数据，节省人工标注的成本。

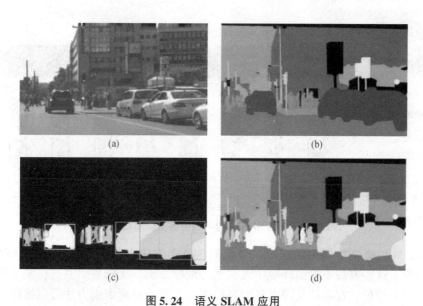

图 5.24 语义 SLAM 应用

(a)图片采集；(b)语义分割；(c)实例分割；(d)语义建图全景分割

单目 SLAM 的半稠密语义建图：将机器视觉中的几何与图像相结合，已经被证明是机器人在各种各样的应用中的一种很有发展前景的解决方案。双目摄像机和 RGBD 传感器被广泛用于实现快速三维重建和密集轨迹跟踪。然而，它们缺乏不同规模环境无缝切换的灵活性。此外，在三维建图中，语义信息仍然很难获取，通过结合深度学习方法和半稠密的基于单目摄像机视频流的 SLAM，应对此种挑战。在该方法中，二维的语义信息，结合了有空间一致性的相连关键帧之间的对应关系之后，再进行三维建图，如图 5.25 所示。在这里并不需要对一个序列里的每一个关键帧进行语义分割，所以计算时间相对合理。在室内室外数据集上评测该方法，再通过基准单帧，预测实现二维语义标注。

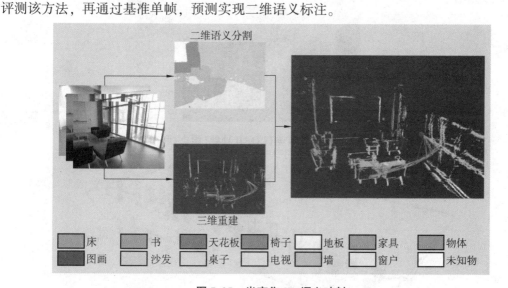

图 5.25 半密集 3D 语义映射

RGB 图像序列用于重建 3D 环境，并在输入帧上预测 2D 语义标签。使用 2D-3D 标签转移方法和地图正则化可以半密集方式提高标签准确性。基本框架图如图 5.26 所示：输入

RGB 图像→选择关键帧并提炼→2D 语义分割→3D 重建，语义优化。

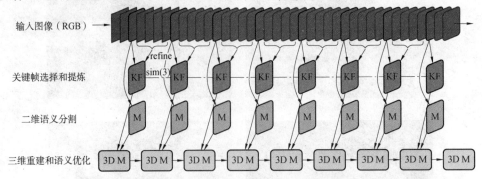

图 5.26　单目 SLAM 的半稠密语义建图基本框架

语义 SLAM 的概率数据关联建图：传统的 SLAM 方法多依赖于低级别的几何特征，如点、线、面等。这些方法不能给环境中观察到的地标添加语义标签。并且，基于低级特征的闭环检测依赖于视角，在有歧义或重复的环境中会失效。目标识别方法可以推断出地标的类型和尺度，建立一个小而简单的可识别的地标集合，用于与视角无关的无歧义闭环检测。在同一类物体有多个的地图中，有一个关键的数据关联问题。当数据关联和识别是离散问题时，通常可以通过离散的推断方法来解决，传统 SLAM 方法会对度量信息进行连续优化，将传感器状态和语义地标位置的优化问题公式化，其中语义地标位置中集成了度量信息、语义信息和数据关联信息，然后我们将这个优化问题分解为相互关联的两部分：离散数据关联和地标类别概率的估计问题，以及对度量状态的连续优化问题。估计的地标和机器人位姿会影响数据关联和类别分布，数据关联和类别分布也会反过来影响机器人——地标位姿优化。语义 SLAM 的概率数据关联建图算法性能在室内和室外数据集上进行了检验论证，如图 5.27、图 5.28 所示。

图 5.27　示例关键帧图像覆盖有 ORB 功能（绿点）和对象检测

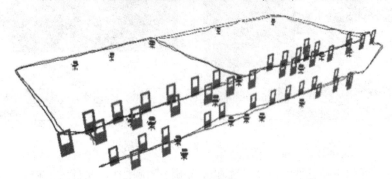

图 5.28　目标检测实时估计过程

图像局部特征提取及匹配、深度估计、位姿估计等方面与深度学习结合均取得可观的实验结果，表 5.2 为传统 SLAM 算法与基于深度学习的 SLAM 算法的对比。现在，2D 平面的机器视觉问题大部分可用深度学习解决，但 3D 视觉大部分还是靠几何的方式解决。随着 AI 技术的发展，未来视觉 SLAM 中的各个关键技术将部分或全部被深度学习所取代。

表 5.2 传统 SLAM 算法与基于深度学习的 SLAM 算法的对比

比较项目	传统 SLAM 算法	基于深度学习的 SLAM 算法
模型参数调整难易程度	小规模数据，调参周期短	大规模数据，训练周期长
模型物理含义	直观意义明确	缺少直观意义
模型泛化能力	信息利用不充分，参数少，泛化能力弱	信息利用充分，参数多，泛化能力强
适应能力	迁移能力弱	迁移能力强
设计流程	特征设计与分类器训练分类	同步完成特征设计与分类器训练

3. 视觉 SLAM 算法研究前景

1）传感器类型增进与融合

视觉 SLAM 传感器主要有单目摄像机、双目摄像机、深度摄像机，不同的应用环境及不同的实验要求采用的传感器类型不同。视觉 SLAM 的发展有一个新的趋势，即采用新的传感器，如最近新出现的 event camera 视觉动态传感器，十分小巧迅速。与传统摄像机记录一个场景不同，event camera 记录一个场景的变化，仅检测像素的变化并在像素基础上高频呈现，对低光也很敏感。视觉 SLAM 多传感器融合方案多样，如与激光探测器的融合。探索新的传感器融合方案，是提高视觉 SLAM 鲁棒性与精度的很好的研究方向。

2）基于深度学习的视觉 SLAM

深度学习具有很强的表达知识的能力，而视觉 SLAM 则需要通过深层视觉特征表达图像中的环境结构和当前位置。最近的研究表明，深度学习确实有助于提高 SLAM 的稳健性。如果我们能够进一步结合基于模型的 SLAM 的准确性，基于深度学习的 SLAM 必将为 SLAM 技术的发展提供新的前景。基于深度学习的 SLAM 目前需要克服一些具有挑战性的困难，如大规模的数据收集和培训。现有的公共数据集主要用于测试和验证基于模型的 SLAM，而训练深度学习网络则需要越来越多的代表性大型数据集，收集这些数据集需要大量的工作。如何结合基于深度学习的 SLAM 和基于模型的 SLAM 的优势需要进一步的探索和研究。直接的端到端网络结构设计和培训可能不容易实现高精度，并且过分依赖基于模型的 SLAM 会影响大数据处理不确定性的强度。

3）基于深度学习的场景语义组合

深度学习在图像或视频分割方面产生了良好的结果，将这些结果应用于场景语义合成可以进一步扩展视觉 SLAM 技术的应用。密集 SLAM 算法可以生成 3D 点云图像，然后可以通过深度学习对 3D 点云图像进行像素级标记，以生成场景语义 3D 地图。场景语义 3D 地图对机器人的自主导航和增强现实应用非常有用。场景语义是人类对场景环境的理解，是人类的主观判断，很难实现客观的无监督深度学习。监督深度学习研究的难点在于缺乏用于培训的大规模数据集。目前，公共数据集非常有限，大规模数据集的语义标注是一项非常复杂的任务。生成的场景语义图是否可以反转以帮助 SLAM 算法改进定位精度或增强定位鲁棒性值得进一步探索。

5.3.4 基于强化学习的路径规划

1. 传统路径规划

路径规划主要是让目标对象在规定的区域内找到一条从起点到终点的无碰撞安全路径。传统的路径规划代表算法包括 A* 算法、Djkstra 算法、人工势场法以及仿生学的蚁群算法。

A* 算法采用启发式策略的搜索算法，搜索最短路径，灵活地应用在多种情形之中。同时，它也是求解静态图最有效的方法之一。它的优点是扩展节点少，计算代价小，鲁棒性好；缺点是在实际使用时容易忽略智能体自身体积引发的节点限制。表 5.3 是 4 个不同的地图中 A* 算法在路径规划上的效果。

表 5.3 4 个不同的地图中 A* 算法在路径规划上的效果

地图序号	1	2	3	4
节点扩展图				
最终路径图				

Dijkstra 算法是以迪杰斯特拉博士名字命名的典型的最短路径搜索算法之一，是一个尽可能保持简单和运算效率平衡的算法。Dijkstra 算法搜索效果如图 5.29 所示，以起始点为中心向四周逐层拓展，直到访问的范围内包含终点为止。因为遍历了地图中所有的节点，所以只要找到终点就可以取出最短路径。遍历的特性有利有弊，其优势在于成功率和稳定性好；劣势在于在大型复杂地图中计算效率低。

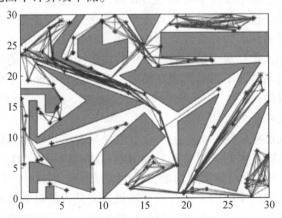

图 5.29 Dijkstra 算法搜索效果

人工势场法（Artificial Potential Field，APF）属于局部路径规划中常使用的一种方法，将传统力学中"场"的概念引入该方法，假设让智能体在这种虚拟力场下进行运动。虽然找到了最终路径，但是并不是最短路径。人工势场法在 4 个不同的地图中路径规划的效果如表 5.4 所示。

表 5.4 人工势场法在 4 个不同的地图中路径规划的效果

地图序号	1	2	3	4
生成路径图				

智能的仿生学算法就是将自然界中生物的行为方式应用到解决优化问题的过程中，也是最靠近 AI 强化学习的算法。目前，轨迹规划中常用的仿生学算法是在 1991 年由 Dorig 等人提出的。蚁群算法(Ant Colony Algorithm，ACA)，其是基于信息正反馈原理提出的。在规划路径的过程中，该算法将蚂蚁觅食的行为作为实验对象，设计了迭代的计算方式。其优点是，计算方法易于实现，可同步处理，能够遍历整个求解空间；其缺点是会增大计算量，同时会出现收敛于非全局最优的错误。蚁群算法路径轨迹如图 5.30 所示。

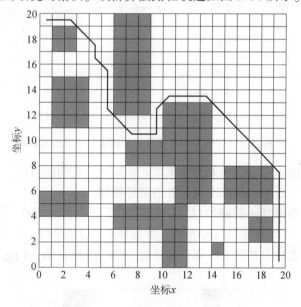

图 5.30 蚁群算法路径轨迹

2. 基于强化学习的路径规划

强化学习是一类特殊的机器学习算法，是从控制学、统计学、心理学以及计算机等科学发展而来，现在已经成为一种学习技术。该技术可以解决的问题越来越多，除了下棋、典型的非线性控制，还可以应用到视频游戏、人机互译、无人驾驶等领域。该技术研究是让智能体与所处的环境不停地进行交互和试错，通过不断地积累经验和学习规律，最终使智能体选择奖励最大值对应的动作去执行任务。可以理解为，强化学习是根据人类学习的模式和方法，一种带有奖励或者惩罚的方式来完成任务的学习方法。该方法主要是一种试错学习，所解决的是智能决策的问题。起初，强化学习与规划问题毫无联系。在强化学习系统中加入模型与规划，使得强化学习方法与动态规划方法能够紧密地联系起来，成为一个极具潜力的研究方向。

路径规划是让智能体从起点"平安"到达终点，且所耗资源最少，这个"资源"包括时间和路径。机器人使用自身传感器获得对周边环境的感知，躲避障碍物的同时，高效地规划出可靠的最短的运动路径。路径规划问题将理论与实践相结合，在实际生产生活中应用非常广泛。在路径规划探索中，虽然传统的算法表现较好，但是智能化程度不足。如果结合解决智能决策问题的强化学习算法来进行路径规划将是一个不错的选择。

强化学习中智能体与环境进行交互的示意图如图 5.31 所示。在强化学习中，智能体主动对环境做出试探，而不是默默地或者被动地等待外界的信号。智能体与环境不断交互，完成策略的学习。在 t 时刻，环境将得到状态 S_t 以及奖励 R_t，将其传送给智能体。然后，智能体根据 S_t，从动作的集合中选择一个动作 A_t。在 $(t+1)$ 时刻，智能体执行动作 A_t，之后，智能体会获得新的奖励值 R_{t+1} 和新的状态值 S_{t+1}，以此循环下去。强化学习具备试错探索、延迟奖赏两个显著特征。智能体结合强化学习完成任务就是和环境不断交互，完成试错探索。根据状态以及动作，完成策略的学习，延迟奖赏决定了所选择策略的优劣。

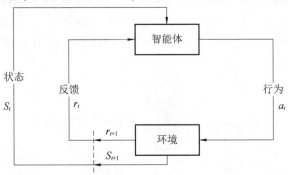

图 5.31　强化学习中智能体与环境进行交互的示意图

强化学习算法完成路径规划任务时，无须先验知识，自学能力强，确定奖赏函数，配以环境的不断交互，完善行为选择来实现最终的路径规划。

为完成基于强化学习算法的路径规划，创建生成 10×10 的栅格，该实验的初始化路径地图如图 5.32 所示。障碍物是黑色的方格，智能体是左上角的灰色方格，目标体是右下角的灰色方格。智能体通过一系列的步骤，向目标一步一步地移动，到达目标点，即右下角的灰色方格。

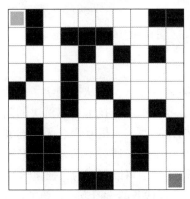

图 5.32　初始化路径地图

同时，为了能更好地观察应该选择的路径，初始化路径箭头图如图 5.33 所示。智能体路径规划任务开始前的 4 个动作(上、下、左、右)，体现在地图上为 4 个方向的箭头。当智能体探索路径后，Q 函数值也随之发生变化的情况，相应的箭头方向也会同时跟着智能体移动方向的改变而改变。依旧选择黑色的方格是障碍物，右下角的灰色方格是目标点。智能体可以出现在任意箭头所在位置。实验的路径规划任务就是从制定好的地图中除目标点和障碍物外的任意一点，均可探索到达目标点的最短路径。

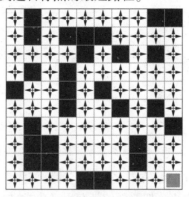

图 5.33　初始化路径箭头图

采用 Sarsa 算法以及其改进算法 SMT 算法进行路径规划，其实验结果如下所示。图 5.34(a) 是 Sarsa 算法路径规划时的局部探索图，代表着智能体通过局部搜索到达目标点的路径。图 5.34(a) 搜索时，对应的图 5.34(b) 中的箭头会随着每一步的移动，根据状态值改变方向。图 5.34(b) 为 Sarsa 算法的路径箭头图，代表着智能体从该箭头处任意位置开始，只要按照训练完成后的箭头方向执行，都可以到达目标蓝点的效果图。图 5.34(c) 为 Sarsa 路径起—终图。从起始点出发，智能体到达点目标点的路程，是智能体认为的一条最优路径。

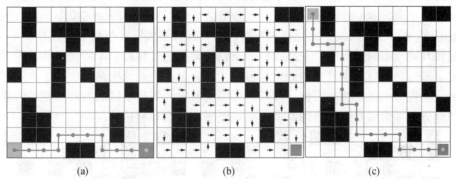

(a)　　　　　　　　　　(b)　　　　　　　　　　(c)

图 5.34　Sarsa 算法应用在路径规划的效果
(a)局部探索图；(b)路径箭头图；(c)路径起—终图

图 5.35 为 Sarsa 算法在 300 次的基础上完成训练的累积奖赏和成功率图。从图中可以看到，累积奖赏和成功率相辅相成，所以放在一起来对比。开始训练时，智能体虽然成功率在变大，但是累积奖赏逐渐减小。直到成功率超过 0.5 时，累积奖赏迎来拐点，其值逐渐增大。直到训练次数为 210，成功率趋向于 1 时，每次的奖赏都是正的，累积奖赏有增大的趋势。直到到达 300 次时，都是趋于 1，智能体都能稳定地到达目标点，并且所到达目标点的步数尽可能地少。

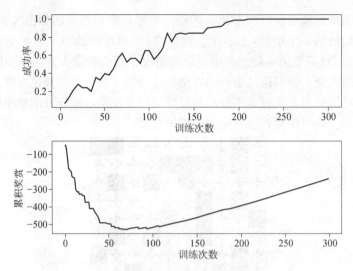

图 5.35 Sarsa 算法累积奖赏与成功率图

图 5.36(a) 是改进后的 SMT 算法在路径规划上的局部探索图，在同样的 10×10 栅格地图中，左边代表着智能体的灰色方格，按照新的带有记忆功能的方法通过局部搜索到达目标点的路径如图所示。对应图 5.36(b) 中的箭头会随着每一步的移动，根据最大的状态值更新方向，成为以后整体路径规划时要采取的动作。图 5.36(b) 为 SMT 算法的路径箭头图，代表着智能体从该箭头处任意位置开始，只要按照训练完成后的箭头方向执行，都可以到达目标点的效果图。图 5.36(c) 为 SMT 算法对应的路径起—终图。从左上角目标点出发，智能体到达右下角目标点的路程，是智能体认为的一条最优路径。在图 5.36(a) 中，存在着智能体"理解"的最优路径。但是在人工看来仍然不是最优的路径。图 5.36(a) 中的坐标(8，5)明显得到的不是最优策略，最优策略应该是向右坐标点(8，6)去执行，即黄色方格直接向右走是最快到达蓝色目标点的。图 5.36(b) 相对应的箭头方向也会出现不是最优路径的动作方向。这是因为设计的 SMT 算法训练次数太少，只有 300 次，没有有效平衡探索与利用的关系。

在随机开始探索的过程中，一旦找到一条路径能到达目标点，不管该路径是否为最优路径，在接下来的路径规划中只要遇到该处位置，都会多次沿着这个路径执行下去。这既是强化学习的一个优势也是劣势。因此，需要继续多次实验，调整不同的参数，使得智能体能够到更多的地方去探索来找到最短的路径，更好地平衡探索和利用的关系。

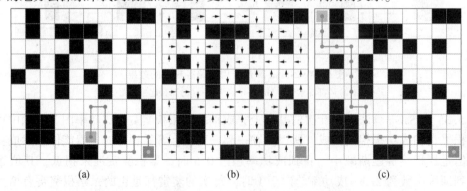

图 5.36 SMT 算法应用在路径规划的效果
(a)局部探索图；(b)路径箭头图；(c)路径起—终图

图 5.37 为 SMT 算法在 300 次的基础上完成训练的累积奖赏和成功率图。从图中可以看到，累积奖赏在开始训练时，是直线减小的。原因是智能体每次完成任务，是一个不断试错的过程，每走一步，每次碰到一个障碍物都会降低该值。虽然成功率在变大，但是累积奖赏逐渐减小。直到成功率超过 0.6 时，累积奖赏迎来拐点，其值逐渐增大。在第 40 以后，每次的奖赏都是正的，累积奖赏呈线性增大的趋势。直到第 95 次以后，成功率趋向于 1，每次智能体都能稳定地到达终点，并且所到达终点的步数尽可能地少。

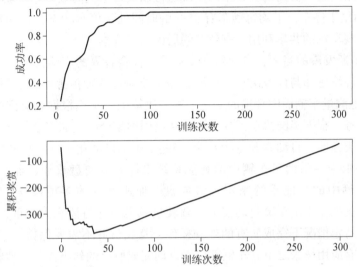

图 5.37　SMT 累积奖赏与成功率曲线

对比 300 次的 Sarsa 算法和 SMT 算法实验，表 5.5 中数据作为代表详细说明。从训练时间上进行对比，SMT 算法优于 Sarsa 算法。SMT 比 Sarsa 算法训练时间减少了约 16s，将近节省了 2/3 的时间。其收敛的速度也更快，达到成功率 1 时的训练次数，也从原来的 210 减少到 95。在成功率收敛到 1 时，相对应的累积奖赏从 −270 变到了 −30，计算下来相当于增加了一倍的奖励。

表 5.5　两种算法训练比较

强化学习算法	训练总次数	训练时间/s	收敛时次数	最终累积奖赏
Sarsa	300	25.08	210	−270
SMT	300	8.44	95	−30

5.4　基于机器视觉的自动驾驶技术展望

自动驾驶技术是指车辆通过观察和感知周围环境自主完成驾驶任务的技术。随着社会经济快速发展，我国的机动车保有量已经连年高居世界第一，高机动车保有量给道路交通环境带来了前所未有的压力，交通事故频发。自动驾驶技术的发展为解决交通事故、交通环境拥堵等问题带来了希望。

影响道路交通事故发生的原因包括道路环境、天气情况、车辆状况和驾驶员操作等，其中驾驶员操作不当引发的道路交通事故占据总事故的 70% 以上。相对于人类驾驶员，车辆自动驾驶技术的驾驶行为是根据对周围环境分析所做出的反馈，去除了人类驾驶员的主观驾驶习惯、情绪等影响，具有可预测性。因此，优秀的自动驾驶系统可以有效地减少交通事故的发生。自动驾驶技术可以有效提高道路资源的使用率，从而治理交通拥堵。自动驾驶车辆可以通过实时获取全局道路信息从而实现更优的道路规划，实现车辆自动分流，缓解交通压力，解决交通拥堵问题。自动驾驶技术的实现还可以实现车辆高效利用。统计数据显示，城市有 24% 的路面用于停车，平均每辆车有 95% 的时间处于停车状态，自动驾驶技术的出现能够更高效地实现车辆的共享利用，有效节约居民出行成本。

在 AI 领域不断发展的当下，自动驾驶技术受到社会各界的广泛关注。自动驾驶包含两个主要的部分：环境感知与任务决策。环境感知主要通过各种传感器（摄像机、雷达、定位设备等）来实时地测量车辆周围环境的变化。车辆决策则是车辆根据收集到的信息，规划路线，完成驾驶任务。根据美国汽车工程师协会和美国国家公路交通安全管理局推出的汽车自动化驾驶技术分类标准，自动驾驶分为 6 个等级：L0 无自动化——驾驶员执行所有的操作任务；L1 辅助驾驶——借助于车辆中的智能系统来控制方向盘或加速器；L2 部分自动驾驶——借助于车辆中的智能系统来实现方向盘、加速器等的多项操作；L3 条件自动驾驶——大部分驾驶操作都由车辆自动完成，驾驶员只需要保持注意力即可；L4 高度自动驾驶——车辆会在特定情况下完成所有的驾驶操作，驾驶员并不需要保持注意力；L5 完全自动驾驶——在所有应用场景之下，车辆都可以自动完成所有的驾驶操作，驾驶员不需要保持注意力。

视觉信息采集相较于其他信息采集而言，具有路面信息更全面，同时视觉采集设备相较于其他路面信息采集设备价格更低廉的优势，所以基于视觉的自动驾驶技术是自动驾驶领域的主流方法，其他传感器信息作为视觉信息的辅助。

5.4.1 自动驾驶技术发展历史

从 20 世纪 60 年代开始许多国家开展了智能驾驶系统项目。欧美国家从 1986 年开始进行了称为 PROMETHEUS 的自动驾驶项目，该项目联合了超过 13 个汽车制造商、19 所大学及组织。PROMETHEUS 项目在高速公路的自动驾驶中取得了一定的成果，受此启发 Franke 等于 1998 年进行了针对城市道路自动驾驶的相关研究，设计了实时视觉系统。2010 年，来自 VisLab 实验室的研究者设计了名为 BRAIVE 的原型车，该车综合了 VisLab 实验室之前开发的所有视觉系统。该车成功参加了 2011 年从意大利到中国的自动驾驶挑战赛。2010 年，美国谷歌公司正式宣布对无人驾驶车辆进行研究，截至 2015 年 11 月底，谷歌开发的无人驾驶汽车已经完成 208 万 km 无人驾驶运行。2014 年，德国奥迪成功地完成了其研发无人车的试驾。2015 年，英国正式推出首辆短距离出行无人驾驶汽车。2016 年，美国优步公司宣布使用沃尔沃的 SUV 无人驾驶车在美国匹兹堡城市的主要道路进行无人驾驶出租车的试运营。同年，新加坡 NuTonomy 公司的无人驾驶出租车也投入使用。2018 年奥迪 A8 上市，这是目前真正能量产的自动化程度达到 L3 级别的自动驾驶汽车。

我国相较于欧美国家自动驾驶起步相对较晚，20 世纪 80 年代，我国的多所著名高校开始对自动驾驶技术进行研究，并于 1992 年开发出了型号为 ATB-1 的无人驾驶车辆。2003

年，一汽集团红旗CA7460自动驾驶汽车可完成自动变道操作。2005年，上海交通大学实现了我国在城市领域使用的无人驾驶车辆的研制。2011年，新一代无人驾驶汽车红旗HQ3完成了从长沙到武汉全程286 km的高速公路自动驾驶实验，这一实验标志着我国自动驾驶技术在复杂环境识别、自动控制与决策等技术上取得了突破性的进展。2015年，百度与德国宝马汽车公司宣布在自动驾驶领域展开合作，并完成了百度自动驾驶车在城市环路及高速公路等情况下的测试。2016年，长安汽车完成2 000 km的自动驾驶测试，同年百度无人驾驶车获得美国加利福尼亚州的上路测试牌照。2017年，百度和博世联合研制的自动驾驶车在北京五环道路进行测试，海梁科技联合多家国内外公司和大学共同打造的自动驾驶公交车在开放城市道路进行了试运行。

由于自动驾驶技术在城市交通、公共安全、国防军事等领域的广阔运用前景，因此许多国家都给予了高度重视。为了实现中国制造业强国，我国颁发了《中国制造2025》行动纲领，为发展自主导航级的自动驾驶技术提出了明确的目标：实现无人驾驶车辆学习与认知、人机交互与协作共融等重大基础前沿技术的突破，加强无人驾驶车辆与新一代信息技术的融合，提升我国无人驾驶车辆智能水平，制定中国版的自动驾驶技术标准。

5.4.2 基于机器视觉的自动驾驶技术发展现状

基于机器视觉的自动驾驶技术主要分为间接感知型、直接感知型、端到端控制3种经典方法。

1. 基于间接感知型结构的自动驾驶技术

基于间接感知型结构的自动驾驶技术主要包括目标检测、目标跟踪、场景语义分割、三维重建等子任务。该模型的自动驾驶技术通过各个任务检测结果综合建立完整的环境表示。因为该结构将自动驾驶模块化，所以各个模块都可以及时吸收最新的研究成果，不断地提升自动驾驶水平。但是，其模块较多，使整个系统复杂度高，结构冗余，整体成本较高。

1）目标检测

目标检测是自动驾驶的关键技术，自动驾驶汽车需要在行驶过程中完成对道路信息的识别。在视觉信息采集上，自动驾驶汽车除了使用普通摄像机之外，还会使用红外摄像机、热敏摄像机等多种摄像机。多种摄像机的使用可以加强路面信息的采集，应对各种恶劣道路环境。

传统的目标检测方法一般包括图像预处理、感兴趣区域提取、后续按区域分类等方法。近年来，随着深度学习技术的兴起，使用卷积神经网络进行目标检测取得了不错的效果。其中的代表性成果是R-CNN算法，后续的许多卷积神经网络算法是由R-CNN改进而来的。R-CNN算法运用在目标检测领域领先了传统目标检测算法，但是也有着自身的缺陷，那就是对计算资源消耗较大。针对这一缺陷，许多学者都朝着在不降低甚至提升检测精度的同时完成计算量的降低，提升计算速度的方向努力。随后提出的FastR-CNN、FasterR-CNN、YOLO等算法，都很好地提升了计算效率。其中，YOLO算法不再使用R-CNN中关于感兴趣区域的提取，直接通过学习目标位置信息，使得计算速度大大提升，甚至可以直接用于实时视频目标检测。虽然R-CNN、FastR-CNN、FasterR-CNN、YOLO等深度学习算法在通用目标检测数据集PASCALVOC上取得了不错的成绩，但是在自动驾驶数据集KITTI上的表现却还是不如人意，究其原因还是在于交通场景中的目标尺寸变化跨度太大，同时还会出现遮挡、截断的现象，基于候选区域的算法会出现一些问题。近年来，许多学者在努力改进自动驾驶数据集的候选区域选择问题。Chen 等于 2015 年提出了一种利用立体视觉图像产生 3D 目标候选区域的方法，可用于 RGB、RGB-D 图像，又于 2016 年提出了针对视觉图像的 3D 目标检测算法，其在 KITTI 数据集上取得了不错的效果。同年，Xiang 等提出了一种使用类别信息的目标检测方法，该方法使用子类信息引导候选区域的生成，是目前 KITTI 目标检测的最好成绩。

2）目标跟踪

自动驾驶中目标跟踪的目的是实时掌握交通环境中车辆、行人等目标的位置、速度和加速度等信息，并预测其可能出现的位置。目标跟踪在实际问题中还存在着很多困难：目标遮挡、目标聚集、光照等视觉传感器的影响等。传统的目标跟踪算法主要分为 3 类：基于实时监测、基于模板匹配、基于贝叶斯滤波。目标跟踪的传统算法仍在发展，Xiang 等于 2015 年提出了一种将强化学习引入目标跟踪问题的算法，一种基于马尔科夫决策过程的多目标跟踪方法。该方法将学习目标区域的相似性函数看作学习马尔科夫决策过程中的最有效策略，根据当前状态和目标的历史状态进行决策，同时使用反向强化学习构造奖励函数，学习到的最优策略即为区域相似性函数，该方法是 KITTI 数据集上取得最好成绩的算法之一。

3）场景语义分割

场景语义分割是自动驾驶技术的重要分支，其目的是将场景图像中的每个像素点都归类到某个类别中。在交通场景中，场景语义分割可以为车辆理解交通环境提供重要参考，但是其也存在难点，因为场景复杂、种类繁多。

传统的语义分割是基于概率图模型，利用图像表征向量之间的依赖关系，计算变量之间的条件概率分布。

近年来，深度卷积神经网络被广泛引入图像语义分割领域，使用 CNN 进行图像语义分割的最原始的技术是以图像中每个像素点为基础进行分类研究，从而得到全部像素的类别，但是计算资源的大量消耗是卷积神经网络不可回避的问题。改进神经网络的计算效率，提高神经网络的计算速度是现在研究的目标。一个想法是在 CNN 中不使用全连接层，使用全卷积网络输出分割结果，这种方法的问题在于 CNN 中随着层数递增，输出的分割结果尺寸会越来越小。Farbet 等提出了一种改进的分割方法，使用图像金字塔将原图像进行多尺度转换，再用 CNN 进行分割，随后用对象之间的关系树调整结果。Long 等提出利用全卷积网络进行图像分割的方法，使用 CNN 中的多个采样层特征进行上采样，最后对采样结果进行微调。Noh 等在 2015 年提出了一种使用卷积和反卷积层结合的图像语义分割，使用一个 CNN 和一个镜像 CNN 结合进行图像分割，在 VOC2012 数据集上取得了当时最好的效果。

4）三维重建

自动驾驶中主要由两台前向平行对准的摄像机进行成像，从两幅图中寻找匹配点来估计深度信息，从而实现三维环境建立，此种方法模拟了人眼立体视觉的成像原理。在自动驾驶技术中，三维重建可以用来完成探测障碍物距离、探索安全区域等任务。

立体视觉系统主要部分：图像信息获取、摄像机标定、特征提取、立体匹配、深度计算、三维重建。图像信息获取主要通过双目立体摄像机实现；摄像机标定用于计算摄像机内参数、外参数、畸变系数等；特征提取是指提取二维图像的角点、边缘点、轮廓等特征；立体匹配是将两幅图的相同像素点进行对应，是立体视觉技术的关键；深度计算是指从匹配的二维图像中获取深度信息，主要依据三角测量原理从视差图中估计深度。标定误差、特征提取精度和匹配精度等都会影响深度计算。三维重建的主要目的是恢复三维场景信息，视差图中仅仅包含部分点的视差，因此需要由视差图插值来进行重建。

三维重建的关键技术是立体匹配技术，该技术也是立体视觉技术中最为复杂的部分。立体匹配算法可以分为基于区域的匹配算法、基于特征的匹配算法和基于相位的匹配算法 3 类，每种算法都建立在一定的约束条件下。基于区域的匹配算法主要利用窗口之间灰度的相关程度，在纹理丰富的场景中有较好的表现，缺点是算法对畸变敏感，计算速度较慢。基于特征的匹配算法依赖于角点、边缘等特征，在图像发生畸变的情况下仍有较好的效果；缺点是由于特征的稀疏性，因此得到的深度图像也是稀疏的，对后续三维重建有着一定的影响。基于相位的匹配方法利用图像局部特征结构，假设局部结构之间的相位应该相等。这种方法对畸变不敏感，对噪声也有一定的抑制能力，缺点是当局部结构存在的假设不成立时会存在相位奇点问题。立体匹配策略可以分为全局最优搜索和分层匹配策略。

近年来，深度卷积神经网络也开始应用到立体视觉技术中，Sergey 提出了多种通用型的卷积神经网络来解决两个图像块的匹配问题，能够在匹配图像之间存在遮挡、摄像机设置差异、光照差异等情况下完成匹配，处理两幅图像的网络结构的共同点在于均使用两个卷积神经网络提取特征，随后将提取的特征进行组合，不同之处在于两个卷积神经网络之间共享权重以及两幅图之间存在预处理的差异。Luo 等对此方法进行了改进，提出了一种新的图像匹配方法，由于左右两幅图像的输入尺寸不同，因此在卷积神经网络提取特征后不对特征进行连接，而是采用内积的形式输出二者的相似概率。采用这种方法的好处是极大提升了计算速度，而且得到了图像之间的匹配概率分布，该方法在 KITTI2015 数据集的立体视觉测评当中取得了当时最好的成绩。

2. 基于直接感知型结构的自动驾驶技术

传统的间接感知型结构需要将各模块的输出结构转换为道路交通环境完整的表示，这种转换较为困难，所以直接感知型结构直接学习与自动驾驶相关的关键指标，从图像中学习道路交通环境的表示，降低了系统的复杂度。

直接感知型结构的典型代表是 Chen 等提出的 DeepDriving 算法。DeepDriving 中设计了一个卷积神经网络，以自动驾驶汽车采集的图像为输入，以交通环境相关的指标为输出。输出的指标包括与左侧标志线的距离、与右侧标志线的距离、与前车的距离、与道路的夹角等十余个指标，这些指标共同构成了高速公路环境的完整表示。决策系统通过学习这些关键指标，根据一定的逻辑控制自动计算汽车的前进方向和速度。

DeepDriving 网络需要通过监督学习进行训练，但是由于没有针对上述人工设定的新指标的交通数据集，因此 DeepDriving 网络依赖赛车仿真环境 TORCS 进行训练。训练模型基于 AlexNet，在该模型的基础上，对输出层节点个数进行修改，输出自行设计的关键指标。通过 TORCS 仿真器训练模型时，采集了共计 484 815 幅图像，迭代 140 000 次后收敛，测试结果表明，真实交通环境中该模型具有较好的表现。

直接感知型结构由于没有单独设计的各项任务检测模块，直接学习当前交通环境相关的各项指标，因此在构建完整的交通环境表示时能够以较为简单的系统结构进行。但是，其人为设定的相关指标在应对非结构化道路时，会出现交通环境指标难以判断的情况，难以实现算法迁移。直接感知型结构更适用于特定的交通场景，迁移到一般的交通场景中仍存在着许多困难，同时获取训练数据比较困难，精准的距离测量所需的设备成本大，采集数据需要依靠仿真环境，在从仿真环境模型到真实交通场景模型的迁移过程中，其模型可靠性需要再次确认。

3. 基于端到端控制的自动驾驶技术

从另一种思路出发，不对自动驾驶技术进行子任务划分，而是直接利用学习的方法进行驾驶动作的学习，这就是基于端到端控制的自动驾驶模型。这种方法的典型代表就是 DAVE 智能车系统。DAVE 智能车系统以双目摄像机图像作为输入，以转向和直行控制命令作为输出，将自动驾驶问题转化为图像分类问题。近年来，深度学习的图像分类方法引入了该问题，主要以 AlexNet、VGGNet、ResNet 等为代表。

AlexNet 是在 2012 年提出的，同时在当年的大规模图像分类比赛 ILSVRC-2012 中取得了第一名，并且性能远高于第二名。AlexNet 将模型拆分到两个 GPU 上，激活函数使用受限的线性单元，显著提升了训练的速度，同时使用 DropOut 来防止过拟合问题。

VGGNet 在 ILSVRC-2013 上取得了第一名，其将小卷积核引入算法中，在卷积层保持特征大小不变，仅在池化层缩小特征尺寸。该算法证明了相对于大卷积核，小卷积核在特征表达上具有更强的表现力，且可以减少参数。VGGNet 根据不同的层数分为多个版本，目前根据实验结果来看，层数越深，实验效果越好。另外，对训练数据进行增广、多模型融合也可以提升训练效果。

ResNet 获得了 ILSVRC-2015 的第一名，其设计的目的是解决深层网络的退化问题。深层网络退化问题是指，在网络层数加深的时候，网络的学习能力虽然在加强，但是有时会出现深层网络的错误率相对浅层网络更高，究其原因就是当模型复杂时，优化困难。由残差向量编码，将问题分解成多尺度的残差问题这一思想，ResNet 中增加了一个恒等映射，将原始需要学习的函数同等转化为另一个表达形式，两种函数表达效果相同，但是优化难度却不相同。ResNet 最深的模型达到了 152 层，相对于 AlexNet 和 VGGNet 而言，在网络深度方面有很大的提升，所以在准确率上也有提升。

4. 基于机器视觉的自动驾驶技术对比

上述 3 种自动驾驶技术从系统复杂度及实现程度上来说，间接感知型自动驾驶技术复杂度最高，需要转换测量数据和子任务输出数据，相对于直接感知型和端到端控制型，其所需计算量庞大，对计算机硬件方面的要求相对较高，同时整体实现成本较大。从测试数据获取的难易程度上来看，直接感知型自动驾驶技术的测试数据获取较难。间接感知型自动驾驶技术的每个子任务都有其对应的标准数据集；端到端控制型自动驾驶技术只需采集图像和动作记录；直接感知型自动驾驶技术需要在采集图像信息的同时，精确测量一些距离数据，对距离数据的精准采集比较困难，且成本较大。对比而言，端到端控制型自动驾驶技术在系统复杂度和数据获取难度方面都有着一定的优势。

习题与思考题

5.1 请简要介绍移动机器人视觉导航原理。
5.2 定位导航有哪几种方式？各有哪些特点？
5.3 AGV 路径规划问题主要有哪几种求解算法？
5.4 智能移动机器人主要解决哪 3 种问题？
5.5 什么是视觉 SLAM？
5.6 自动驾驶技术的发展趋势是什么？

第 6 章 实 验

实验 1　多距离测量

6.1.1　实验目的

本实验是结合 MV-VS1200 平台设计的。器件的尺寸测量是现实生活中需要经常进行的一项操作,在产品合格检验、器件挑选使用等方面均有重要的应用。本实验将同时进行多段距离的测量,免去逐一测量的繁冗,而且利用机器视觉进行测量,提高测量的正确性,缩短测量的时间。

6.1.2　实验原理

本实验中的距离测量采用像素平均法进行取值,其含义就和它的名字一样,求取两条平行线之间每一对像素点之间的距离,然后求取平均值,获得结果。测得的最后结果为像素值,可以通过对标准件的测量,再使用 Xavis 中的像素与实际值之间转化的函数来获得实际测量的数值。本实验中只求得了像素值,由于实际值与标准件的大小有关,因此没有列出。单个距离测量的流程如图 6.1 所示。

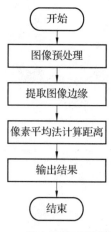

图 6.1　单个距离测量的流程

6.1.3 实验步骤

实验步骤如下：

（1）双击打开 Xavis 应用软件。

（2）将实验所用函数代码从函数的下拉菜单中写入代码区，并进行相应的参数设置。

（3）单击 ! 按钮，执行程序；或者单击 按钮，单步执行程序。执行过程中会提示选取测量区域。

6.1.4 实验所需代码

实验所需代码如图 6.2 所示。

图 6.2 实验所需代码

6.1.5 实验结果预览

实验结果如图 6.3 和图 6.4 所示。

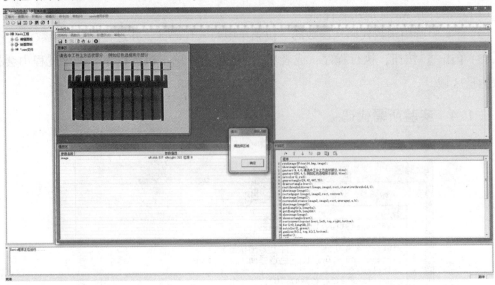

图 6.3 Xavis 运行中图像区各效果

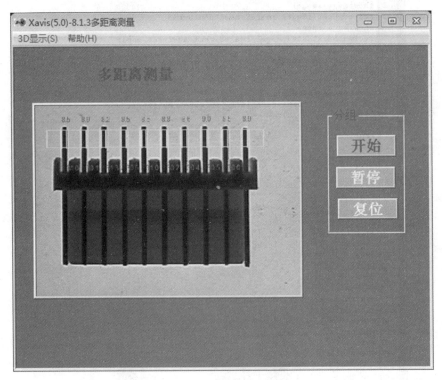

图 6.4 绘制面板运行后的效果

6.1.6 注意事项

注意事项如下:

(1)对于该实验中的区域选择,区域的上下边界应当不超过器件上方锯齿的上下边界,如果想要选择器件下方的锯齿,可以修改部分代码达到所要的结果,如阈值分割中阈值的选择等,可自行进行实验。

(2)对于区域的选择,应按住左键并拖拉出矩形区域,而后在区域内部右击进行选择。

实验2 实时多圆检测

6.2.1 实验目的

本实验是结合 MV-VS1200 平台而设计的,通过摄像头摄入载物平台上的物体(一块含有多个圆孔的工件),并实时将图像交由 Xavis 软件进行相应处理(拟合出多个圆形,并进行半径测量),以达到实时处理图像的目的。

6.2.2 实验原理

本实验提出了一种直接测量多圆的方法:在得到多个圆的轮廓后,把每个轮廓加入链表,然后对每个链表中的像素进行最小二乘拟合。这种方法可以解决同心圆的同心度问题,其流程如图 6.5 所示。

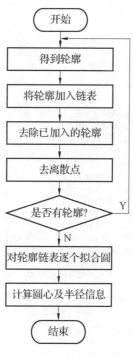

图 6.5 多圆测量流程

6.2.3 实验步骤

实验步骤如下：

(1) 双击打开 Xavis 应用软件。

(2) 单击"工程"→"新建"，在左侧面板中右击"编辑面板"→"打开编辑"，在 Xavis 软件右侧面板中单击函数，可以看到有"文件操作""变量操作"等分类，单击"文件操作"，可以看到有"图像读取""图像显示"等函数名称，移动光标在函数名称上停留 500 ms，函数名称旁边会显示函数说明，可以根据函数说明中的英文名称，依照"2.4 实验所需代码"，按顺序将每条代码写入代码区，并在右侧的参数区进行相应的参数设置。

(3) 打开 MV-VS1200 机器视觉教学创新实验平台的电源开关。

(4) 打开光源。

(5) 工件位置的标定：单击 ▮ 按钮，单步执行程序，此时会弹出一个摄像机拍摄的图像窗口。转动转盘，并合理放置工件，使工件移动到镜框所摄的范围中。

(6) 单击 ▮ 按钮，复位程序，使程序恢复原始未执行状态。

(7) 单击 ▮ 按钮，执行程序，此时可以在图像区看到实验结果。

(8) 可以在代码区双击某行代码，在参数区重新改变其参数，如电动机转速和摄像机分辨率等。注意由于光照的不同，实验可能不能拟合出多圆，可以单步调试程序，根据图像的实际情况调节参数。

(9) 实验结束，关闭所有开关。

6.2.4 实验所需代码

实验所需代码如图 6.6 所示。

```
openframe (640, 480, 1, 200, em);
*openstepmotor (0, 0.1, 128, 0);
grabframe (640, 480, img0);
i=(0);
while (1);
*waitmotor (step);
i=(i+1);
grabframe (640, 480, img0);
showimage (img0);
convertgray (img0, img);
threshdivision (img, 0, 50, 0, img1);
dilation (img1, 0, 3, 3, img1);
showimage (img1);
fill_up_area (img1, 0, 20000, img1);
showimage (img1);
select_area (img1, 200, 50000000, img2);
invertcolor (img2, img2);
showimage (img2);
sleep (500);
```

图 6.6 实验所需代码

```
edgedetect(img2, img2, canny1);
showimage(img2);
sleep(500);
imagethining(img2, img2);
showimage(img2);
sleep(500);
houghcircle(img2, img3, x, y, r, num);
if(num>0);
showimage(img0);
setcolor(3, green);
gencircles(x, y, r);
for(i=0, num, 1);
a=(x[i]);
b=(y[i]-r[i]-5);
gentext(a, b, 20, C, blue);
c=(a+20);
cstringformat("%d, i", s1);
gentext(c, b, 20, s1, blue);
d=(i*60+50);

gentext(10, d, 20, C, green);
gentext(26, d, 20, s1, green);
gentext(40, d, 20, :, green);
gentext(52, d, 20, 半径, green);
e=(d+30);
cstringformat("%1f, r[i]", s2);
gentext(50, e, 15, s2, red);
gentext(140, d, 20, 圆心, green);
cstringformat("%1f, x[i]", s3);
cstringformat("%1f, y[i]", s4);
gentext(130, e, 15, [, red);
gentext(145, e, 15, s3, red);
gentext(220, e, 15, s4, red);
gentext(290, e, 15, ], red);
endfor();
endif();
sleep(2000);
end();
stopframe();
```

图 6.6　实验所需代码(续)

6.2.5　实验结果预览

实拍图像及 Xavis 运行结果分别如图 6.7~图 6.9 所示。

 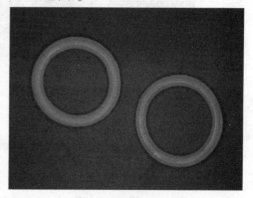

图 6.7　实拍图像

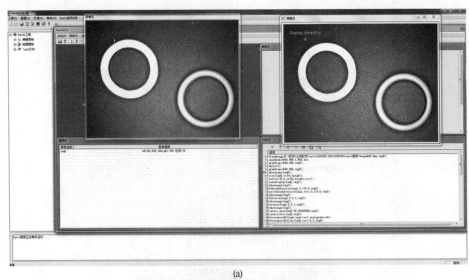

图 6.8　Xavis 运行效果

(a)主界面实时图像采集；(b)对采集图像进行图像处理

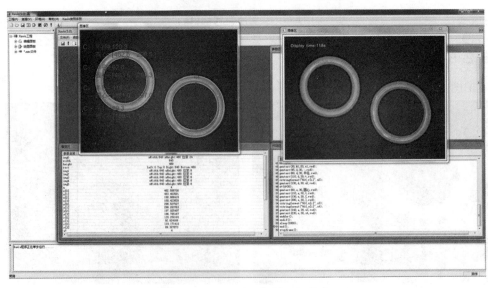

图 6.9　Xavis 绘图面板运行效果

6.2.6 注意事项

注意事项如下：

(1) 物体需要同学们自己手动放置在镜头范围之内。

(2) 对于该实验中的边缘检测 outsideedge()、阈值分割 threshdivision() 等函数，算法参数的选择请参考所给代码，由于图像处理中针对问题的特殊性，选择其他算法可能会导致错误的产生。

实验3　划痕缺陷检测

6.3.1 实验目的

现如今各种器件的表面都做得光滑无比，尤其是各种产品的外壳，但是一不小心其可能就会被利器划伤，留下难看的划痕。本实验的目的是检测出划痕缺陷，给出一种处理这类问题的一般思路，并加以验证。

6.3.2 实验原理

本实验通过对基本函数的几个简单的组合，就可以达到检测出划痕缺陷的目的，当然，这只是针对这项实验的一种思路，也可以尝试其他方法。本实验的流程如图 6.10 所示。

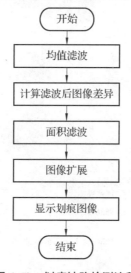

图 6.10　划痕缺陷检测流程

6.3.3 实验步骤

实验步骤如下：

(1) 双击打开 Xavis 应用软件。

(2) 将实验所用函数代码从函数的下拉菜单中写入代码区，并进行相应的参数设置。

(3)单击 ! 执行红色按钮,执行程序;或者单击 ![], 单步执行程序。执行过程中会提示选取测量区域。

6.3.4 实验所需代码

实验所需代码如图 6.11 所示。

```
代码区
    /*  ↑  ↓  ⤴  ⤵  ▤  ▥
程序
0   readimage(9\划痕\surface_scratch.png, image);
1   smoothfilter(image, 1, 7, image_mean);
2   imgdiff(image, image_mean, 5, image_dark, csimage);
3   *showimage(image_dark);
4   select_area(image_dark, 100, 1000, image_area);
5   *showimage(image_area);
6   expand(image_area, out);
7   showimage(out);
8   invertcolor(out, out11);
9   *showimage(out11);
10  erosion(out11, 1, 5, 1, out111);
11  *showimage(out111);
12  mucharea(out111, 100, s11, n11, x11, y11, m11, w11, h11);
13  showimage(image);
14  for(i=0, n11, 1);
15  u=(x11[i]+w11[i]);
16  v=(y11[i]+h11[i]);
17  setcolor(1, red);
18  genrectangle(x11[i], y11[i], u, v);
19  w=(w11[i]*w11[i]);
20  h=(h11[i]*h11[i]);
21  l=(w+h);
22  doubletoint(l, l1);
23  x0=(l1/2);
24  xx=(l1/x0);
25  g=(x0+xx);
26  x1=(g/2);
27  ff=(x1-x0);
28  if(ff<0);
29  t=(-ff);
30  ff=(t);
31  endif();
32  while(ff>0.001);
33  x0=(x1);
34  xx=(l1/x0);
35  g=(x0+xx);
36  x1=(g/2);
37  ff=(x1-x0);
38  if(ff<0);
39  t=(-ff);
40  ff=(t);
41  endif();
42  end();
43  edgedetect(out11, out13, canny);
44  setrect(x11[i], y11[i], u, v, rect);
45  if(h11[i]>w11[i]);
46  rectdistance(out13, rect, AVERAGEY, b, x00, y00);
47  endif();
48  if(h11[i]<w11[i]);
49  rectdistance(out13, rect, AVERAGEX, b, x00, y00);
50  endif();
51  cstringformat("%d, x0", L);
52  f=(u-75);
53  g=(u-50);
54  gentext(f, v, 30, 长, green);
55  gentext(g, v, 30, L, green);
56  cstringformat("%d, b", B);
57  r=(u+22);
58  gentext(u, v, 30, 宽, green);
59  gentext(r, v, 30, B, green);
60  endfor();
```

图 6.11 实验所需代码

6.3.5 实验结果预览

实验结果如图 6.12 和图 6.13 所示。

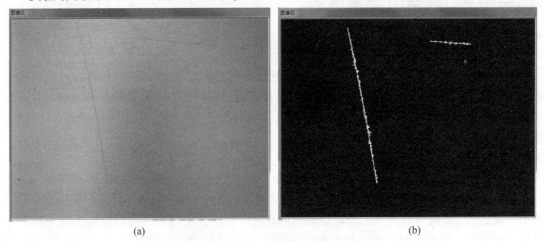

(a)   (b)

图 6.12 Xavis 运行中图像区效果

(a) 采集到的原始图像；(b) 处理后的图像

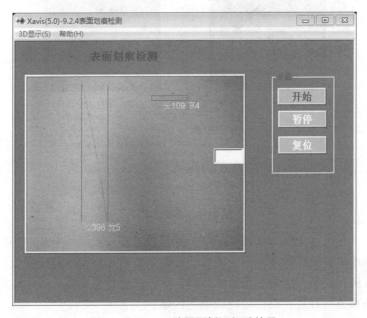

图 6.13 Xavis 绘图面板运行后效果

6.3.6 注意事项

本实验只是对划痕缺陷检测提供了一种思路和方法，不同的问题要不同对待，方法并不唯一。

实验 4 人民币字符识别

6.4.1 实验目的

每张人民币都有一个唯一的编码，通过图像识别的方法快速可靠地识别出人民币的编码，可以验证人民币的真伪。本实验的目的是在人民币以任意姿态平铺放置时，通过获取其完整的清晰图像，研究出快速而可靠地识别出其编码数字的方法。本实验循环读入 37 幅人民币图像，提取其字符区域并识别显示。

6.4.2 实验原理

可靠识别人民币编码的第一步，是正确地从图像中得到编码所在的小区域；得到编码所在的小区域之后，研究可靠的一个个识别编码的算法。这样，把整体的问题划分为两个相对独立典型的问题：编码区域提取；研究识别编码数字的可靠稳定的算法。总体思路如图 6.14 所示。

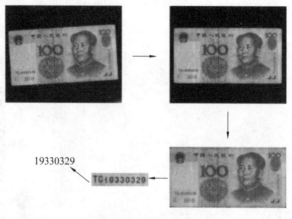

图 6.14　总体思路

观察发现，人民币的编码位于其左下角，并且位置相对人民币是相对固定的。在整幅图像中直接锁定一小块编码区域有一定的困难，即使复杂的算法也不能排除没有意义的细节的干扰，而获取人民币的矩形区域就很简单可行，所以应该首先确定人民币矩形区域，然后按照坐标相对的偏移进行计算，就可以得到编码区域。

得到单个编码区域之后，进入最后关键的部分，识别数字。模板匹配和结构分解是两种常见的字符识别的思想。

模板匹配简单地将目标数字码二值图像与大小相等的模板图像进行比较，统计像素值不同点的数目，与目标数字码图像差别最小的对应模板图像，即认为是识别的结果。

结构分解的思想是通过统计目标图像的结构特征进行逻辑判断和阈值筛选，从而实现不同字符的区分和识别，常用的结构特征有连通域数目、宽高比例、线条数目、面积等。

模板匹配的缺点是误识别率高，即使调整模板，也得不到令人满意的结果。结构分解的思想，可以很好地弥补模板匹配误识别率高的缺点。

结合模板匹配和结构分解的思想,发现了一种快速可靠识别数字码的方法。根据一些典型的结构特征,一步步将数字码划分在越来越小的集合内,在结构特征难以区分的集合内部,采用模板匹配的算法,实践证明这种方法很有效。

6.4.3 实验步骤

实验步骤如下:
(1)双击打开 Xavis 应用软件。
(2)将实验所用函数代码从函数的下拉菜单中写入代码区,并进行相应的参数设置。
(3)单击 ! 按钮,执行程序;或者单击 按钮,单步执行程序。

6.4.4 实验所需代码

实验所需代码如图 6.15 所示。

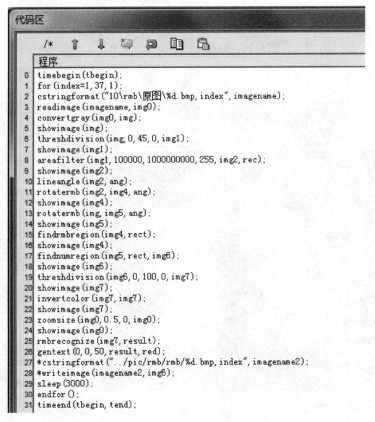

图 6.15 实验所需代码

6.4.5 实验结果预览

实验结果如图 6.16 和图 6.17 所示。

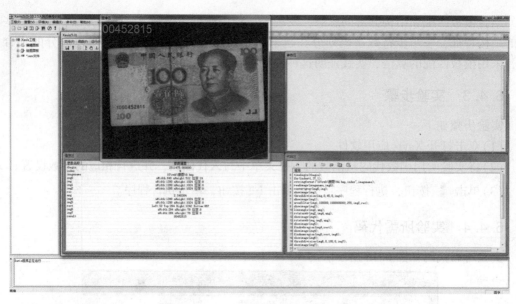

图 6.16 Xavis 运行中图像区各效果

图 6.17 Xavis 绘图面板运行后效果

6.4.6 注意事项

可以自己结合 MV-VS1200 实验平台拍摄人民币图像做字符识别，但是需要保证人民币字符区域清晰，并且人民币基本保持完整。由于光线的不同，可能部分参数需要根据实际情况作调整。

实验5　基于百度飞桨深度学习平台的检测实验

6.5.1　实验目的

目标检测是机器视觉和数字图像处理的一个热门方向，广泛应用于机器人导航、智能视频监控、工业检测、航空航天等诸多领域，通过机器视觉减少对人力资本的消耗，具有重要的现实意义。本实验基于百度飞桨平台 PaddleX 模块，针对昆虫数据集，对 6 种昆虫类型及位置进行检测，利用机器视觉和深度学习方法，免去逐一核查的繁冗，提高测量的正确性，缩短测量的时间。

6.5.2　实验原理

本实验中采用了百度飞桨中的 PaddleX 模块，利用其提供的昆虫数据集，首先对数据进行标记，完善数据集；然后采用深度学习方法，利用 YOLOv3 框架对昆虫种类和位置进行检测。YOLOv3 作为一种端到端的卷积神经网络，在检测精度和效率上都有所提升。本实验的流程如图 6.18 所示。

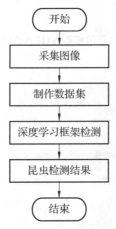

图 6.18　昆虫检测流程

6.5.3　实验步骤

实验步骤如下：

（1）双击打开 PaddleX 应用软件。

（2）选择昆虫检测项目，在数据选择中选择昆虫数据集。

（3）单击参数配置，对模型和 Backbone 进行选择，对输入图片尺寸、使用 GPU 型号等模型参数进行设置，对迭代次数、学习率、批次大小等训练参数进行设置，对优化策略进行设置（通常采用默认，根据具体应用场景可以更改）。

（4）单击启动训练，执行训练任务，得到昆虫目标检测结果。

6.5.4 实验所用模型

实验所用模型如图 6.19 所示。

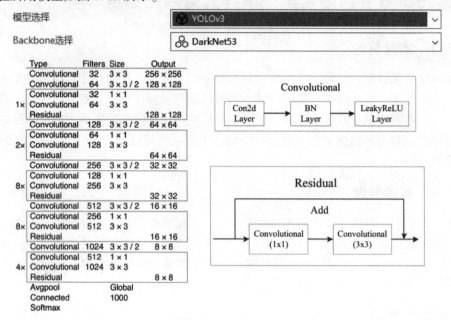

图 6.19　实验所用模型 YOLOv3(DarkNet-53)

6.5.5 实验结果预览

实验结果如图 6.20～图 6.22 所示。

图 6.20　PaddleX 中运行昆虫检测结果

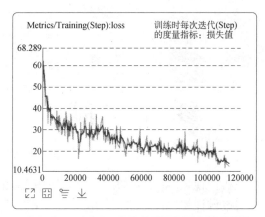

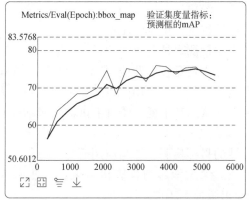

图 6.21　昆虫检测 Loss 曲线和 mAP 曲线

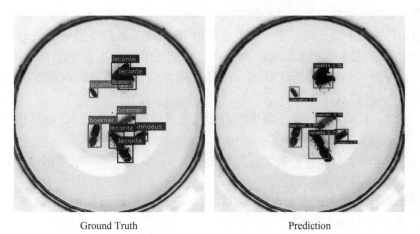

图 6.22　昆虫目标检测结果

6.5.6　注意事项

对于该实验中的模型参数和训练参数的设置,根据实验设备和实验精度要求可自行进行设置。Batch 值越高,对 GPU 性能要求越高,训练效果越好;学习率决定着权值更新的速度,设置得太大会使结果超过最优值,太小会使下降速度过慢。

参 考 文 献

[1] 桑卡. 图像处理、分析与机器视觉[M]. 4版. 北京：清华大学出版社，2016.

[2] 余德泉. 机器视觉原理与案例详解[M]. 北京：电子工业出版社，2020.

[3] 郑睿，邻新凯. 机器视觉系统原理与应用[M]. 北京：中国水利水电出版社，2014.

[4] 霍恩，王亮，蒋欣兰. 机器视觉：Robotvision[M]. 北京：中国青年出版社，2014.

[5] 孙国栋，赵大兴. 机器视觉检测理论与算法[M]. 北京：科学出版社，2015.

[6] 张明文，王璐欢. 工业机器人视觉技术及应用[M]. 北京：人民邮电出版社，2020.

[7] 王东署，朱训林. 工业机器人技术与应用[M]. 北京：中国电力出版社，2016.

[8] CHATTERJEE A, RAKSHIT A. 基于视觉的自主机器人导航[M]. 北京：机械工业出版社，2019.

[9] 刘君玲. 基于视觉显著性的目标检测方法与应用研究[M]. 北京：科学出版社，2018.

[10] 华远志，吕佳楠，钟诚. 深度学习与计算机视觉：算法原理、框架应用与代码实现[M]. 北京：机械工业出版社，2017.

[11] 徐亚坤. 基于机器视觉的LED芯片识别与产品检测系统[D]. 南昌：南昌大学，2018.

[12] 郭毅强. 晶圆表面缺陷视觉检测研究[D]. 哈尔滨：哈尔滨工业大学，2019.

[13] 吴华运，任德均，吕义钊，等. 基于改进的RetinaNet医药空瓶表面气泡检测[J]. 四川大学学报(自然科学版)，2020，57(06)：1090-1095.

[14] 李建明，杨挺，王惠栋. 基于深度学习的工业自动化包装缺陷检测方法[J]. 包装工程，2020，41(07)：175-184.

[15] 晋博，蔡念，夏皓，等. 基于深度学习的工业视觉检测系统[J]. 计算机工程与应用，2019，55(02)：266-270.

[16] 吴雪峰，刘亚辉，毕淞泽. 基于卷积神经网络刀具磨损类型的智能识别[J]. 计算机集成制造系统，2020，26(10)：2762-2771.

[17] 王宸，张秀峰，刘超，等. 改进YOLOv3的轮毂焊缝缺陷检测[J]. 光学精密工程，2021，29(08)：1942-1954.

[18] 鲍光海，林善银，徐林森. 基于改进型卷积网络的汽车高度调节器缺陷检测方法[J]. 仪器仪表学报，2020，41(02)：157-165.

[19] 王宸，唐禹，张秀峰，等. 基于改进EfficientNet的锻件磁粉探伤智能检测方法研究[J]. 仪器仪表学报，2021，42(09)：89-96.

[20] LI Z, PENG C, YU G, et al. Detnet: A backbone network for object detection[J]. arXiv preprint arXiv：1804.06215，2018.